完全独習
相対性理論

Theory of Relativity
Nobuo Yoshida

吉田伸夫

講談社

はじめに

　近代的な力学理論を大成したニュートンは，1687 年に刊行された主著『自然哲学の数学的諸原理（プリンキピア）』の中で，力や質量の意味を具体的に定義しながら，時間と空間については厳密な規定を行なわず，ただ，絶対的な時間は何が起きるかによらずに一様に流れ，絶対的な空間は何が起きるかによらずに不動不変だ——と述べるにとどめた．この曖昧な絶対時間・絶対空間というアイデアは，それ以後の 200 年あまりにわたって，力学的な議論の根底に据えられることになる．相対性理論（以下，短く「相対論」と書くことにする）とは，時間と空間が絶対的だという見方を否定するものである．

　時間と空間は，式の上では時間座標と空間座標によって表される．相対論は，この座標系が絶対的なものではなく，別の座標系に変換しても物理法則が変換前と変わらないことを主張する理論である．相対論には，特殊相対論と一般相対論の 2 つがあるが，座標軸を曲げたり伸縮させたりせず真っ直ぐなまま変換する場合に限るのが特殊相対論，部分的に曲げたり伸縮させたりする場合まで含むのが一般相対論である．容易に想像できるように，特殊相対論に比べて一般相対論は数学的にはるかに難しく，大学院の専門課程で学ぶ高等数学を使わなければ適切に扱えない．そのせいもあって，一般相対論には，主に量子論と関連する領域で未解決の問題が多く，第一線の理論物理学者が盛んに研究を進めている．一方，特殊相対論は，せいぜい精密実験の精度を問題とする際に言及されるくらいで，物理学者にとっては，大学生の時期にマスターしておくべき基本事項でしかない．

　このことが，物理学者の執筆する相対論の入門書を，ひどくわかりにくいものにする原因ともなっている．相対論の基本的な考え方を理解するためには，「座標系を変換しても物理法則が変わらない」という命題が具体的に何を意味するかをつかまなければならない．ところが，専門研究に相対論を利用する人にとって，この命題は，物理学者として物心が付いた頃にはすでに当たり前になっており，どのようなプロセスを経て自分がその意味をつかむに至ったか覚えていないものである．特殊相対論とは，一般相対論に至るための入り口にすぎず，特殊相対論をマスターするとは，その計算手法を身に付けることに他ならない——物理学者が著した相対論の入門書は，この観点から執筆されているため，しばしば，相対論の考え方に関する説明をおざなりにしたまま，計算をする上

で最も重要な公式となるローレンツ変換を慌ただしく導こうとする．そこで採用されるのが，「光速不変の原理」である．光速が一定であることを前提とすれば，ローレンツ変換は比較的容易に導けるので，後は，ローレンツ短縮や質量とエネルギーの関係などの重要な公式を次々と演繹するだけである．こうした論述構成には，「物理学者になるつもりならば，これらの式を使って計算ができるようにならなければならない」という執筆者の思惑が見て取れる．

　しかしながら，多くの初学者は，ローレンツ変換から導かれる諸公式を使いこなせるようになるどころか，最初の「光速不変の原理」で躓いてしまう．なぜ，光速が一定であることを前提としなければならないのか？　マイケルソン＝モーレーの実験では，確かに地球の公転による光速の変化が検出されなかったが，所詮は誤差を伴う実験結果にすぎない以上，物理学の原理に据えるほど決定的ではないはずである．ここで疑問を感じ始めると，どうしても先に進めなくなってしまう．

　おそらく，物理学者になった人たちも，学生時代には，そうした疑問を感じたことがあるのだろう．だが，物理学の専門課程を履修しようとすると，そうした疑問を抱いて足踏みすることは許されない．電磁気学の演習では，マクスウェル方程式を使ってさまざまな問題をひたすら解く修練が繰り返される．実は，マクスウェル方程式は，その中に光速不変性を理論の帰結として含んでおり，これを反復して使っていると，いつの間にか，光速不変性が当たり前に思えてくるのである．しかも，相対論の手法に従って，電場や磁場ではなく4元ポテンシャルを使って電磁気学を定式化すると，難しかった公式が嘘のようにシンプルになる．そうした経験を積んでいるうちに，特殊相対論の発想が頭脳に染みついてしまい，その意味を敢えて説明しなくてもかまわないように思えてくる．だが，入門書を手に取る多くの読者は，電磁気学の練習を繰り返す前の段階にあり，相対論の発想そのものを理解したいと願っているはずである．

　本書では，光速不変性を出発点とせず，相対論的な考え方の基礎となる座標変換と物理法則について議論するところから始める．理論の考え方そのものをつかもうと一人で勉強していると，どうしても思考の迷路に入り込み，しばしばいらぬ誤解にとらわれてしまう．そうした不都合を避けることが，本書の主要な目的である．タイトルに「完全独習」と付されているが，独習によって，相対論の（計算テクニックではなく）考え方をマスターしてほしいというのが，著者の願いである．

　途中でいくつかの問題を出しているが，これらは，計算テクニックを身に付けるための練習問題ではない（計算の仕方を独習したい場合は，相対論の参考書よりも，真空中の電磁気学に関する問題集を勉強した方が良い）．そうではなく，問題を解くことで相対論の考え方を少しずつ身に付けられるように配慮したつもりである．

　本書で出題される問題には，【基本問題】【練習問題】【発展問題】の3種類がある．【基

本問題】は，文字通り，相対論の考え方の基本を問いの形で言い換えたもので，3 題に絞り込んだ．いずれも正解があるものではなく，考えるきっかけにしてほしい．あらかじめ，3 題の基本問題を記しておく．

【基本問題 1】周囲に何もない無重力の宇宙空間を漂っているとき，自分が動いているか止まっているかを判定する方法はあるか（第 1 章）．
【基本問題 2】現在を過去・未来から区別するような物理的根拠はあるか（第 3 章）．
【基本問題 3】宇宙の全体的な構造を決めるグランドデザインはあるか（第 10 章）．

　これらの基本問題は，たとえ正解を知っていると思う場合でも，自分なりにきちんと考えることを望む．
　【練習問題】は，議論を進めるために利用される問題で，解答に至る道筋を解説しているが，これを読む前に，できる限り自分で解いてみてほしい．
　【発展問題】は，本書で説明しきれない応用に関する問題で，解答のためのヒントを記すだけにとどめる．高度な問題も多いので，余裕のある読者だけがチャレンジすれば良い．
　本書の記述は，できる限り高校で履修される範囲（微積分や電磁気学などを含む）に収めるように努めたが，どうしても偏微分や波動方程式など，高校の数学や物理を越える部分が出てしまった．理解するのに必要な最低限の説明を加えたので，それで許していただきたい．また，興味を持つ読者のために，高校での履修範囲を大きく越える節も用意した．そうした節には★印を付けたので，難しいと感じる読者は，その節だけをとばしてもかまわない．

目次

はじめに　iii

第 I 部　特殊相対論　1

第 1 章　相対性原理　2

1-1　静止と運動の相対性..2
1-2　伝播過程を考慮した議論..10
1-3　座標系の変換...12
1-4　ニュートン力学とガリレイ変換....................................17
コラム　アインシュタインはいかにして相対論を思いついたか..................24

第 2 章　電磁気現象の相対性　26

2-1　電場と磁場の変換..26
2-2　電磁波とローレンツ変換..38
コラム　相対論と光...52

第 3 章　特殊相対論　55

3-1　時間とは何か...55
3-2　ミンコフスキー時空...62
3-3　ローレンツ変換のさまざまな表現.................................70
3-4　相対性原理とローレンツ対称性....................................77
3-5　ローレンツ対称性の適用に関するコメント......................80
コラム　時間は流れないという思想....................................82

第4章　相対論的力学　84

- 4-1　相対論的な運動学 84
- 4-2　相対論的な運動方程式 92
- 4-3　力学的保存則 97
- 4-4　4次元での定式化 107
- コラム　$E=mc^2$ がもたらしたもの 109

第5章　相対論的な場の理論　111

- 5-1　場の理論 111
- 5-2　電磁気学の相対論的な定式化 120
- 5-3　相対論と量子論 126
- コラム　朝永の超多時間理論 134

第6章　相対論に対する誤解　137

- 6-1　相対論のパラドクス 137
- 6-2　量子効果は光速を超えられるか？ 147
- 6-3　相対論の原理は何か？ 157
- コラム　超光速ニュートリノ騒動 163

第 II 部　一般相対論　167

第7章　相対論と重力　168

- 7-1　等価原理 168
- 7-2　等価原理の検証 179
- 7-3　等価原理から一般相対論へ 185
- コラム　グロスマンの貢献度は？ 191

第8章　重力場の方程式　194

- 8-1　曲面と微分幾何学 194
- 8-2　リーマン幾何学 202
- 8-3　物理学への応用 214
- コラム　カントのアンチノミー論 218

第9章　ニュートン理論との比較　220

- 9-1　アインシュタイン方程式 220
- 9-2　重力場のニュートン近似 226
- 9-3　粒子の運動方程式 229
- 9-4　シュヴァルツシルト解 234
- コラム　ブラックホールを否定したアインシュタイン 242

第10章　宇宙論　244

- 10-1　一般相対論の境界条件 244
- 10-2　静的な宇宙モデル 252
- 10-3　動的な宇宙モデル 260
- 10-4　相対論的な宇宙像 266
- コラム　パイオニアたちの真実 267
- コラム　重力波を求めて 268

付録A　ベクトルと行列　271
付録B　電磁気学における磁場の定義と単位系　274

第 1 部
特殊相対論

第 1 章

相対性原理

§1-1　静止と運動の相対性

　1961年，ソビエトが打ち上げた宇宙船ボストーク1号は，人間を初めて高度100 km以上の宇宙空間に送り出した．このとき，搭乗していたガガーリンは，無重力になったことがわかるようにと，船内に熊の人形を吊り下げておいたという．ボストークから半世紀以上を経たこんにち，すでに500人を超える宇宙飛行士が無重力状態を体験している．スペースシャトルや国際宇宙ステーションの時代に入ってからは，船内でくつろぐ飛行士の鮮明な映像が，一般の人々の目に入るようになった．こうした映像を通じて，現代に生きる人々は，重力のない世界にかなり馴染んでいるはずである．

　スペースシャトルの船内が無重力になるのは，船体を含む全ての物体が同じ重力加速度で落下するために重力の影響が現れなくなるからであり，地球の重力圏を脱したわけではないが，無重力空間がどのようなものかをイメージするには，シャトル内の光景を思い浮かべるとわかりやすい．無重力状態では，固定されていない全ての物体が浮き上がり宙を漂う．浮き上がった物体は，ほんの少し押しやるだけで，後は力を加えなくても，同じ方向に動き続ける．スペースシャトルの船内には空気抵抗が存在するが，これが無視できるならば，他の物体にぶつかるまで慣性の法則に従って一定速度の運動（慣性運動）を続ける．「重力がなければ，物体は宙に浮遊して慣性運動をする」というイメージをしっかりと思い描くことは，現代的な空間・時間概念を考えていく上で，きわめて有用である．

　われわれの身の回りでは，あらゆる物体は重力で大地に押しつけられる．このため，たとえ初速度を与えて動かしたとしても，摩擦によって運動エネルギーを失い，しだいに静止に向かう．大気や海水は絶えず揺らめいているが，これは，太陽から放射エネルギーが供給され続けているからであり，エネルギーの供給が途絶えれば，海水は氷結し，大気は自転に伴う単調な流れだけになる．やがては大気も宇宙空間に飛散して失われ，あ

らゆる動きが止まった寂寞たる世界が訪れる．地球上では，万物は静止に向かっている．

ところが，無重力となる宇宙空間では，事情は異なる．あらゆる物体は，どこまでも慣性運動を続け，静止することがない．遠い将来，全ての恒星が核融合の燃料を使い尽くして，光を放射しない重い天体ばかりになったときを想像していただきたい．天体の大半は，銀河の中心にある巨大なブラックホールに飲み込まれていくが，一部は銀河から弾き飛ばされて，銀河間のほとんど何もない場所を半永久的に漂い続けるだろう．こうした天体は，たとえ宇宙空間がほぼ絶対零度になるまで冷え切り，生命の影すら見えなくなった後も，いつまでも慣性運動を続けるはずである（ただし，10の何十乗年という気の遠くなるような時間が経過すると，物質そのものが消失する可能性があるが）．

身の回りの現象では，静止と運動は本質的に異なっている．運動の過程でエネルギーが散逸した結果として到達するのが静止状態であり，静止している物体を動かすにはエネルギーを供給しなければならない．静止と運動の間に差が生じる要因となるのが，摩擦や抵抗の存在である．流体内部を運動する物体は，運動を妨げる向きに粘性抵抗を受ける（粘性のない完全流体ならば抵抗はゼロだが，こうした流体が現実に存在するとは考えにくい）．流体に関するストークスの法則が成り立つときには，粘性抵抗の大きさは速度に比例する．動摩擦の場合，摩擦力の大きさはあまり速度に依存せず，近似的には「動摩擦力の大きさは速度によらない」というクーロンの摩擦法則が成り立つが，速度がゼロになったとたんに動摩擦から静止摩擦に変わるので，静止と運動の違いは，流体中の運動よりもさらに明瞭である．

しかし，無重力空間に浮かぶ物体になると，摩擦や抵抗がないこともあって，静止と運動の違いは判然としなくなる．スペースシャトルの船内ならば船体に対する相対的な運動を定義することが可能だが，周囲に何もない宇宙空間に浮かんでいる場合は，果たして動いているのか止まっているのか，判定しづらい．

ここで，「はじめに」にも書いた最初の基本問題を出したい．正解を知っていると思う人も，もう一度じっくり考えていただきたい．

[基本問題 ❶]
[Fundamental Problem 1]

周囲に何もない無重力の宇宙空間を漂っているとき，自分が動いているか止まっているかを判定する方法はあるか．

(解答)
Solution

いくつかのポイントに分けて考えることができる．

(1) 静止の基準はあるか．

古代においては，大地が絶対的な静止の基準となっていたが，コペルニクス的転回がなされた現在，宇宙空間にこうした基準を見いだすことができるのだろうか．

天体や銀河は，基準にならない．標準的な銀河形成論によれば，宇宙空間にほぼ均質に散らばっていた物質が凝集してまず球状星団を形作り，その後，球状星団が合体して銀河が形成されたと考えられるが，こうした星団や銀河の合体は，現在もなお続いている．われわれの住む天の川銀河も，おおいぬ座矮小銀河をバラバラにしながら吸収しつつある．近傍にある銀河のうち，いて座矮小銀河は天の川銀河に近づいているが，大マゼラン雲は離れている．大型の銀河も相互に運動している．239万光年彼方にあるアンドロメダ銀河は，秒速100 km以上のスピードで天の川銀河に接近中で，数十億年後に両者が合体して巨大な楕円銀河になると推定されている．銀河ですら静止しているわけではない．特定の銀河に対する相対速度を測定したとしても，自分が宇宙空間の中で動いているか止まっているかを判定する根拠にはならない．

この宇宙には，絶対温度 2.725 K の熱放射があることが観測されている．いわゆる宇宙背景放射である．この放射を精密測定すると，1000分の1程度の割合で方位による温度差があることがわかり，その結果から，全方位で温度が一定に見える座標系に対して，天の川銀河は秒速370 km程度で動いていることが判明した．それでは，この座標系こそが絶対的な静止の基準になるのだろうか？

多くの宇宙論研究者は，そうではないと考えている．その理由は，宇宙背景放射が，ビッグバンという過去に起きたイベントの名残にすぎないからである．ビッグバンの時点でエネルギーの流れがない（エネルギー流とともに動く）座標系を設定すると，これが，現時点で宇宙背景放射が等方的に見える座標系となる．この座標系は，あくまでビッグバンというイベントをもとに定義されるものであり，絶対的な静止を定めるものではないという見方が学界の主流である．

もちろん，宇宙背景放射がビッグバンの名残だという見解は，特定の宇宙モデルに基づいた仮説であり，間違っている可能性もある．しかし，このモデルは，多くの観測データと整合的であり，今のところ，棄却すべきだと主張する

だけの根拠はない．

(2) 力学の法則をもとに静止と運動が区別できるか．

宇宙空間に漂う宇宙船の内部で物理実験をすることを考えよう．このとき，宇宙船が動いているか否かによって実験結果が異なるならば，それを利用して，静止と慣性運動を区別することが可能なはずである．

しかし，力学的な現象の多くは，静止と慣性運動を区別していないように見える．このことは，無重力の宇宙空間まで行かなくても，飛行機に乗るだけで実感できる．大型旅客機の巡航速度は，時速 850〜900 km（マッハ 0.80〜0.85）程度とかなり速い．ところが，客席では地上にいるときと変わらずに行動することができる．物を落としたときには鉛直下方に落下するし，カップに入れられた飲み物の表面は水平になる．よくよく考えると，空中を音速に近い速度で飛んでいるのに，力学的な現象が地上にいるときと何ら変わりないのは，実に不思議なことだが，現実の力学法則はなぜかそうなっている．

数式を使うと，力がある条件を満たしている場合，ニュートン力学の範囲では，静止と慣性運動を区別できないことが示せる．このことは，本章 §1-4 で示す．

(3) 電磁気学の法則をもとに静止と運動が区別できるか．

力学で静止と運動の区別が付けられないとすると，電磁気学ではどうだろうか？ 電磁気学には，フレミングの左手の法則があり，運動する電荷が磁場から力を受けることが知られている．したがって，磁場だけが存在する場所で電荷が力を受けるかどうかを調べれば，その電荷が運動しているかどうかがわかりそうであり，宇宙空間でも，動いているか止まっているかの判定ができるように思われるが，実際に計算してみないと，はっきりしたことは言えない．■

電磁気学的な法則に基づく実験を行うことで静止と運動が区別できるかどうか，具体的なセットアップに基づいて考えてみよう．

練習問題 ❶
Exercise 1

無重力の真空中に，直線状の導線 R と，1 辺が L の正方形をした 1 巻きコイル C がある（【図 1.1】）．R と C は同一平面内にあり，C の 1 辺は R と平行に保たれる．R には，常に一定の電流 I が流れている．ここで，R と C

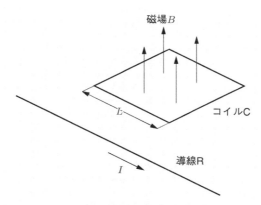

図 1.1 相対運動する直線電流とコイル

を相対速度 v で近づけることを考えよう.

(1) 導線 R を静止させてコイル C を速度 v で R に近づける場合. C 内部の電子には, R の電流が生み出す磁場からのローレンツ力が作用するため, C を運動させることで起電力が発生する. この起電力の大きさを求めよ（この問題は, 高校物理の範囲で解くことができる）.

(2) コイル C を静止させて導線 R を速度 v で C に近づける場合. R が作る磁場は時間とともに変化するので電場が生じ, これによってコイル C に起電力が発生する. この起電力の大きさを求めよ（この問題は, 高校物理の範囲で解くことはできないが, 速度 v が充分に小さいという条件の下で, 動く電流の周りに生じる磁力線が静止した直線電流の周りの磁力線と同じ形をしていると仮定し, コイル内部の起電力をファラデーの電磁誘導の法則によって求めるならば, 近似的に解ける）.

コイル C に発生する起電力が (1) と (2) のケースで異なっていれば, 起電力を測定することによって, R と C のどちらが動いているかが決定できる. 宇宙空間で漂っている場合には, 手元に直線電流とコイルを用意して相互に運動させ, コイルに発生する起電力を測定することで, 自分の運動も決定できるはずである.

§1-1 静止と運動の相対性

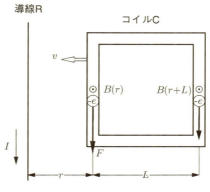

図 1.2 コイルが運動する場合

(1) まず，導線 R を静止させてコイル C を動かす場合を考えよう．【図 1.2】のように，導線 R の周囲には電場はなく，アンペールの法則に従って磁場が生じる．導線からの距離が r のときの磁場 $B(r)$ は，直線電流の周りにおける磁場の公式を使って，

$$B(r) = \frac{I}{2\pi rc} \tag{1.1}$$

で与えられる[1]．

C を速度 v で R に近づけているので，C とともに動いている電子（電荷を $-e$ とする）には，磁場 B と速度 v の双方に垂直な方向に $F = evB/c$ という大きさのローレンツ力が加わる．この力は，電場 $E = vB/c$ が加わっているときに電子が電場から受ける力と同じである．電場の強さは単位長さ当たりの電位差なので，コイル C の R に平行な辺には，電場 $E = vB/c$ に辺の長さ L を掛けた vBL/c の起電力が生じたことになる．R から最も近い辺までの距離 r が

$$r = r_0 - vt \tag{1.2}$$

で与えられるものとすると，コイル C に発生する起電力 $V(t)$ は，

---

[1] 磁場として H ではなく，通常は磁束密度と呼ばれる B を使ったことについては，本書巻末の「付録 B-1 磁場の定義」を参照．また，(1.1) 式右辺の分母に光速 c が現れるのは，付録 (B.5) 式を導く際にも記したように，時間 t には常に光速 c を付けて表すという本書の方針による．

$$V(t) = \frac{vL}{c}\{B(r_0 - vt) - B(r_0 - vt + L)\}$$
$$= \frac{vLI}{2\pi c^2}\left(\frac{1}{r_0 - vt} - \frac{1}{r_0 - vt + L}\right) \tag{1.3}$$

となる（相対論の知識のある人は，コイル C がローレンツ短縮を起こすはずだと思うかもしれないが，ここでの議論は，v が光速 c に比べて充分に小さいという前提で進めているので，ローレンツ短縮の効果は無視する）．

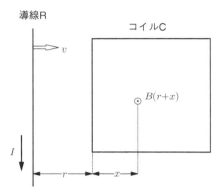

図 1.3 直線電流が運動する場合

(2) 次に，コイル C を静止させて，導線 R を動かす場合を考える（【図 1.3】）．動く電流の周りの磁場を厳密に求めるには，変化が伝播するのに要する時間を考慮した遅延ポテンシャルを用いる必要があるが，その計算はかなり難しいので，ここでは，磁力線が，静止した直線電流の場合と同じ形を保ったまま，速度 v で C の方向に動いていくものと考える．これは，場の変化が瞬間的に伝播すると仮定したことに相当する（伝播の過程まで考慮した計算は，§1-2 で示す）．磁場は時間とともに変化するので電場が誘起され，その大きさはマクスウェル方程式から導けるが，ここでは，もっと簡単に，ファラデーの電磁誘導の法則によって起電力を求めることにしよう．(1) と同じように，$t = 0$ で R と C の間隔が r_0 になるものとすると，R に最も近い辺から R までの距離 r は，(1.2) 式と同じ式で表される．したがって，C の内部でこの辺から距離 x の地点での磁場の強さ B は，時刻 t と位置 x の関数として，次のように表される．

$$B(t, x) = \frac{I}{2\pi c(r_0 - vt + x)}$$

時刻 t のときにコイル C を貫く磁束 Φ は，$B(t,x)$ をコイル内の全領域で積分した式で与えられる．

$$\Phi(t) = L\int_0^L dx B(t,x) = \frac{LI}{2\pi c}\{\ln(r_0 - vt) - \ln(r_0 - vt + L)\}$$

ファラデーの電磁誘導の法則を使えば，この磁束 Φ を時間で微分することで，コイルに発生する起電力 $V(t)$ が求められる．

$$V(t) = -\frac{1}{c}\frac{d\Phi}{dt} = \frac{vLI}{2\pi c^2}\left(\frac{1}{r_0 - vt} - \frac{1}{r_0 - vt + L}\right) \tag{1.4}$$

(1.3) 式と (1.4) 式を比較すると，導線 R を静止させてコイル C を R に近づけても，C を静止させて R を C に近づけても，C に生じる起電力は等しいことがわかる．したがって，起電力を測定しても，静止と運動の違いを検出することはできない．■

　この結果は，驚くべきものである．コイルと導線のどちらを動かすかによって，生起する現象が全く異なっているように見えるにもかかわらず，測定される結果が同じになるのだから．コイルを動かすケースでは，電場はなく一定の磁場だけが存在しており，コイルの起電力は，内部の電子が磁場から受けるローレンツ力によって発生する．一方，導線を動かすケースでは，磁場が時間とともに変動することでコイルの置かれた場所に電場が誘起され，起電力が生じる．このように，外見上は異なる現象であるにもかかわらず，それによってもたらされる起電力は等しく，実験的にコイルと導線のどちらが動いているかを判定することは難しい．

　力学だけでなく，電磁気学でも静止と運動の区別が困難だという事実は，何を意味するのだろうか？ 別に深い意味はなく，たまたま静止と運動の区別ができないような形式をしているだけなのかもしれない．しかし，力学ないし電磁気学の一方だけならともかく，2つともそうだとすると，そこに何か深い意味が隠されていると考えたくなる．

　特殊相対論の原典「運動物体の電気力学について」[2] の冒頭，アインシュタインは，この事実を指摘した上で，どのような物理法則を用いても静止と運動を区別できないことが自然界の原理だと主張した．これが，**相対性原理**と呼ばれるものである．「相対性」とは，動いているか止まっているかを判定する絶対的な基準がなく，運動が常に相対的であることを示している．電磁気学の基礎方程式（マクスウェル方程式）が，静止座標系と（それに対して慣性運動する）運動座標系とで同じ形式に書き表せることは，すでに

---

[2] *Annalen der Physik* 322(1905)p.891. 邦訳は，『相対性理論』（内山龍雄訳，岩波文庫）に収録されたものなど複数あり，英訳ならネット上で閲覧できる．

ローレンツやポアンカレが指摘していたが，この性質をいかなる物理学理論にも当てはまる原理だと見なしたのは，アインシュタインが最初である（ポアンカレも，やや曖昧な言い回しで，それに近いことを述べてはいた）．

もちろん，ここまでの議論だけで相対性原理が実証されたわけではなく，あくまで，ニュートン力学とマクスウェル電磁気学で静止と運動の区別が困難だという事実から推測しただけである．そこで，まずは相対性原理を1つの仮定として導入し，そこから理論にどのような制約が課せられるかを考えてみたい．相対性原理があらゆる物理学理論に要請される正当なものかどうかは，この制約を満たすように力学や電磁気学の理論を定式化した後で，改めて検討する．

§1-2　伝播過程を考慮した議論★[3]

相対性原理から生じる制約について考える前に，【練習問題1】(2) のケースで，場の変動が瞬間的に伝播するのではなく，マクスウェル方程式に従って伝わっていくとすると，どのような結果が得られるかを見ておこう．この結果から，練習問題の解答で採用した仮定——「静止した電流のときと同じ形の磁力線が速度 v で移動する」というもの——が，それほど悪い近似でないことがわかる．

マクスウェル方程式は，巻末付録 B(B.1)～(B.4) 式に記してある．ここでは，方程式を解く一般的な方法論に従い，ポテンシャル $\boldsymbol{A}$ と ϕ を使って磁場 $\boldsymbol{B}$ と電場 $\boldsymbol{E}$ を表すことにする．

$$\boldsymbol{B} = \nabla \times \boldsymbol{A}, \quad \boldsymbol{E} = -\nabla\phi - \frac{1}{c}\frac{\partial \boldsymbol{A}}{\partial t} \tag{1.5}$$

この式をマクスウェル方程式に代入すれば，ポテンシャルが満たすべき方程式が得られる．

$$\frac{1}{c^2}\frac{\partial^2 \boldsymbol{A}}{\partial t^2} - \nabla^2 \boldsymbol{A} = \boldsymbol{j}, \quad \frac{1}{c^2}\frac{\partial^2 \phi}{\partial t^2} - \nabla^2 \phi = \rho \tag{1.6}$$

(1.6) 式は，電流密度 $\boldsymbol{j}$ と電荷密度 ρ を源とする波動方程式の形をしており，$\boldsymbol{j}$ や ρ が変動するときには，その影響が光速 c で伝播する．しかし，一定の電流が流れている直線状の導線が速度 v で移動するという【練習問題1】(2) のケースでは，場の変動が波として伝播するわけではない．【図1.4】のように，電流の向きを z 軸，移動速度の向きを x 軸に取り，電流が存在する地点の座標が $x = vt$ かつ $y = 0$ で与えられるものとして方程式 (1.6) を解くと，次式の特殊解が得られる（一般解は，この特殊解に，$\boldsymbol{j}$ と ρ をゼロと置いたときの波動解を加えたものになる）．

---

[3] ★の付いた節は高度な議論を含むので，難しいと感じる読者は，とばしてもかまわない．

§1-2 伝播過程を考慮した議論

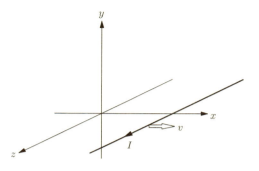

図 1.4 運動する直線電流

$$\phi = 0, \quad A_x = A_y = 0$$
$$A_z \propto \ln\left\{(x-vt)^2 + y^2/\gamma^2\right\} \quad \left(\gamma \equiv 1/\sqrt{1-(v/c)^2}\right) \tag{1.7}$$

A_z 以外のポテンシャル成分をゼロと置いて良いことはすぐにわかるので，(1.7) 式の A_z が方程式 (1.6) の解になることだけ確かめよう．ここで，変数変換

$$\xi = x - vt, \quad \eta = x + vt, \quad \zeta = y/\gamma$$

を行うと，(1.7) 式の A_z を代入した方程式 (1.6) の左辺（定係数を除く）は，次式のように書き換えられる．

$$\left\{\frac{v^2}{c^2}\left(\frac{\partial}{\partial \xi} - \frac{\partial}{\partial \eta}\right)^2 - \left(\frac{\partial}{\partial \xi} + \frac{\partial}{\partial \eta}\right)^2 - \frac{1}{\gamma^2}\frac{\partial^2}{\partial \zeta^2} - \frac{\partial^2}{\partial z^2}\right\}\ln\left(\xi^2 + \zeta^2\right)$$
$$= -\frac{1}{\gamma^2}\left(\frac{\partial^2}{\partial \xi^2} + \frac{\partial^2}{\partial \zeta^2}\right)\ln\left(\xi^2 + \zeta^2\right)$$

ところが，物理数学で良く知られた 2 次元のラプラス演算子の性質より，

$$\left(\frac{\partial^2}{\partial \xi^2} + \frac{\partial^2}{\partial \zeta^2}\right)\ln\left(\xi^2 + \zeta^2\right) = 4\pi\delta(\xi)\delta(\zeta)$$

となる．ただし，$\delta(x)$ は，$x \neq 0$ のとき $\delta(x) = 0$，$x = 0$ を含む範囲で積分すると積分値 1 を与える超関数で，デルタ関数と呼ばれる．このラプラス演算子の性質は，ξ と η のどちらかがゼロでない場合は，実際に微分を遂行してみれば，すぐにわかる．$\xi = \eta = 0$ まで含めると話が長くなるので説明はしないが，多くの物理数学の参考書で

取り上げられているので，気になる人はそちらを参照していただきたい．大きさの無視できる導線の電流密度 j は，導線が置かれた位置の座標を引数とするデルタ関数で表されるので，(1.7) 式が方程式 (1.6) の解になることがわかる．

(1.7) 式のポテンシャルから (1.5) 式を使って磁場を求めると，磁力線が

$$(x-vt)^2 + y^2/\gamma^2 = r^2$$

という式で表される楕円に沿った形をしていることがわかる（r は任意の定数）．【練習問題 1】(2) の解答では，$x=vt$ の地点にある電流の周りに，電流が静止しているときと同じ円形の磁力線が生じると仮定して，コイルを動かしても導線を動かしても起電力は同じだと結論したが，実際には，(1.7) 式の γ に含まれる $(v/c)^2$ の項が無視されていたわけである．通常の実験では，v は c に比べて充分に小さいため，この項を無視しても実用上は問題ない．

この結果は，v/c の 2 次のオーダーまで判別できる精度で実験を行えば，導線とコイルのどちらが動いているか判定できることを意味するのだろうか？ 今の時点では何とも言えないが，第 2 章で示すように，相対性原理に基づいて電磁気学を定式化すると，(1) の解答で無視されていたローレンツ短縮の項など $(v/c)^2$ のオーダーの効果を全て考慮しても，静止か運動かの判定ができないことが示される．

§1-3　座標系の変換

もし相対性原理が妥当であり，実際に静止と運動が区別できないとすると，理論にはどのような制約が課せられるのだろうか？ 相対論の話を続けるには，この問いに答えなければならないのだが，いささかハードルが高い．そこで，もう少し易しいケースから考え，その後で相対論に話を戻すことにしたい．

地表付近のそれほど広くない範囲では，重力はほぼ同じ向きに作用し，その大きさは，およそ $9.8\,\mathrm{m/s^2}$ である（標準重力加速度の大きさは，国際度量衡委員会によって 9.80665 と定義されているが，実際に測定される重力加速度は，場所によってわずかに異なる）．空気の抵抗やコリオリ力などを無視すれば，放り投げられた物体は放物運動をする．相対論を議論する前の易しいケースとして，この状況を次のようにモデル化した世界を考えてみよう．

> 大地や空気は存在せず，全ての場所で同じ向きに一定値 g となる重力加速度が作用している．物理現象は，この重力加速度による放物運動だけで，それ以外には何も起きない．重力が作用する方向を鉛直方向，これに垂直な方向を水平方向と呼ぶ．

§1-3 座標系の変換

このモデルでは，水平と鉛直は物理法則によって区別できるが，2 次元の水平面内で方位による違いを見つけることはできない．現実の地球では，地形や天体の位置，自転に伴う遠心力やコリオリ力，気象の変化などを利用して，東西南北という方位の区別が付けられるが，一様な重力加速度による放物運動しか物理現象がなければ，水平面内のどの向きを見ても物理法則に差がないのである．したがって，座標軸を設定する場合，鉛直方向を表す z 軸は物理法則から定められても，水平面内の座標については，座標軸の向きを恣意的に決めざるを得ない．

水平面内で適当に決めた互いに直交する x,y 座標と，鉛直方向の z 座標（重力と逆の向きを正とする）を使って放物運動する物体の位置を表すと，次のようになる．

$$x = V_x t + X$$
$$y = V_y t + Y \tag{1.8}$$
$$z = -\frac{1}{2}gt^2 + V_z t + Z$$

X, Y, Z と V_x, V_y, V_z は，それぞれ $t=0$ での位置座標と速度（初期位置と初速度）を表す．(1.8) 式が，この世界での物理現象を記述する基礎方程式である．

ここで，z 軸の周りに座標系を角度 φ だけ回転し，x 軸を x' 軸，y 軸を y' 軸に移動してみよう（【図 1.5】参照）．回転後の座標軸による座標は，次のように表される（読者は，【図 1.5】をもとに，この式が成り立つことをチェックしておくこと）．

$$x' = x\cos\varphi + y\sin\varphi$$

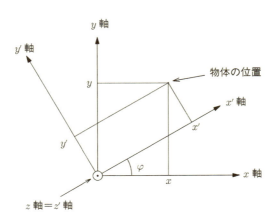

図 1.5 座標系の回転

$$y' = -x\sin\varphi + y\cos\varphi \tag{1.9}$$
$$z' = z$$

成分をいちいち式に書くのは面倒なので，行列を使って短く表すことにしよう（行列に関しては，巻末付録 A-2 参照）．回転による (1.9) 式の座標変換は，変換行列 Λ を使って，$\bm{x}' = \Lambda \bm{x}$ という簡単な式で表せる．ただし，

$$\bm{x} \equiv \begin{pmatrix} x \\ y \\ z \end{pmatrix}, \quad \bm{x}' \equiv \begin{pmatrix} x' \\ y' \\ z' \end{pmatrix}, \quad \Lambda \equiv \begin{pmatrix} \cos\varphi & \sin\varphi & 0 \\ -\sin\varphi & \cos\varphi & 0 \\ 0 & 0 & 1 \end{pmatrix} \tag{1.10}$$

である．

速度 v についても，

$$\bm{v} = \frac{d\bm{x}}{dt} \to \bm{v}' = \frac{d\bm{x}'}{dt} = \frac{d(\Lambda\bm{x})}{dt} = \Lambda\frac{d\bm{x}}{dt} = \Lambda\bm{v}$$

となるので，座標と同じ形式の変換の式 $\bm{v}' = \Lambda\bm{v}$ が成り立つ（加速度も同じ）．

座標系を回転した後の放物運動の式は，(1.8) 式を (1.9) 式に代入することで求められる．

$$x' = V'_x t + X' \quad (V'_x \equiv V_x\cos\varphi + V_y\sin\varphi, X' \equiv X\cos\varphi + Y\sin\varphi)$$
$$y' = V'_y t + Y' \quad (V'_y \equiv -V_x\sin\varphi + V_y\cos\varphi, Y' \equiv -X\sin\varphi + Y\cos\varphi)$$
$$\tag{1.11}$$
$$z' = -\frac{1}{2}gt^2 + V'_z t + Z' \quad (V'_z \equiv V_z, Z' \equiv Z)$$

(1.11) 式に現れる X', Y', Z' と V'_x, V'_y, V'_z は，定義式の形から明らかなように，(1.8) 式の初期位置と初速度を回転後の座標で表したものである．(1.8) 式と (1.11) 式を比べると，式に現れる座標や速度などの物理変数（状態に応じて変動する物理量）を回転後のものに置き換えただけで，式の形式（等速運動ないし等加速度運動という形式）は変わっていないことがわかる．このケースのように，座標系を何らかの方法で変換したとき，式に現れる物理変数を変換後のものに置き換えただけで，そのまま元と同じ形の式が成り立つ場合，その式は，座標変換に対して**共変**だと言われる．

一様な重力加速度が作用する世界において放物運動を表す式は，鉛直方向の軸の周りの回転に対して共変になっている．それでは，鉛直軸以外の回転に対してはどうか？ 容易にわかるように，この回転に対する共変性はない．例えば，y 軸の周りに x 軸と z 軸

を角度 θ だけ回転したとき，放物運動の式の x 成分は，回転後には次のようになる．

$$x' = -\frac{1}{2}\left(g\sin\theta\right)t^2 + V'_x t + X'$$

(1.8) 式と比較すれば，元の等速度運動の式が，回転後は等加速度運動の式になっており，式の形そのものが変化しているので，共変とは言えない．

　座標とともに回転する観測者の視点で考えてみよう．放物運動の式が回転に対して共変でなければ，回転をしたかどうかはすぐにわかる．y 軸の周りに回転した場合，以前に下に落ちていた物体が斜めに落ちるようになるのだから，観測者は座標が変わったことにすぐ気が付く．しかし，式が共変ならば，放物運動の軌道をどんなに正確に観測したとしても，それだけで回転したかどうか判定できない．ここで取り上げたモデルでは放物運動が唯一の物理現象だと仮定されていたが，一般的なケースに拡張するには，放物運動を物理現象と言い換えれば良い．すなわち，物理現象の基礎方程式が回転に対して共変ならば，物理現象をもとに回転したかどうかは判定できないし，共変でなければ判定できる．

　物理学では，ある座標変換をしても物理法則が変わらず，座標変換されたかどうか物理現象をもとに判定できないことを，「**対称性がある**」と言う．一様な重力加速度が作用する世界では，鉛直軸の周りの回転に関する対称性（2次元回転対称性）があり，それに対応して，物理現象を表す基礎方程式（この世界では放物運動の式）が回転に対して共変になっている．

　もちろん，現実の世界は，ここまで考えてきたモデルとは異なる．「一様な重力加速度が作用する」という状況は，地表付近の重力による運動をモデル化したものだが，実際の重力は，地球の中心からの距離によって変化する．それでは，仮に，「重力が距離の逆2乗に比例する」というニュートンの重力理論が正しいとすると，回転対称性はどうなるだろうか？ 練習問題として出題しよう．

練習問題 ❷
Exercise 2

　外部から重力が作用していない空間に，大きさの無視できる複数の質点が存在し，ニュートンの重力理論で与えられる重力を及ぼしあいながら運動している（これは，孤立した天体集団のモデルとなる）．このとき，ニュートン力学の運動方程式は，任意の回転に対して共変になることを示せ．この結果に基づいて，力がどのような性質を満たすときに，任意の回転に対して運動方程式が

共変になるかを考えよ．

解答
Solution

全ての質点を番号で区別し，i番目の質点（質点iと呼ぶ）に関する量は，位置座標$x_{(i)}$，質量$m_{(i)}$のように，括弧付きの添字(i)を付けて表すことにする．ニュートンの重力法則によると，質点jから質点iに加わる重力$F_{(ij)}$は，Gを万有引力定数として，次式で与えられる（太字は3元ベクトルを表す）．

$$\boldsymbol{F}_{(ij)} = -Gm_{(i)}m_{(j)}\frac{\boldsymbol{x}_{(i)} - \boldsymbol{x}_{(j)}}{\left|\boldsymbol{x}_{(i)} - \boldsymbol{x}_{(j)}\right|^3} \tag{1.12}$$

この$F_{(ij)}$を使えば，i番目の質点に関する運動法則は次のようになる．

$$m_{(i)}\frac{d^2\boldsymbol{x}_{(i)}}{dt^2} = \sum_{j\neq i}\boldsymbol{F}_{(ij)} \tag{1.13}$$

右辺のjに関する和は，iと異なる全ての質点について加えあわせることを意味する．

ここで，座標系の回転によって，位置座標$\boldsymbol{x}$が$\boldsymbol{x}' = \Lambda\boldsymbol{x}$に変換されるものとしよう（この式は，原点が不動であることを含意しており，原点が移動する場合は，回転と並進に分けて扱う）．ただし，Λは回転を表す3行3列の変換行列である．(1.10)式は，こうした変換行列の1例になっているが，任意の回転軸の周りの回転では，(1.10)式のΛと異なって，一般に全ての行列成分がゼロと異なる．数学的には，Λが直交行列（転置行列と元の行列の積が単位行列になる実正方行列）であることが，座標変換が回転になることの定義である．

重力を表す(1.12)式が，座標系の回転によってどのように変換されるかを見てみよう．回転しても2点間の距離は変わらないので，分数の分母は不変である．また，分子には，左から変換行列Λが掛かる．それ以外は変化しないので，結局，質点jから質点iに作用する重力は，座標系の回転によって，

$$\boldsymbol{F}_{(ij)} \to \boldsymbol{F}'_{(ij)} = \Lambda\boldsymbol{F}_{(ij)}$$

のように変換される．したがって，運動方程式(1.13)の左からΛを掛ければ，

$$m_{(i)}\frac{d^2\boldsymbol{x}_{(i)}}{dt^2} = \sum_{j\neq i} \boldsymbol{F}_{(ij)} \to m_{(i)}\frac{d^2\left(\Lambda\boldsymbol{x}_{(i)}\right)}{dt^2} = \sum_{j\neq i} \left(\Lambda\boldsymbol{F}_{(ij)}\right)$$

$$\to m_{(i)}\frac{d^2\boldsymbol{x}'_{(i)}}{dt^2} = \sum_{j\neq i} \boldsymbol{F}'_{(ij)}$$

となる．最後の式は，元の運動方程式と形が同じで，位置座標と力を回転後のものに置き換えただけなので，質点が互いに及ぼしあう重力によって運動するケースでは，運動方程式が回転に対して共変であることがわかる．

以上の議論から容易に推察されるように，運動方程式が座標の回転に対して共変になるのは，回転の変換行列が Λ のとき，運動方程式に現れる力 $\boldsymbol{F}$ が $\boldsymbol{F}' = \Lambda\boldsymbol{F}$ という変換をする場合である．これは，力が位置座標と同じように変換されるベクトルであることを意味する．ニュートン力学では，力がこうした性質を持つベクトルであることがしばしば暗黙の前提となっている． ■

ニュートン力学を修得した読者にとって，ここまでの議論は，当たり前のことをくどくどと述べているだけのように思われたかもしれない．だが，回転対称性と基礎方程式の共変性を結びつける論法は，相対性原理を仮定した後でどのように議論を進めるべきかを考える際に，導きの糸として利用できるのである．

イメージしやすいように，周囲に何もない無重力の宇宙空間で慣性運動（等速度運動）する複数の宇宙船を想像していただきたい．これらの宇宙船からどんな物理現象を観測しても，自分の乗る宇宙船が静止しているか運動しているかを決められないというのが，相対性原理の主張である．物理現象によって静止か運動かを決められないというのは，回転対称性のあるシステムで，座標系が回転したかどうかを物理現象で判別できないのと似た状況であり，慣性運動するどの宇宙船から見ても，物理現象に関して同じ基礎方程式が成り立っていることを意味する．回転のケースと同じように扱えば，ある宇宙船の座標系から別の宇宙船の座標系へと座標変換したとき，物理現象の基礎方程式は共変になるはずである．

ここまで来れば，どのように議論を進めるべきかについて，方針が定められる．最初の課題となるのが，慣性運動する宇宙船の座標系の間にどのような座標変換の式が成り立つかを明らかにすることである．

§1-4　ニュートン力学とガリレイ変換

無重力空間を慣性運動する複数の宇宙船ごとに，時間座標 t と空間座標 x,y,z を考えることにしよう．一般相対論になると，こうした座標系はかなり自由に選ぶことができ，

目盛りが不均等であったり座標軸が曲がっていたりしてもかまわないが，特殊相対論の範囲では，全ての宇宙船で同等な直交座標系を考えた方が都合が良い．そこで，それぞれの宇宙船には，正確な時計とゆがみのない物差しが搭載され，これを使って，等間隔に目盛りの付いた真っ直ぐな座標軸が定義されるものとする．正確な時計としては原子の振動を利用した原子時計を，また，ゆがみのない物差しとしては格子欠陥の全くない単結晶で作られた物差しを想定すれば良いだろう．相対性原理が正しいとすると，各宇宙船で同じ物理法則が成り立ち，原子のエネルギー準位や結晶格子の間隔には差がないはずなので，時計や物差しは全て同等である．このようにして定義された互いに慣性運動する座標系を，一般的な呼称に従って，**慣性座標系**—あるいは，短縮して**慣性系**—と呼ぶことにする．

相対論の場合に特に問題になるのが，時間座標である．ここでは，宇宙船同士の時間を比較できるように，それぞれの宇宙船から見て全て静止している多数の時計が，広い範囲にわたって宇宙船とともに動いている場合を考えよう．これらの時計は，市販の電波時計と同じように，電波信号をやり取りして同期しているものとする（互いに静止しているので，同期は難なく行える）．こうすれば，宇宙船から少し離れた場所で起きる物理現象に関しても，それぞれの宇宙船から見た時刻がどうなるか特定できる．

静止と運動の区別がないという相対性原理を定式化するためには，慣性系の間の座標変換の式を考える必要がある．そこで，次のような具体的なケースをもとに考察を進めていこう．

ある瞬間にすれ違うような慣性運動をする宇宙船 K と K′ がある．式を簡単にするために，すれ違う瞬間に原点と空間座標の軸が一致するように各宇宙船の座標系を設定し，それぞれ K 系と K′ 系と呼ぶことにしよう（【図 1.6】）．すれ違って以降，K 系から見て，K′ 系の原点は x 軸正の向きに速さ v で遠ざかっているものとする．

相対性原理によれば，K′ 系から見て K 系の原点が遠ざかる速さも v である．なぜなら，K 系と K′ 系では同じ物理法則が成り立ち，時計や物差しも同等なので，相手を見たときの速さが異なるという非対称な事態が起きるはずがないからである．

ここで調べたいのは，同一の物理現象（例えば，導線とコイルを近づけたときに生じる電磁誘導）を K 系の座標 (t,x,y,z) と K′ 系の座標 (t',x',y',z') で記述したとき，同じ基礎方程式に従うかどうかである．そのためには，2 つの座標系が互いにどのような関係にあるかを示さなければならない．回転の場合は，幾何学的な考察に基づいて変換行列 Λ を導いたが，互いに運動する座標系の変換規則は，すぐにはわからない．また，基礎方程式として，ニュートンの運動方程式のような以前から使っていた方程式をそのまま採用して良いかもはっきりしない．

取りあえず，最も単純な考え方として，一方から他方の座標を見たときの尺度が同じ

§1-4 ニュートン力学とガリレイ変換

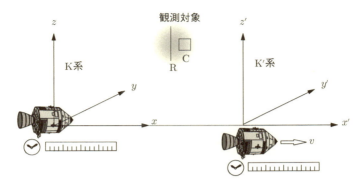

図 1.6 2つの慣性系

だと仮定してみる．この仮定は，具体的には，次のような状況を表している．

① 相互に慣性運動している同等の時計は，同じペースで時を刻み，一方が他方より進んだり遅れたりすることはない．上で設定した K 系と K′ 系の場合，空間座標の原点が一致する瞬間に時刻 0 にリセットされた無数の時計が座標系とともに運動しているので，どれか 2 つの時計がすれ違う瞬間には，同じ時刻を示すことになる．
② 相互に慣性運動している同等の物差しの尺度は同一であり，一方が他方より伸びたり縮んだりすることはない．

この仮定の下では，2 つの座標の関係は次のようになるはずである（この変換規則が実際に K 系と K′ 系の座標の関係を与えるかどうか，まだわからない）．

$$t' = t, \quad x' = x - vt, \quad y' = y, \quad z' = z \tag{1.14}$$

(1.14) 式の座標変換は，ガリレオが最初に考察したので，(英語風に) ガリレイ変換と呼ばれる．相対性原理がガリレイ変換に対して適用できるならば，(1.14) 式に従って座標変換をしたときに，物理学の基礎方程式は共変（方程式の形式が不変）になるはずである．ニュートンの重力法則に従う質点系で調べてみよう．

練習問題 ❸
Exercise 3

外部から重力が作用していない空間に，大きさの無視できる複数の質点が存在し，ニュートンの重力理論で与えられる重力を及ぼしあいながら運動してい

る．このとき，ニュートンの運動方程式がガリレイ変換に対して共変になることを示せ．これをもとに，ニュートン力学に従うシステムでは，力がどのような性質を満たすときに，運動方程式がガリレイ変換に対して共変になるかを考えよ．

解答 Solution

重力は (1.12) 式，運動方程式は (1.13) 式で与えられる．

運動方程式 (1.13) の左辺（質量×加速度）に，(1.14) 式のガリレイ変換を代入すると，時間 t の 1 次の項は，時間に関する 2 階微分によってゼロになるので，ガリレイ変換しても形式は変わらない．したがって，運動方程式がガリレイ変換に対して共変かどうかは，右辺の力の式がどうなるかによる．

重力を表す (1.12) 式に注目しよう．この式で特徴的なのは，空間における場所を表す座標が，2 つの質点の位置座標の差という形でしか現れない点である．このため，(1.14) 式に含まれる vt の項は，(1.12) 式では常に打ち消されしまい，ガリレイ変換をしても，運動方程式の形は変化しない．ニュートンの重力理論に従って相互作用する質点系の運動方程式は，ガリレイ変換に対して共変となり，このシステムの物理現象を使って静止と慣性運動が区別できないことがわかる．

重力の例からわかるように，力の式に含まれる x,y,z 座標が相対的な位置という形でしか現れない場合には，ガリレイ変換に含まれる vt の項が座標の差を取ることで打ち消されるので，運動方程式は共変になる． ∎

【練習問題3】で示されるように，力が相対的な位置座標にしか依存しない場合，運動方程式はガリレイ変換に対して共変になる（回転のケースにならって「共変」としたが，ガリレイ変換の場合は，変換後の加速度や力は変換前と同じ値になるので，「不変」と言った方が良いかもしれない）．ガリレイ変換をしても運動方程式が同じ形になる以上，ニュートン力学を使って静止と慣性運動を区別することはできない（ただし，座標変換がガリレイ変換になることは，あくまで仮定でしかないことを忘れないように）．【基本問題1】の【解答】(2) で，ある条件を満たす場合にニュートン力学では静止と運動の区別ができないと言ったのは，このことを意味していた．

力が相対的な位置だけで決定されることは，多くのニュートン力学の応用で前提とされている．弾性体力学を考えよう．弾性体力学の基礎方程式は，変形と応力の関係式と

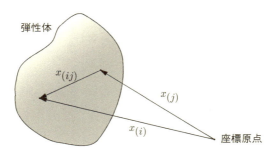

図 1.7 弾性体の座標

して表される．応力とは，ある微小面に作用する力の成分を表す量で，通常は，2 階のテンソル（座標成分を示す添字を 2 つ持つ量）である応力テンソルとして表される．一方，変形に関しても，同じく 2 階のテンソルである歪テンソルで表される．最も簡単な基礎方程式は，フックの法則を仮定するもので，応力テンソルは歪テンソルの 1 次関数となる．変形は，弾性体内部の近接した 2 点の相対的な座標（【図 1.7】の $x_{(ij)}$）の変化によって表される．したがって，弾性体力学の基礎方程式は，ガリレイ変換に対して共変になる．

議論は少し複雑になるが，流体力学の基礎方程式であるナヴィエ＝ストークス方程式がガリレイ変換に対して共変であることも示せる．

ナヴィエ＝ストークス方程式のガリレイ変換に対する共変性を示せ[4]．

解答のヒント
Solution Hints

まず，理想流体に関するオイラー方程式：

$$\frac{\partial \boldsymbol{u}}{\partial t} + (\boldsymbol{u}\cdot\nabla)\boldsymbol{u} = -\frac{1}{\rho}\nabla P$$

（$\boldsymbol{u}$：座標の関数として表した流速場，ρ：密度，P：圧力）について考え

---

[4] 発展問題は少しレベルが高いので，余裕のある読者だけが挑戦すればよい．この問題は，流体力学について知識がある読者のためのものである．

よう．この式において，左辺は，密度 ρ の微小部分が動くときの加速度を表しているので，ガリレイ変換によって形を変えない．また，右辺の微分は，場所による圧力の差を与えるので，相対座標にしか依存しない．したがって，オイラー方程式は，ガリレイ変換に対して共変である．粘性流体に関するナヴィエ＝ストークス方程式は，オイラー方程式に粘性抵抗の項を付け加えたものだが，粘性抵抗は，流体内部の近接する領域で流速に差がある場合に生じるものなので，これも相対座標にしか依存しない．したがって，ナヴィエ＝ストークス方程式もガリレイ変換に対して共変である． ■

ナヴィエ＝ストークス方程式がガリレイ変換に対して共変になるので，無限に広がった静止流体中を障害物が速度 v で動いている場合と，遠方の流速が $-v$ となるような流れのある無限に広がった流体中に障害物が静止している場合とでは，（現実の流体がナヴィエ＝ストークス方程式に従っているという仮定の下で）周囲に生じる流れの変化や障害物が受ける粘性抵抗が同じになる．大気中を飛行する航空機がどのような抵抗を受けるかが，航空機の模型を静止させて周囲に風の流れを起こす風洞実験で調べられるのは，この共変性のおかげである（【図 1.8】）．

図 1.8 流体内部での運動

このように，ニュートン力学の応用では，ガリレイ変換に対する不変性が存在するので，この応用に基づいて力学的な現象を解析しても，静止と運動を区別することはできない．

ただし，ここで注意しなければならないことがある．弾性体力学でも流体力学でも，力が相対座標にしか依存しないというのは，あくまで実用的な近似でしかない．金属の弾性変形を考えよう．金属とは，金属イオンが規則正しく配列し，その間に電子が存在

§1-4 ニュートン力学とガリレイ変換

する状態である。金属に外部から力を加えて変形させる過程では、金属イオンの位置が移動するのに応じて電子の状態関数が変化する。このとき、電子が平衡状態に達するまでの緩和時間がきわめて短いため、実用上は、瞬間的に平衡に達すると仮定してもかまわない。この仮定の下で、発生する応力が変形だけに依存するという性質が導ける。

ところが、本章で議論しているのは、この世界に相対性原理があるかどうかという原理的な問題である。力学でも電磁気学でも、静止と運動を区別できないという経験則があるので、この経験則を一般化して、そもそも自然界では、原理的に静止と運動が区別できないのだと主張するのが相対性原理である。この原理の可否を論じる場合には、実用的かどうかではなく、物理学の基礎過程にまで遡及しなければならない。実用的には力が相対的な位置関係だけで決まるとして充分だからと言って、相対性原理が成り立っているとは限らないし、相対性原理を考えるときの座標変換がガリレイ変換であるとも言えない。

ここに、ニュートン力学の限界が示される。ニュートン力学には、力の定義が与えられていないのである。力とは原理的にどのようなものかが示されていないので、相対性原理の妥当性に関して、ニュートン力学の範囲内では結論が出せない。

ニュートンの重力理論は、弾性体力学や流体力学とは異なって、基礎的な物理法則のようにも見える。しかし、この理論は、重力の作用が伝播する過程が理論の中にいっさい含まれないという奇妙な形式をしている。重力源の位置が変化すると、どんなに距離が離れていようと、その効果が一瞬のうちに作用する相手に伝わり、重力のベクトルは正確にその瞬間の重力源の位置に向かう。しかし、物理的な作用が一瞬のうちに伝わるとは、かなり奇妙なことである。実際、17世紀にニュートンが重力理論を提唱したときから、一瞬のうちに作用が伝わるという点に対して批判的な科学者が多く、18世紀のオイラーをはじめとして、重力作用の伝播を含む理論を提唱する科学者が何人も現れた（この議論は、一般相対論によって決着が付けられる）。

力が一瞬のうちに伝わることはないという考えを認めると、ニュートンの重力理論は、弾性体力学や流体力学と同じように、作用の伝播過程を無視した近似だということになる。相対性原理の妥当性を考える場合には、作用の伝播を含む理論を取り上げなければならない。20世紀以前の基礎物理学法則で伝播の過程まで含むものは、マクスウェル電磁気学だけである（19世紀前半までは、熱伝導方程式なども基本的な物理法則を表すと考えられていたが、19世紀後半には、統計的な現象だという見方が強まっていた）。したがって、相対性原理の妥当性を論じるには、電磁気学をきちんと扱う必要がある。

【練習問題1】(2)で示したように（あるいは、本章§1-2で論じたように）電磁気学で静止と運動の区別が付かないことが直ちにわかるのは、電磁気現象の伝播が瞬間的に行われると仮定した場合である。伝播過程まで考慮すると、静止と運動の間に差が生じ

る可能性もある．相対性原理を考えるには，マクスウェル電磁気学を厳密に扱わなければならない．

そこで，章を改めて，マクスウェル電磁気学と相対性原理の問題を論じることにしよう．

> コラム

アインシュタインはいかにして相対論を思いついたか

アインシュタインが特殊相対論を思いついたきっかけとして，1887年に行われたマイケルソン＝モーレーの実験を挙げる人は少なくない．この実験は，地球の公転運動が地表で測定される光速に影響を与えるはずだという観点から，公転方向とそれに垂直な方向の光速の差を求める目的でマイケルソンが行った一連の実験の1つで，モーレーが制作した装置が想定し得る実験誤差を充分に排除するものだったため，きわめて高い精度でデータが得られた．にもかかわらず，2つの方向の光速には差が認められなかった．この実験結果が，光速はどの慣性座標系で測定しても同じだという思いつきをアインシュタインに与え，そこから特殊相対論が生まれたという説明がある．しかし，これは誤解である．

アインシュタインは，自分の発想のルーツを論文にきちんと記す珍しい物理学者で，光量子論や宇宙論の論文にも，アイデアの根拠が示してある．特殊相対論の場合は，力学的現象と電磁気学的現象のいずれをもってしても静止と運動の判別ができないことが，相対性原理を主張する根拠として紹介されている．地球の公転運動が地表での光速に影響を及ぼさないというマイケルソンの実験結果は，あくまで補足的なデータとして扱われるだけである．

マイケルソンの実験結果を重視し，これと整合的になるようにマクスウェル電磁気学を解釈しようとしたのは，アインシュタインの先駆けとなったローレンツとポアンカレである．ローレンツは，マクスウェル方程式に現れる空間座標や時間座標を別の変数と置き換えると，運動座標系でもマクスウェル方程式と同じ形の式が得られることに気が付いた．この変数変換を慣性座標系の間の座標変換と見なすと，座標変換に対するマクスウェル方程式の共変性が証明されたことになる．しかし，ローレンツはそこまで踏み込まず，この変数変換はあくまで形式的なものであり，実際には絶対的な静止座標系が存在し，そこでローレンツ短縮のような物理現象が起きていると解釈した．

もう少し進んだ見解を示したのが，ポアンカレである．彼は，アインシュタ

インよりも早く，マクスウェル方程式を不変に保つ変数変換のセットを見いだし，これが数学で言うところの群を構成することを示した．この群は，現在ではポアンカレ群と呼ばれ，相対論を数学的に定式化する際の基本的なツールとなっている．ポアンカレは，この変数変換によって与えられる別の座標系が元の座標系と物理的に同等だという相対性原理を示唆するような文章を残してはいるが，断定的ではない．

アインシュタインは，大学を卒業後，大学に残れずにベルンの特許局で勤務していたため，専門文献を読む時間が充分にとれず，ローレンツやポアンカレの業績には気が付かなかったようだが，（ポアンカレのように曖昧にではなく）相対性原理を初めて明確に主張したという点では，ローレンツやポアンカレの先に進んだと言える．

特に重要なのは，アインシュタインが，ローレンツやポアンカレと異なり，マクスウェル方程式を相対論の前提としなかった点である．彼は，すでに光量子論を発表しており，その中で，光がマクスウェル方程式からは導かれないような性質（光電効果などに見られるようなエネルギー量子としての振る舞い）を示すことを論じていた．マクスウェル方程式が厳密に正しいわけではないという確信があったために，これを共変に保つような座標変換を考えるというローレンツ流の発想はしなかったのである．ただし，座標変換の式を導くためには，作用の伝播に関する前提が必要である．そのために，マクスウェル方程式を仮定する代わりに，光速不変性を原理として採用したのである．

第 2 章

電磁気現象の相対性

§2-1　電場と磁場の変換

§2-1-1　変換の必要性

　相対性原理が正しいとすれば，ある電磁気現象をさまざまな慣性系で記述したとき，全て同じ基礎方程式（力学の運動方程式と電磁気学のマクスウェル方程式）に従うはずである．導線とコイルが相対運動している【練習問題1】のケースでは，導線とともに運動する（＝導線が静止しコイルが動いて見える）慣性系でも，コイルとともに運動する慣性系でも，電磁気現象の基礎方程式は同じ形式でなければならない．

　しかし，ちょっと考えると，これはあり得ないことのように思われる．なぜなら，一般的な電磁気学の考え方によれば，コイルが動く場合と導線が動く場合とでは，全く異なる現象が生起するからである．コイルが動く慣性系では，磁場が時間とともに変動することはなく，コイルとともに動く電子が磁場から受けるローレンツ力によって起電力が発生する．このとき，電場は存在しない．一方，導線が動く慣性系では，磁場が時間とともに変動し，それによって誘導電場が生じているように見える．この2つが単一の電磁気現象であり，異なる慣性系から見るだけでこれほど異なった現れ方をするとは，にわかに信じられないだろう．

　問題のポイントは，一方の慣性系では電場は存在せず磁場だけがあるのに，これに対して相対的に運動する慣性系では，磁場と電場がともに存在することである．相対性原理を認めた上で，この結果を合理的に解釈するには，相対運動する慣性系に座標変換するとき，磁場の一部が電場に変わると考えざるを得ない．

　磁場が電場に変わるという主張は，ひどく奇妙に思えるかもしれない．多くの人は，小中学校の理科の授業で，磁石の上に画用紙を載せ，砂鉄を撒いて指でトントンと振動を与えると，砂鉄がつながって磁力線の形になるという実験をしたことだろう．こうした体験を通じて，磁気とは，空間を隔てて磁性体を引き寄せる作用だというイメージが形

§2-1 電場と磁場の変換

成され，電気と異質なものだと感じてしまうのではなかろうか．物理学的に言えば，物質の磁性はニュートン力学やマクスウェル電磁気学の範囲では解明できない量子論的な効果であり，磁気を磁性体への作用と結びつけてイメージしてしまうと，（量子効果を含まない）電磁気学を理解する上で障害になりかねない．

磁性体ではなく荷電粒子に対する作用に限定して考えれば，磁場の一部が電場に変わったとしても，それほど不思議ではない．このことは，次のような議論からわかる．

簡単な例として，ある慣性系 K で見て直交する一定の電場 E と磁場 B が存在する領域で，電荷 q を持つ荷電粒子が，E と B にともに垂直な速度 v で運動をしているケースを考えよう．このとき，電場からの力は qE，磁場からの力（ローレンツ力）は $qv \times B/c$ となる（「$\times$」という記号で表される外積については，巻末付録 A-1 で説明した）．したがって，速度 v が

$$qE = qv \times B/c$$

という式を満たすならば，2 つの力は釣り合うことになり，荷電粒子は同じ速度 v のまま等速度運動をする（【図 2.1】）．これは，ホール効果における電子の運動のモデルになっている．

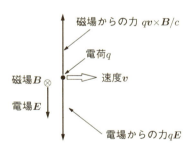

図 2.1 直交する電場・磁場内部での運動

それでは，K 系に対して速度 v で運動する K' 系でこの現象を記述するとどうなるだろうか？ K' 系では電荷 q は静止しているので，磁場からのローレンツ力は作用しない．したがって，もし，K' 系の電場と磁場が K 系と同じならば，力が釣り合っていないのに静止していることになり，力学の基礎方程式である運動方程式が成り立たない．これは，相対性原理が満たされていないことを意味する．

相対性原理が満たされるためには，K' 系の電場・磁場は K 系とは異なっていると考

えなければならない．ここで，K 系の電場 E が，そのまま K′ 系にも存在すると仮定しよう（この仮定は，後に，厳密には正しくないことが示される）．この場合，電場 E からの力と釣り合うように，電荷 q には $q\boldsymbol{v} \times \boldsymbol{B}/c$ という大きさの力が作用しなければならない．この力は，電荷が置かれた場所から静止する電荷に対して及ぼされるものなので，電場からの作用のはずである．すなわち，K 系に磁場 $\boldsymbol{B}$ が存在するとき，これに対して相対速度 $\boldsymbol{v}$ で運動する K′ 系では，

$$\Delta \boldsymbol{E} = \frac{\boldsymbol{v}}{c} \times \boldsymbol{B} \tag{2.1}$$

と表される電場 $\Delta \boldsymbol{E}$ が加わると予想される．このケースでは，元の電場 $\boldsymbol{E}$ と $\Delta \boldsymbol{E}$ が打ち消しあって電場が消失する．

ここで重要なのは，相対性原理を認める立場からすると，磁場に対して相対運動すると現れる (2.1) 式の $\Delta \boldsymbol{E}$ が，（アインシュタインが相対論を提出する以前にローレンツが考えたような）単なる"見かけの"電場ではなく，"真の"電場だという点である．(2.1) 式の電場が実際に存在するとして K′ 系の電磁気現象を記述すると，K 系と同じ基礎方程式に従っている——これが，相対性原理の主張である．

「K 系の電場 $\boldsymbol{E}$ がそのまま K′ 系にも存在する」という仮定が正確でないため，(2.1) 式はあくまで近似式にすぎない．しかし，「磁場に対して運動すると，磁場の一部が電場に変わる」という結論は定性的に正しい．この考え方を採用すれば，冒頭で述べた導線とコイルの相対運動のケースでも，2 つの慣性系で電場が存在したりしなかったりする理由が説明できる（ただし，今の段階では，まだ正確な計算はできない）．

磁場が電場に変わることから，電場と磁場は全く別個のものではなく，同じ実体の異なる成分と解釈した方がわかりやすい．電場と磁場が具体的にどのような形式で統一されるかは第 5 章 §5-2 に譲るが，用語だけ先取りして，これ以降，電場と磁場をまとめたものを**電磁場**と呼ぶことにする．

§2-1-2 直線電荷の周りの電磁場

磁場の一部が電場に変わるのと同じように，相対運動によって電場の一部が磁場に変わることもある．これは，直線電荷を用いた簡単な思考実験で確かめられるので，練習問題として出題しよう．この練習問題は，(2.1) 式と対になる変換則を導くものだが，(2.1) 式と同様の不正確さを含むことも示される．

練習問題 ❹
Exercise 4

直線状の電荷を考える．この問題に限って，直線に沿った単位長さ当たりの電荷を，電荷密度と呼ぶことにする．
(1) 電荷密度 ρ の直線電荷が静止しているとき，周囲の電場を求めよ．
(2) この電荷全体を直線に沿って一定の速さ v で動かすと，直線電流となる．運動している場合の電荷密度は静止しているときの ρ と同じだと仮定して，電荷の周囲に生じる磁場を求めよ．
(3) (1) と (2) の結果をもとに，直線電荷に対して静止している慣性系に存在する電場 $\boldsymbol{E}$ と，直線に沿って速さ v で運動する慣性系に現れる磁場 $\Delta \boldsymbol{B}$ の間に成り立つ関係式を示せ．
(4) 等しい電荷密度を持つ 2 本の直線電荷が距離 R を隔てて平行に置かれている．(1) と (2) の結果をもとに，2 本の電荷が静止している場合と，直線に沿って同じ速さ v で運動している場合について，電荷間に働く 1 m 当たりの力がどうなるかを求め，その結果から，(2) で採用した仮定の妥当性を考えよ．

解答
Solution

(1) マクスウェル方程式の解き方を知っている読者には簡単な問題だろうが，ここでは，電気力線を使った直観的な方法を示そう．電気力線は，あくまで電場を表すための仮想的な線だが，電荷がない限り切れたり分岐したりしない線が実在するかのように扱ってもかまわないことが知られている．点電荷 q ($q > 0$) が孤立して存在する場合，電荷から遠ざかる向きに電場 $\boldsymbol{E}$ が存在し，その大きさは，次式のように，電荷からの距離 r の逆 2 乗に比例する[5]．

$$|\boldsymbol{E}| = \frac{q}{4\pi r^2} \tag{2.2}$$

電荷 q を中心とする半径 r の球の表面積は $4\pi r^2$ なので，電荷 q から q 本の電気力線が出るとすれば，(2.2) 式より $1\mathrm{m}^2$ 当たりの電気力線の本数が電場の強さと等しくなる．

---

[5] 本書では，巻末付録 B で説明したように，電磁気学の単位系としてヘヴィサイド単位系を採用しており，国際単位系とは異なって真空の誘電率 ϵ_0 や真空の透磁率 μ_0 が現れない．国際単位系に戻すには，(2.2) 式などの電場を表す式の分母に ϵ_0 を乗じる必要がある．

これと同じ直観的な方法で，電荷密度が ρ である直線電荷を考えてみよう．直線に沿って幅 L の間に含まれる電荷は ρL なので，ここから ρL 本の電気力線が出る．直線方向の移動や直線の周りの回転に対して物理的な状態が変わらないという対称性から，これらの電気力線は，直線電荷に対して垂直に，かつ，この直線の周りで特定の方位に偏ることなく分布するはずである．したがって，直線電荷を中心軸とする半径 r の円筒表面では，電荷 ρL から出る電気力線が幅 L の帯状領域を均等に貫く．電場の強さ $|\bm{E}|$ は，$1\mathrm{m}^2$ 当たりの電気力線の本数に等しいので，円筒表面での値は，

$$|\bm{E}| = \frac{\rho L}{2\pi r L} = \frac{\rho}{2\pi r} \tag{2.3}$$

となる（2次元のラプラス方程式の解法を知っている人は，電気力線を使わずに直ちに解けるだろう）．

(2) 電荷が速さ v で運動している場合でも電荷密度は ρ のままだとすると，直線電荷に垂直な面内を単位時間当たり ρv の電荷が通過するので，電流の大きさも ρv となる．この直線電流が作る磁場 $\Delta \bm{B}$ は，アンペールの法則で与えられ，向きは，直線電荷上の点を中心とする円に沿った向き，大きさは，円の半径を r とすると，

$$|\Delta \bm{B}| = \frac{\rho v}{2\pi r c} \tag{2.4}$$

となる（アンペールの法則は，巻末付録 (B.5) 式に記してある）．

(3) 相対性原理によれば，無重力宇宙空間に直線電荷が浮かんでいる場合，この電荷とともに動く慣性系では (2.3) 式の電場が，この電荷に対して直線方向に運動する慣性系では，電場に加えて磁場も存在することになる（【図 2.2】）．これは，同じ電磁気現象を 2 つの方法で表したものであり，(2.3) 式の電場 $\bm{E}$ に対して速さ v で運動するときに (2.4) 式の磁場 $\Delta \bm{B}$ が現れるのだから，$\Delta \bm{B}$ は $\bm{E}$ の一部が変化したものと考えるのが自然だろう．(2.3) 式と (2.4) 式を比較すれば，$|\Delta \bm{B}| = v|\bm{E}|/c$ となることは直ちにわかる．電流の向きと慣性系の相対速度（$\bm{v}$ とする）の向きが逆になることに注意すれば，

$$\Delta \bm{B} = -\frac{\bm{v}}{c} \times \bm{E} \tag{2.5}$$

という関係式がある．この議論だけでは (2.5) 式が正確なのか，また，（運動する直線電荷以外のケースにも適用できるような）一般性があるかわからない

§2-1 電場と磁場の変換

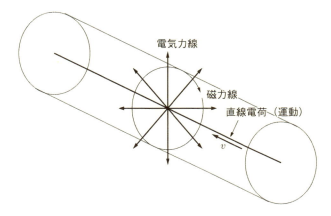

図 2.2 運動する直線電荷の周りの電磁場

が，答えを言ってしまうと，(2.1) 式と同じように，正確ではないが近似式として一般性がある．
(4) この問題のポイントは，同じ向きの電流の間には引力が働くので，2 本の電荷が同じ向きに運動するならば，単純に考えると，電荷間の斥力が弱まることである．

距離が R だけ離れた直線電荷には，(2.3) 式で $r = R$ と置いたときの電場が作用するので，電場から及ぼされる 1 m 当たりの力 F_E は，

$$F_E = \frac{\rho^2}{2\pi R}$$

となる．電荷は同符号なので，この力は斥力である．

磁場と電流が直交する場合，磁場 $\boldsymbol{B}$ から電流 I に作用する 1 m 当たりの力は，$|\boldsymbol{B}|I/c$ となる．2 本の直線電荷がともに速さ v で動く場合，電荷が置かれている地点での磁場の強さは，(2.4) 式で $r = R$ と置いた値なので，この磁場から電流 $I = \rho v$ に作用する力 F_B は，

$$F_B = \frac{1}{c}(\rho v) B = \frac{(\rho v)^2}{2\pi R c^2}$$

である．同じ向きの電流による力は引力なので，電場からの力と磁場からの力を併せた合力 F は，

$$F = F_E - F_B = \frac{\rho^2}{2\pi R}\left(1 - \frac{v^2}{c^2}\right) \tag{2.6}$$

となる．(2.6) 式は，電荷が"絶対的に"静止しているときに電荷間の力が最大になることを示しており，力の精密測定によって静止と運動が区別できるので，相対性原理と矛盾する．

この段階では，(2.6) 式を導く議論のどこに誤りがあるのか（あるいは，そもそも相対性原理が成り立たないのか）わからない．しかし，前提として採用した「電荷密度が変化しない」という仮定が誤っており，速度 v で運動しているときの電荷密度が ρ から

$$\rho' = \frac{\rho}{\sqrt{1-(v/c)^2}} \tag{2.7}$$

に変化するならば，電荷間の力 F は速度に依存しなくなり，相対性原理が満足されることに注目しておこう．きちんとした議論は §2-1-5 で行う． ∎

【練習問題 4】は，直線電荷の電荷密度が運動によって変化する可能性を示唆する．直線電荷を用いた思考実験は，計算が簡単でわかりやすいのだが，電荷密度が変化するとなると，安易に用いるわけにはいかない．そこで，式はかなり複雑になるが，直線電荷ではなく点電荷のときにどうなるかを考えてみよう．

§2-1-3　運動する点電荷の周りの電磁場

一定の速度 v で運動する点電荷 q の周りの電場 $\boldsymbol{E}$ と磁場 $\boldsymbol{B}$ の式は，大学レベルの電磁気学の教科書にはたいがい書かれているので，ここでは導き方は記さずに，公式としてそのまま利用する（実際に導くには，遅延ポテンシャルを用いた面倒な計算をしなければならない）．

$$\boldsymbol{E} = \frac{q\boldsymbol{R}}{4\pi R^3} \frac{1-\frac{v^2}{c^2}}{\left(1-\frac{v^2}{c^2}\sin^2\theta\right)^{3/2}}, \quad \boldsymbol{B} = \frac{\boldsymbol{v}}{c} \times \boldsymbol{E} \tag{2.8}$$

ただし，$\boldsymbol{R}$ は点電荷の位置から電磁場を考える地点までの 3 元ベクトル，θ は $\boldsymbol{R}$ と $\boldsymbol{v}$ の間の角度である．

(2.8) 式が成り立つ慣性系を K 系とすると，K 系に対して速度 v で運動する K′ 系では，点電荷は静止している．相対性原理が正しいとすると，K′ 系では，静止した点電荷による球対称な電場が生じ，磁場は存在しないはずである．したがって，K′ 系での電場・磁場と (2.8) 式を比較することにより，電場の一部が磁場に変わるときの正確な（近似でない）変換則が得られるだろう．

§1-4 と同じように，ある瞬間に K 系と K′ 系の 3 つの空間座標軸が重なるものとし，

§2-1 電場と磁場の変換

この瞬間を，それぞれの慣性系における時間の原点 ($t=0$ および $t'=0$) とする．K′系は，K系から見て x 軸正の向きに速さ v で運動している．点電荷が K′ 系の原点にあるものとすれば，K系における点電荷の x 座標 X は $X=vt$ で与えられる（【図 2.3】）．

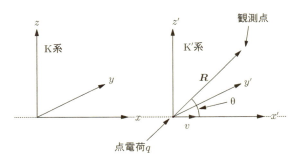

図 2.3 2つの慣性系から見た点電荷

K′系では点電荷が静止しているので，磁場は存在しない．電場の各成分は，K′系の座標 (x',y',z') を用いると，次式で表される．

$$E'_x = \frac{q}{4\pi} \frac{x'}{(x'^2+y'^2+z'^2)^{3/2}}$$
$$E'_y = \frac{q}{4\pi} \frac{y'}{(x'^2+y'^2+z'^2)^{3/2}} \quad (2.9)$$
$$E'_z = \frac{q}{4\pi} \frac{z'}{(x'^2+y'^2+z'^2)^{3/2}}$$

一方，K系での電場を座標 (x,y,z) によって表すことを考えよう．$\boldsymbol{R}$ の成分は，$(x-vt, y, z)$ となるので，次式が成り立つ．

$$R^2 \sin^2\theta = y^2 + z^2$$

これを使って，(2.8) 式の電場 $\boldsymbol{E}$ を座標で書き換えると，次のようになる．

$$E_x = \frac{q}{4\pi} \frac{\gamma(x-vt)}{\left(\gamma^2(x-vt)^2 + y^2 + z^2\right)^{3/2}}$$
$$E_y = \frac{q}{4\pi} \frac{\gamma y}{\left(\gamma^2(x-vt)^2 + y^2 + z^2\right)^{3/2}} \quad (2.10)$$

$$E_z = \frac{q}{4\pi} \frac{\gamma z}{\left(\gamma^2 (x-vt)^2 + y^2 + z^2\right)^{3/2}}$$

ただし，式を簡単にするために，次式で定義される γ を使った．

$$\gamma = \frac{1}{\sqrt{1-(v/c)^2}} \tag{2.11}$$

γ は**ローレンツ因子**と呼ばれ，v が c より小さいときに 1 より大きい量として定義される（v が c より大きいとき，γ は定義できない）．

身の回りにある物体の移動速度は，秒速 30 万 km という光速 c に比べると充分に小さいので，ローレンツ因子 γ はほぼ 1 に等しい．もし，(2.10) 式で $\gamma = 1$ と置けるならば，等速度運動する点電荷の周りの電場は，静止しているときの球対称の電場を保ちながら粒子とともに速度 $\boldsymbol{v}$ で移動する．しかし，電子のように質量の小さい荷電粒子の場合，高電圧で加速するとすぐに光速の数十％に達するので，γ は必ずしも 1 に近いとは言えない．

(2.9) 式と (2.10) 式が表す電場の幾何学的な形状の違いに注目しよう．(2.9) 式で分母の値を一定と置くと点電荷を中心とする球面の式が得られるのに対して，(2.10) 式では，

$$\gamma^2 (x-vt)^2 + y^2 + z^2 = (一定)$$

となるので，球面を x 軸方向に $1/\gamma$ の割合で短縮した楕円体面になることがわかる．点電荷の周りの電場を，粒子が静止しているときの状態から運動しているときの状態に幾何学的に変換するには，次のようにすれば良い．① まず，空間を（電場のベクトルもろとも）x 軸方向に $1/\gamma$ だけ押し縮める．このとき，x 方向の座標に係数 γ が掛かるとともに，電場の x 成分が $1/\gamma$ になり，電場の向きは，点電荷を中心とする動径方向のままである．② 次に，電場の値を γ 倍する．図で表すと，【図 2.4】のようになる．

相対性原理を仮定しなければ，(2.10) 式は，単に，運動する点電荷の周りの電場が，静止しているときの球対称から変形されることを意味するだけである．しかし，相対性原理を仮定すると，物理的な意味合いは全く異なる．無重力の宇宙空間に点電荷が漂っていたとすると，その周囲の電場は，点電荷が静止している K′ 系では (2.9) 式のように，点電荷が速度 $\boldsymbol{v}$ で動いている K 系では (2.10) 式のように表されるが，これは，同じ物理現象を異なる慣性系で記述したものに他ならない．したがって，(相対性原理が正しければ) (2.9) 式と (2.10) 式は，座標変換および電場・磁場の変換を通じて相互に結びつくはずである．この 2 つの式だけから厳密な変換則を導くことはできないが，それでも，式の形から変換則を推測することは可能である．$t = 0$ の瞬間には K 系と K′ 系

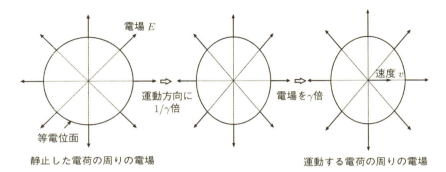

図 2.4 静止または等速度運動する点電荷の周りの電場

の3つの空間軸が重なること，$v=0$（$\gamma=1$）ならば K 系と K′ 系は同一であることを考慮すると，K 系と K′ 系の空間座標の間には，次の関係があると推測される．

$$x' = \gamma(x-vt), \quad y' = y, \quad z' = z \tag{2.12}$$

(2.12) 式は，K 系と K′ 系のどちらでもマクスウェル方程式が成り立つと仮定すれば，推測ではなく数学的にきちんとした形で導くことができるが，その計算はかなり煩雑になるので，ここでは，(2.12) 式が正しい変換則だとして議論を進めていきたい．

(2.12) 式を第1章に記したガリレイ変換 (1.14) と比較すると，x 座標の変換にローレンツ因子 γ が掛かっている点が異なっている．この因子があるため，K′ 系で球対称だった電場が，K 系では運動方向に $1/\gamma$ に短縮された形になるのである．ただし，短縮されるのは電場だけに限らない．(2.12) 式が正しいとすれば，空間座標そのものにローレンツ因子が掛かっているので，あらゆる物理現象で運動方向に短縮が起きるはずである．この短縮は，**ローレンツ短縮**と呼ばれる．

電場の変換は，同じ場所の電場が K 系と K′ 系でどのように表されるかを比較すればわかる．ここで，同じ場所と言ったのは，K 系の空間座標 (x,y,z) と K′ 系の空間座標 (x',y',z') の間に (2.12) 式の関係がある場所のことで，点電荷の位置以外に時間に依存する項はないので，時刻を指定する必要はない．(2.9) 式の x',y',z' に (2.12) 式を代入し，(2.10) 式と比較すれば，直ちに，次の関係が得られる．

$$E_x = E'_x, \quad E_y = \gamma E'_y, \quad E_z = \gamma E'_z \tag{2.13}$$

x 成分にだけ係数 γ が現れないのは，ベクトルの x 成分もローレンツ短縮の効果を受けて $1/\gamma$ になるからである．

K 系の磁場 $\boldsymbol{B}$ は，(2.8) 式に与えてある．速度 $\boldsymbol{v}$ が x 成分だけを持つことから，

$$B_x = 0, \quad B_y = -\frac{v}{c}E_z = -\frac{v}{c}\gamma E_z', \quad B_z = \frac{v}{c}E_y = \frac{v}{c}\gamma E_y' \tag{2.14}$$

となる．(2.13) 式と (2.14) 式は，電場だけが存在する K′ 系から K 系に移ったときに電場・磁場がどうなるかを表す．厳密には正しくない仮定の下に導いた (2.5) 式と異なり，(2.14) 式にはローレンツ因子 γ が掛かっている．

§2-1-4　運動する直線電流の周りの電磁場★

点電荷と同じように，運動する直線電流の周りの磁場も，ローレンツ短縮を示す．一定の速度 $\boldsymbol{v}$ で運動する直線電流の周囲で場がどうなるかは，§1-2 で簡単に議論した．§1-2 では計算は途中までしか示さなかったが，最後まできちんと計算すると，磁場と電場は，それぞれ次式で与えられる（座標の取り方は，第 1 章【図 1.4】に示した通りで，電流 I は x 座標 $X = vt$ の位置で z 軸正の向きに流れている）．

$$B_x = -\frac{I}{2\pi c}\frac{y}{\gamma^2(x-vt)^2 + y^2}, \quad B_y = \frac{I}{2\pi c}\frac{\gamma^2(x-vt)}{\gamma^2(x-vt)^2 + y^2}, \quad B_z = 0$$
$$E_x = E_y = 0, \quad E_z = -\frac{I}{2\pi c}\frac{\gamma^2(x-vt)(v/c)}{\gamma^2(x-vt)^2 + y^2} \tag{2.15}$$

電磁場が (2.15) 式で与えられる K 系に対して速度 $\boldsymbol{v}$ で運動する K′ 系では，直線電流が静止しているので，電場はなく磁場は次式で与えられる．

$$B_x' = -\frac{I}{2\pi c}\frac{y'}{x'^2 + y'^2}, \quad B_y' = \frac{I}{2\pi c}\frac{x'}{x'^2 + y'^2}, \quad B_z' = 0 \tag{2.16}$$

§1-2 でも指摘したことだが，等速度運動する直線電流の周りの磁力線は，静止しているときの円形の磁力線を運動方向に $1/\gamma$ に押し縮めた楕円になっており，ローレンツ短縮が起きていることがわかる．

(2.15) 式と (2.16) 式を使えば，座標の間に (2.12) 式の関係が成り立つ"同じ場所"で，2 つの慣性系の電磁場の間に次の関係式が成り立つ．

$$B_x = B_x', \quad B_y = \gamma B_y', \quad E_z = -\frac{v}{c}\gamma B_y' \tag{2.17}$$

§2-1-5　ローレンツ短縮

ここで，ローレンツ短縮について，簡単に触れておこう．ローレンツ短縮とは，力が加わって押し縮められるといった力学的な現象とは全く異なる．点電荷の周りの電場で言えば，点電荷とともに動く慣性系で（(2.9) 式のように）球対称に拡がる電場が，点電

荷に対して相対運動をする慣性系では，((2.10) 式のように) 運動方向に押し縮められたように表されるということである．ちょうど，物体の幅を計るとき物差しを斜めに当てると異なる測定値が得られるのと同じように，座標系の取り方を変えたことによって長さの値が変化したのである．

ローレンツ短縮の効果を考えると，【練習問題 4】(4) で導かれた (2.6) 式がなぜ正しくなかったかがわかる．直線に沿って電荷を運動させた場合，ローレンツ短縮によって直線方向の長さが $1/\gamma$ に短くなるので，それに伴って電荷密度 ρ は $\gamma\rho$ に増大する．これは，(2.7) 式の置き換えと等しいので，電荷間の力が速度 v に依存しなくなる．注意してほしいのは，このときの F の値が，1m 当たりの力ではなく，その $1/\gamma$ の長さに加わる力を表す点である．直線電荷を複数の支点で支えているとすると，支点の間隔も $1/\gamma$ になるので，個々の支点に加わる力の大きさは変わらない．

§2-1-6　電磁場の変換則

ここまでの議論は，一定速度で運動する点電荷といった特殊なケースで電場と磁場がどのように変換されるかを論じてきたので，一般性はない．一般的な変換則を導くためには，電磁気学の基礎方程式であるマクスウェル方程式から出発し，これが座標変換に対して形が変わらない (共変になる) 条件を考える必要がある．しかし，この議論は，数学的な扱いがかなり煩雑なので，導き方は第 5 章 §5-2-3 に譲ることにして，ここでは，最終的に得られる変換則だけを書いておく．電場 $\boldsymbol{E}$ と磁場 $\boldsymbol{B}$ が存在する慣性系 K に対して相対速度 v で運動する慣性系 K′ において，電場 $\boldsymbol{E}'$ と磁場 $\boldsymbol{B}'$ は次式で表される (座標の取り方は，§2-1-3 と同じだとする)．

$$E_x = E'_x, \quad E_y = \gamma\left(E'_y + \frac{v}{c}B'_z\right), \quad E_z = \gamma\left(E'_z - \frac{v}{c}B'_y\right)$$
$$B_x = B'_x, \quad B_y = \gamma\left(B'_y - \frac{v}{c}E'_z\right), \quad B_z = \gamma\left(B'_z + \frac{v}{c}E'_y\right) \tag{2.18}$$

K′ 系に磁場が存在しない場合，(2.18) 式が，(2.13)，(2.14) 式と同じであることは，すぐに確かめられる (§2-1-4 を読んだ読者は，K′ 系に電場および z 方向の磁場が存在しない場合に，(2.17) 式と一致することもわかるだろう)．

(2.18) 式に現れる v は，K 系で見たときの K′ 系の相対速度だが，逆に，K′ 系から見たときの K 系の相対速度は $-v$ である．したがって，K′ 系の電磁場を K 系の電磁場で表す逆変換の式は，(2.18) 式でダッシュを付け替え，v を $-v$ で置き換えた次の式になるはずである．

$$E'_x = E_x, \quad E'_y = \gamma\left(E_y - \frac{v}{c}B_z\right), \quad E'_z = \gamma\left(E_z + \frac{v}{c}B_y\right)$$
$$B'_x = B_x, \quad B'_y = \gamma\left(B_y + \frac{v}{c}E_z\right), \quad B'_z = \gamma\left(B_z - \frac{v}{c}E_y\right) \tag{2.19}$$

(2.18) 式と (2.19) 式が両立可能であることは，簡単に確かめられる．例えば，(2.19) 式の E'_y に (2.18) 式で与えられた E_y と B_z を代入すると次のようになり，整合的である．

$$E'_y = \gamma \left(E_y - \frac{v}{c} B_z \right) = \gamma \left(\gamma \left(E'_y + \frac{v}{c} B'_z \right) - \frac{v}{c} \gamma \left(B'_z + \frac{v}{c} E'_y \right) \right)$$
$$= \gamma^2 \left(1 - \left(\frac{v}{c} \right)^2 \right) E'_y = E'_y$$

逆変換の式が整合的になるためには，ローレンツ因子 γ が不可欠である．このことから，ローレンツ因子の掛かっていない (2.1) 式や (2.5) 式が正確な変換則ではあり得ないことがわかるだろう．

§2-2　電磁波とローレンツ変換

ここまでの議論で，異なる慣性系に移るときの座標と電磁場の変換則を論じてきた．電磁場の一般的な変換則は結果だけを (2.18) 式に示したが，座標変換を表す (2.12) 式には時間座標の変換が含まれていないため，完全ではない．時間座標の変換則を導けなかったのは，作用が伝わる過程を含む事例を扱わなかったからである．§2-1-3 では点電荷が等速度運動する場合を取り上げたが，点電荷とともに運動する慣性系で点電荷は静止しているので，場の変動がダイナミックに伝わっているわけではない．

電磁気的な現象では，場の変動は光速 c で伝わることが知られている．微小な体積 ΔV の内部に電荷密度 ρ の電荷があるものとして，この電荷によって生じる電位 ϕ がどうなるかを例に取ろう（電荷がある場所の位置座標には，ダッシュを付けて表す）．電荷密度が変動しない場合は，点電荷と類似の式が成立する．

$$\phi(t,x,y,z) = \frac{\rho(t,x',y',z')\,\Delta V}{4\pi R} \quad \left(R = \sqrt{(x-x')^2 + (y-y')^2 + (z-z')^2} \right)$$

それでは，電荷密度が時間とともに変動する場合はどうなるのか？このとき，電位の式は，次のように書き換えられることが知られている（この式はここでしか使わないので，電磁気学についての詳しい知識のない読者は，こういう公式があると思ってほしい）．

$$\phi(t,x,y,z) = \frac{\rho(t - R/c, x', y', z')\,\Delta V}{4\pi R} \tag{2.20}$$

この式の意味は，「距離 R だけ離れた地点での電荷密度の変動による影響が伝わるのに R/c という時間がかかるため，電位の計算には，R/c だけ前の時刻の電荷密度を使わなければならない」ということである．空間のあらゆる場所に電荷が存在する場合は，(2.20) 式を積分すれば良い．

$$\phi(t,x,y,z) = \int \frac{\rho(t-R/c, x', y', z')}{4\pi R} dx' dy' dz'$$

このように,電磁気的な現象では,ある地点の変化が速度 c で伝わるという性質がある.定数 c は光速と呼ばれるが,光の伝播速度というだけでなく,電磁気的な作用が伝わる一般的な速度を表している(この点に関しては,本章末のコラムを参照されたい).

相対性原理を仮定する場合,光速 c で電磁気的な作用が伝播する現象に関しても,あらゆる慣性系で同一の基礎方程式に従うと考えなければならない.これが,相対性原理を前提とする理論——相対論——を構築する際の最大の難関となる.

§2-2-1 波動方程式と正弦波

電磁気現象一般について議論するのは厄介なので,電磁波に限定して考えることにしよう.電磁波とは,電場や磁場の振動が波の形で伝播する現象であり,電荷が存在しないときの場の振る舞いは,さまざまな振動数の電磁波が重なったものとして表されることが知られている.

電磁波は,次の**波動方程式**に従う.

$$\frac{1}{c^2}\frac{\partial^2 u}{\partial t^2} = \frac{\partial^2 u}{\partial x^2} + \frac{\partial^2 u}{\partial y^2} + \frac{\partial^2 u}{\partial z^2} \tag{2.21}$$

u は波動として伝わる量を表している.電荷がないときの電磁気現象では,u として電場 $\boldsymbol{E}$ ないし磁場 $\boldsymbol{B}$ の成分を考えることが多いが,電位 ϕ など電場・磁場以外にも波動方程式に従う量がある(場の量子論によれば,電磁気現象に限らず,あらゆる物理現象の根底には,近似的に波動方程式に従う波が存在すると考えられる).

(2.21) 式に現れる「∂」という記号は,偏微分を表す.本書の読者には,偏微分について予備知識を持っていない人もいると思われるので,簡単に解説しておこう.

多変数関数の偏微分とは,他の変数を固定して特定の変数の値だけをわずかに変動させたときの関数の変化によって微分値を定義するというものである.例えば,(2.21) 式で時間座標 t の偏微分を考える場合は,空間座標 x, y, z は固定し,t だけを変化させて考える.式で書けば,

$$\frac{\partial u(t,x,y,z)}{\partial t} = \lim_{\Delta t \to 0} \frac{u(t+\Delta t, x, y, z) - u(t, x, y, z)}{\Delta t}$$

となる.この定義から見て取れるように,変数が多いという点を別にすれば,通常の微分(常微分)の公式の多くが偏微分でもそのまま使える.

波動方程式 (2.21) にはさまざまな解がある.座標の 1 次関数も解となるが,これは,遠方で u の値がどこまでも大きくなるので,通常は解に含めない.1 次関数以外で最も基本的な解は,正弦関数で表される波——いわゆる正弦波——の解である.具体的には,次

の式で表される．

$$u(t, x, y, z) = A \sin(\omega t - k_x x - k_y y - k_z z + \phi_0) \tag{2.22}$$

正弦関数の性質から直ちに見て取れるように，u は時間座標ないし空間座標の変化に応じて振幅 A で振動する．(2.22) 式における sin の引数が振動の位相であり，1 回の振動が起きる間に位相は 2π だけ変化する．時間座標だけを変化させたときの振動の周期は，$2\pi/\omega$ である．ω は，単位時間当たり位相が何ラジアン変化するかを表すので，角振動数と呼ばれる．k_x, k_y, k_z を成分とする 3 元ベクトルを $\boldsymbol{k}$ と書くと，ある時刻には，$\boldsymbol{k}$ に垂直な平面内の位相が一定になるので，(2.22) 式は，$\boldsymbol{k}$ の向きに伝播する平面波を表す（【図 2.5】）．このとき，$\boldsymbol{k}$ の向きに空間的距離 $2\pi/|\boldsymbol{k}|$ だけ進むと位相が 2π だけ変化するので，$2\pi/|\boldsymbol{k}|$ が波長であり，$\boldsymbol{k}$ は波数ベクトル，その絶対値 $|\boldsymbol{k}|$ は波数と呼ばれる（1m 当たりの波の個数 $|\boldsymbol{k}|/2\pi$ を波数とする定義もあるが，多くの物理学者は $|\boldsymbol{k}|$ を波数と呼ぶ）．また，ϕ_0 は $t = x = y = z = 0$ のときの位相なので初期位相と呼ばれる．

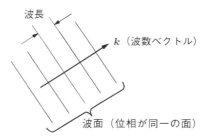

図 2.5 波数ベクトルと波面・波長

(2.22) 式が波動方程式 (2.21) の解になる条件を調べてみよう．三角関数の偏微分を行う場合，微分する変数以外の変数は定数だと見なすことで，常微分の公式がそのまま使える．例えば，

$$\frac{\partial}{\partial x} A \sin(\omega t - \boldsymbol{k} \cdot \boldsymbol{x} + \phi_0) = -A k_x \cos(\omega t - \boldsymbol{k} \cdot \boldsymbol{x} + \phi_0)$$
$$\frac{\partial}{\partial x} A \cos(\omega t - \boldsymbol{k} \cdot \boldsymbol{x} + \phi_0) = +A k_x \sin(\omega t - \boldsymbol{k} \cdot \boldsymbol{x} + \phi_0)$$

などが成り立つ．これをもとに，(2.22) 式を波動方程式 (2.21) に代入すれば，次の条件

式が満たされるとき，(2.22) 式が波動方程式 (2.21) の解になることがわかる．

$$\frac{\omega^2}{c^2} = k_x^2 + k_y^2 + k_z^2 = \bm{k}^2 \tag{2.23}$$

(2.23) 式は，波動方程式 (2.21) における角振動数 ω と波数 $|\bm{k}|$ の間の関係を表している．一般に，角振動数と波数の間の関係は分散関係と呼ばれるが，(2.23) 式のように角振動数 ω と波数 $|\bm{k}|$ が比例する場合は，「分散がない」という言い方をする．

空間座標 x,y,z を成分とする 3 元ベクトル $\bm{r}$ を使って (2.22) 式で位相が一定になる条件を書き表すと，

$$\omega t - \bm{k}\cdot\bm{r} = |\bm{k}|\,(ct - |\bm{r}|\cos\theta) = (\text{一定}) \tag{2.24}$$

となる．ただし，θ は 2 つのベクトル $\bm{k}$ と $\bm{r}$ の間の角度で，分散関係 (2.23) を使って ω を $|\bm{k}|$ で表した．(2.24) 式によれば，波数 k の平面波における同位相の点は，時間が Δt だけ経過する間に，波の進行方向（$\theta=0$ となる向き）に沿って空間的距離 $c\Delta t$ だけ進むことを意味する．したがって，この波の進行速度は c である．

この結果から，波動方程式 (2.21) の解となる正弦波は，常に定数 c に等しい速さで進むことがわかる．物体の運動速度がさまざまな値を取り得るのとは異なり，波の伝播速度は，波が伝わる物理的システムの性質によって規定される．音波のように，波を伝える媒質の性質が温度などによって変化する場合は，波の速度（音速）も温度などの関数となる．また，分散関係が分散のない (2.23) 式ではなく，ω が $|\bm{k}|$ の関数として表される場合は，一般に，波がエネルギーを運ぶ速度は波数に依存して変化する．しかし，電磁波の場合，基礎方程式に含まれる物理定数 c によって波の速度が定まり，振動数や電磁場の状態にはよらない．

電磁波の伝播速度がマクスウェル方程式に含まれる定数 c に等しいことは，19 世紀にすでに知られていた．しかし，これと相対性原理を組み合わせると，それまで予想されていなかった重要な結果が導かれる．相対性原理によれば，どの慣性系でも同じ基礎方程式が成り立つことが要請される．このため，どの慣性系でも，電磁波は (2.21) 式と同じ形の波動方程式に従うので，光は慣性系によらず同じ速度 c で伝播することになる．この性質は，しばしば「**光速不変の原理**」と呼ばれるが，電磁場が波動方程式に従って伝播することを前提とするならば，原理ではなく相対性原理から導かれる帰結である（アインシュタインは波動方程式を前提としなかったので，光速不変性を原理と見なした）．

§2-2-2　波動方程式の共変性

慣性系を変えても同じ波動方程式が成り立つことは，座標変換に対する制約となる．ここでは，どの慣性系でも波動方程式が同じ形になるという制約から，座標変換の変換

式が決定できることを示そう．

相対性原理が正しいと仮定すると，2 つの慣性系 K と K′ のどちらでも同じ形式の波動方程式が成り立つ．K 系での波動方程式が (2.21) 式で表されるとすると，K′ 系では次のように表されるはずである．

$$\frac{1}{c^2}\frac{\partial^2 u'}{\partial t'^2} = \frac{\partial^2 u'}{\partial x'^2} + \frac{\partial^2 u'}{\partial y'^2} + \frac{\partial^2 u'}{\partial z'^2} \tag{2.25}$$

ただし，t',x',y',z' は K′ 系の時間および空間座標であり，u' は K′ 系での電磁場の成分である．

ここで，式を簡単にするために，次式で定義されるダランベール演算子を導入しよう．

$$\Box \equiv \frac{1}{c^2}\frac{\partial^2}{\partial t^2} - \frac{\partial^2}{\partial x^2} - \frac{\partial^2}{\partial y^2} - \frac{\partial^2}{\partial z^2}$$

この演算子を用いると，波動方程式 (2.21) 式と (2.25) 式は，短く

$$\Box u = 0 \tag{2.21'}$$

$$\Box' u' = 0 \tag{2.25'}$$

と表すことができる．

K 系と K′ 系の電磁場の成分は，(きちんと導いたわけではないが) (2.18) 式のような 1 次式で結ばれている．K 系で電磁場の全ての成分が波動方程式 (2.21) を満たすならば，その 1 次式で表される K′ 系の電磁場の成分 (u' で代表させる) も，波動方程式

$$\Box u'(t',x',y',z') = 0$$

を満たすはずである．この式における微分は，K 系の座標 t,x,y,z についてのものであり，u' の引数である K′ 系の座標 t',x',y',z' を t,x,y,z の関数と見なして微分演算を行う．一方，相対性原理の要請によると，u が K 系で波動方程式 (2.21) を満たすならば，u' は K′ 系で波動方程式 (2.25) を満たし，その逆も成り立つはずである．これをまとめれば，次の関係が得られる．

$$\Box' u' = 0 \Leftrightarrow \Box u' = 0 \tag{2.26}$$

電磁場はさまざまな状態を取ることができる．こうしたさまざまな状態のいずれでも (2.26) 式の関係が成り立つためには，2 つの微分の作用自体が恒等的に等しくなければ

ならない（厳密に言えば，波動方程式だけでは全体に掛かる係数の不定性が残ってしまうが，これは尺度の選び方で調節できると考える）．式で書くと，次のようになる．

$$\frac{1}{c^2}\frac{\partial^2}{\partial t^2} - \left(\frac{\partial^2}{\partial x^2} + \frac{\partial^2}{\partial y^2} + \frac{\partial^2}{\partial z^2}\right) = \frac{1}{c^2}\frac{\partial^2}{\partial t'^2} - \left(\frac{\partial^2}{\partial x'^2} + \frac{\partial^2}{\partial y'^2} + \frac{\partial^2}{\partial z'^2}\right)$$

この式が常に成り立つためには，2つの慣性系の座標の間にどのような関係がなければならないだろうか？ 以下，段階的に説明する．

まず，微分の変数変換について復習しておこう．変数 x が，別の変数 x' の関数として，

$$x = x(x')$$

と表されるものとする．ただし，x と x' は1対1に対応し，関数形は滑らかで逆関数が存在する．このとき，任意関数 $f(x)$ に対する微分において，f を $f(x(x'))$ と書き直して変数を変えたときの微分が次のようになることは，高校数学でも説明されている．

$$\frac{df(x)}{dx} = \frac{dx'}{dx}\frac{df(x(x'))}{dx'}$$

微分の作用だけを抜き出すと，

$$\frac{d}{dx} = \frac{dx'}{dx}\frac{d}{dx'}$$

となる．

それでは，変数が複数になった偏微分ではどうなるのだろうか？ 式を簡単にするため，時間座標 t と空間座標 x の2変数のケースに話を絞る．変数変換によって，t と x が，別の時間座標 t' と空間座標 x' の関数となるものとする（t と x が K 系の座標，t' と x' が K′ 系の座標であることが想定されている）．このとき，偏微分は，次の公式のように変換されることが知られている．

$$\begin{aligned}\frac{\partial}{\partial t} &= \frac{\partial t'(t,x)}{\partial t}\frac{\partial}{\partial t'} + \frac{\partial x'(t,x)}{\partial t}\frac{\partial}{\partial x'} \\ \frac{\partial}{\partial x} &= \frac{\partial t'(t,x)}{\partial x}\frac{\partial}{\partial t'} + \frac{\partial x'(t,x)}{\partial x}\frac{\partial}{\partial x'}\end{aligned} \quad (2.27)$$

変数の数が増えたときも，同じような公式が成立する．どの解析学の教科書にも記されているので，この公式の証明はしないが，常微分における変数変換の式の拡張になっていることは容易に見て取れるだろう．

この変数変換の式を用いて，K 系と K′ 系で波動方程式の微分が恒等的に等しい条件がどうなるかを，練習問題として出題しよう．話を簡単にするために2次元で議論する．

練習問題 ❺
Exercise 5

時間 1 次元・空間 1 次元の世界で，K から見て K' が x 軸正の向きに一定の速さ v で動いているような 2 つの慣性系 K と K' を考える．それぞれの慣性系で，空間座標の原点が一致する時刻を時間座標の原点とする．このとき，波動方程式の微分演算子が 2 つの慣性系で同じ形式になることが，相対性原理から要請される．K 系から K' 系への座標変換が 1 次式で表されると仮定して，座標変換がどうなるかを求めよ．

解答
Solution

座標変換が 1 次式という仮定を式で表そう．2 つの慣性系の原点が一致する時刻を時間の原点とするという条件から，$x=0, t=0$ と置いたときに $x'=0, t'=0$ となるので，1 次式の定数項はなく同次式となる．t' は，未知の係数 α と β を使って，

$$t' = \alpha t + \beta x \tag{2.28}$$

のように表される．時間軸を同じ向きにするため，ここでは，α は正とする．x' も同じく 2 個の未知数を持つ 1 次式になるはずだが，そのままだと，4 個の係数が全て未知数となって扱いにくい．そこで，K 系から見たとき，K' 系の原点が速さ v で x の正の向きに動くという条件を使おう．K' 系では原点は $x'=0$ だが，同じ点を K 系の座標で表すと，（$t=0$ で $x=0$ なので）$x=vt$ となる．x' は x と t の 1 次式で $x=vt$ のとき $x'=0$ になるのだから，

$$x' = \gamma (x - vt) \tag{2.29}$$

となるはずである．ただし，γ は（α と同じく正と仮定した）未知の定係数である．

(2.27), (2.28), (2.29) 式を使うと，

$$\frac{\partial}{\partial t} = \alpha \frac{\partial}{\partial t'} - \gamma v \frac{\partial}{\partial x'}, \quad \frac{\partial}{\partial x} = \beta \frac{\partial}{\partial t'} + \gamma \frac{\partial}{\partial x'} \tag{2.30}$$

§2-2 電磁波とローレンツ変換

が得られる．(2.30) 式を使って，2 次元の波動方程式（(2.21) 式で y と z の微分の項を落としたもの）の微分演算を書き換えよう（偏微分に慣れていない人は，$\partial/\partial t$ などをふつうの変数と見なして代入・展開することを考えていただきたい）．

$$\frac{1}{c^2}\frac{\partial^2}{\partial t^2} - \frac{\partial^2}{\partial x^2}$$
$$= \frac{1}{c^2}\left(\alpha\frac{\partial}{\partial t'} - \gamma v\frac{\partial}{\partial x'}\right)^2 - \left(\beta\frac{\partial}{\partial t'} + \gamma\frac{\partial}{\partial x'}\right)^2$$
$$= \frac{1}{c^2}\left(\alpha^2 - \beta^2\right)\frac{\partial^2}{\partial t'^2} - \gamma^2\left(1 - \frac{v^2}{c^2}\right)\frac{\partial^2}{\partial x'^2} - 2\gamma\left(\frac{\alpha v}{c^2} + \beta\right)\frac{\partial^2}{\partial t'\partial x'} \tag{2.31}$$

K' 系で K 系と同じ形の波動方程式が成り立つためには，(2.31) 式の最後に現れる 3 つの項の係数が，次の条件を満たしていなければならない．

$$\alpha^2 - \beta^2 = 1, \quad \gamma^2\left(1 - \frac{v^2}{c^2}\right) = 1, \quad 2\gamma\left(\frac{\alpha v}{c^2} + \beta\right) = 0$$

α, β, γ について解けば，次の解を得る．

$$\gamma = \frac{1}{\sqrt{1 - (v/c)^2}} = \alpha, \quad \beta = -\frac{v}{c^2\sqrt{1 - (v/c)^2}}$$

ここで求めた γ は，(2.11) 式に与えたローレンツ因子の γ と等しい．ローレンツ因子 γ を残して，t と x に関する座標変換の式を書くと，次のようになる．

$$t' = \gamma\left(t - \frac{v}{c^2}x\right), \quad x' = \gamma(x - vt) \tag{2.32}$$

■

【練習問題 5】では座標変換が 1 次式だと仮定したが，この仮定を外しても (2.32) 式は導ける．これは，偏微分の計算が得意な読者向けの発展問題にしておこう．

発展問題 ❷
Advanced Exercise 2

【練習問題5】と同じ2つの慣性系 K と K′ がある．このとき，2つの慣性系の間の座標変換が1次式だと仮定せず，波動方程式が同じ形になるという条件から座標変換の式を求めよ．

解答のヒント
Solution Hints

K′ 系の座標 t' と x' が，次のように，K 系の座標 t と x の一般的な関数だと仮定しよう．

$$t' = f(t, x), \quad x' = g(t, x)$$

このとき，K 系の座標による微分は，次のように，K′ 系の座標による微分に書き換えられる．ただし，f と g を t や x で微分した導関数は，微分した変数を右下に添字として記した．

$$\frac{\partial}{\partial t} = f_t \frac{\partial}{\partial t'} + g_t \frac{\partial}{\partial x'}, \quad \frac{\partial}{\partial x} = f_x \frac{\partial}{\partial t'} + g_x \frac{\partial}{\partial x'}$$

2階微分は次のようになる．

$$\begin{aligned}\frac{\partial^2}{\partial t^2} =& f_{tt} \frac{\partial}{\partial t'} + g_{tt} \frac{\partial}{\partial x'} + f_t \left(f_t \frac{\partial}{\partial t'} + g_t \frac{\partial}{\partial x'} \right) \frac{\partial}{\partial t'} \\ & + g_t \left(f_t \frac{\partial}{\partial t'} + g_t \frac{\partial}{\partial x'} \right) \frac{\partial}{\partial x'} \\ \frac{\partial^2}{\partial x^2} =& f_{xx} \frac{\partial}{\partial t'} + g_{xx} \frac{\partial}{\partial x'} + f_x \left(f_x \frac{\partial}{\partial t'} + g_x \frac{\partial}{\partial x'} \right) \frac{\partial}{\partial t'} \\ & + g_x \left(f_x \frac{\partial}{\partial t'} + g_x \frac{\partial}{\partial x'} \right) \frac{\partial}{\partial x'}\end{aligned}$$

K 系と K′ 系で波動方程式が同じ形になるという条件を置くと，微分演算の係数に関する条件式が得られる．例えば，t' の1階微分は波動方程式に含まれないので，その係数がゼロという条件から，

$$\frac{1}{c^2} f_{tt} - f_{xx} = 0 \tag{2.33}$$

§2-2 電磁波とローレンツ変換

となる．ここで，

$$\xi = ct - x, \quad \eta = ct + x$$

で定義される新たな変数 ξ と η を使えば，(2.33) 式は，

$$\frac{\partial^2 f}{\partial \xi \partial \eta} = 0$$

と書き換えられるので，f は ξ だけの関数と η だけの関数の和となる．

$$f = a(\xi) + b(\eta)$$

同じように，2つの慣性系で波動方程式が等しくなるために，f に関する次の条件が導かれる．

$$\frac{1}{c^2} f_t^2 - f_x^2 = 1 \tag{2.34}$$

(2.34) 式は，次のように書き換えられる．

$$\frac{1}{c^2} f_t^2 - f_x^2 = \left(\frac{1}{c} f_t - f_x\right)\left(\frac{1}{c} f_t + f_x\right) = f_\xi f_\eta = a'(\xi) b'(\eta) = 1$$

これより，a と b は，それぞれ ξ と η の1次関数でなければならず，その結果として，f も ξ と η の1次関数でなければならない．したがって，f は t と x の1次式で表されることになる．同様にして，g が t と x の1次式になることも示せる．後は，【練習問題5】と同じ議論を繰り返せば良い． ∎

【練習問題5】は，時間と空間が1次元ずつの2次元で議論したが，y 座標と z 座標に関しては運動方向と直交していることから，K系とK'系で同じだと考えられる．実際，§2-1-3 で見たように，運動している点電荷の周りの電磁場の場合，運動方向と直交する座標は変化していない．したがって，空間が3次元の場合，座標変換は，(2.32) 式に変化しない y 座標と z 座標を付け加えた次の式になるだろう．

$$t' = \gamma\left(t - \frac{v}{c^2} x\right), \quad x' = \gamma(x - vt), \quad y' = y, \quad z' = z \tag{2.35}$$

(2.35) 式は，① 時間の原点で3つの空間軸が重なる，② 運動は x 軸方向である——という条件を置いたものだが，座標軸の平行移動や回転を行えば，相対速度（ここでは

大きさだけを考える) が v である任意の 2 つの慣性系に拡張することができる．(2.35) 式で表される座標変換は，アインシュタインが相対論を提唱する以前にローレンツが導いており，**ローレンツ変換**と呼ばれる．

ローレンツ変換 (2.35) で，時間座標 t' 以外の式は，点電荷の周りの電場から求めた (2.12) 式と一致している．どちらの式も，相対性原理の要請に基づいて「2 つの慣性系のいずれでも電磁気学の基礎方程式の形式は同一になる」という条件から求めたものなので，一致しなければ相対性原理が成り立たないことになってしまう．

ローレンツ変換 (2.35) で特に注目すべきは，(2.12) 式に含まれていなかった時間座標 t' の式である．第 1 章で紹介したガリレイ変換 (1.14) と比較するとわかるように，K 系と K′ 系では時間が共通でない．しかも，t' が x に依存していることが示すように，K 系から見ると，K′ 系の時間は場所によって異なっている．この時間のずれが相対論の本質的な特徴であり，相対論が量子論と並ぶ科学革命とされる理由でもある．時間がずれるという発見がなぜ科学革命と言えるほど重大なのかは，第 3 章で説明する．

§2-2-3　ローレンツ変換の行列表現

ここでは，ローレンツ変換から簡単に導けるいくつかの帰結を指摘しておきたい．まず，ローレンツ変換の式を，行列の形で書き直そう．時間座標 ct と空間座標 x,y,z という 4 つの成分を持つ 4 元ベクトルを考えると，ローレンツ変換は，次のように表される．

$$\begin{pmatrix} ct' \\ x' \\ y' \\ z' \end{pmatrix} = \begin{pmatrix} \gamma & -\gamma v/c & 0 & 0 \\ -\gamma v/c & \gamma & 0 & 0 \\ 0 & 0 & 1 & 0 \\ 0 & 0 & 0 & 1 \end{pmatrix} \begin{pmatrix} ct \\ x \\ y \\ z \end{pmatrix} \equiv \Lambda(v) \begin{pmatrix} ct \\ x \\ y \\ z \end{pmatrix} \quad (2.36)$$

ただし，相対速度 v のときの 4 行 4 列の変換行列を $\Lambda(v)$ と書いた．また，時間座標 t に光速 c を掛けたのは，4 元ベクトルの成分を空間的な長さの単位に揃えるためである．

K′ 系から K 系に変換するときの式を求めるには，(2.35) 式を t と x について解いても良いが，もっと簡単に求めることができる．K 系は，K′ 系から見ると x' 軸方向に速度 $-v$ で運動している．したがって，$\Lambda(v)$ の引数を $-v$ に置き換えた $\Lambda(-v)$ が変換行列となるはずである．すなわち，

$$\begin{pmatrix} ct \\ x \\ y \\ z \end{pmatrix} = \Lambda(-v) \begin{pmatrix} ct' \\ x' \\ y' \\ z' \end{pmatrix} = \begin{pmatrix} \gamma & +\gamma v/c & 0 & 0 \\ +\gamma v/c & \gamma & 0 & 0 \\ 0 & 0 & 1 & 0 \\ 0 & 0 & 0 & 1 \end{pmatrix} \begin{pmatrix} ct' \\ x' \\ y' \\ z' \end{pmatrix} \quad (2.37)$$

となる．ベクトルの成分ごとに記せば，

$$t = \gamma\left(t' + \frac{v}{c^2}x'\right), \quad x = \gamma\left(x' + vt'\right), \quad y = y', \quad z = z' \tag{2.38}$$

となる．このことは，$\Lambda(-v)$ が $\Lambda(v)$ の逆行列であり，次式が満たされることを意味する．

$$\Lambda(v)\Lambda(-v) = \Lambda(-v)\Lambda(v) = \begin{pmatrix} 1 & 0 & 0 & 0 \\ 0 & 1 & 0 & 0 \\ 0 & 0 & 1 & 0 \\ 0 & 0 & 0 & 1 \end{pmatrix} \tag{2.39}$$

読者は，(2.39) 式が成り立つことを確認されたい（行列の計算が苦手な場合は，(2.35) 式を t と x について解き，(2.38) 式を導いてみてほしい）．

§2-2-4　ローレンツ変換と光の伝播

§2-2-2 で示したように，相対性原理の要請によれば，2 つの慣性系 K と K' のどちらでも同じ形式の波動方程式が成り立ち，電磁波は K 系でも K' 系でも速度 c で伝播する．

K 系と K' 系の原点が重なった瞬間に x 軸正の向きに向かって発射される電磁波パルスを考えよう．このパルスは，K 系で見て時刻 T に位置 X の地点 P に到達するものとする．電磁波の速度は c なので，$X = cT$ という関係式が成り立つ．この現象を K' 系で記述したときの P 点の時間と空間の座標を，T', X' としよう．ローレンツ変換 (2.35) より，

$$\begin{aligned} T' &= \gamma\left(T - \frac{v}{c^2}X\right) = \gamma T\left(1 - \frac{v}{c}\right) \\ X' &= \gamma(X - vT) = \gamma cT\left(1 - \frac{v}{c}\right) \end{aligned} \tag{2.40}$$

この結果から，$X' = cT'$ となるので，K' 系でも電磁波は速度 c で伝播することがわかる．

K 系に対して速度 v で動いている K' 系でもなぜ同じ速度になるのだろうか？ 慣性系の間の相対速度が光速に比べて充分に小さく（$v \ll c$），ローレンツ因子 γ が近似的に 1 と見なせる場合を考えるとわかりやすい．K' 系は K 系に対して x 軸正の向きに動いているので，(2.40) 式に示されるように，原点から P までの距離は，（$\gamma \approx 1$ の近似で）K 系での値 cT に対して $(1 - v/c)$ の割合で短くなる．しかし，電磁波が発射されてから P に到達するまでの K' 系での時間 T' も K 系での T に比べて同じ割合だけ短くなっているので，電磁波の速度が変化しないのである．このように，2 つの慣性系の間で時間がずれることが，光速が不変になるために不可欠の条件となる．

電磁波は，電場がどの方向に振動するかによって偏光状態が異なる．最も簡単なのは，電場が常に（波数ベクトルに垂直な）一定の方向に振動するという直線偏光である．このとき，磁場は電場と波数ベクトルに垂直な方向に振動する．直線偏光している振動数一定の平面波となる電磁波について，練習問題を出そう．

練習問題❻
Exercise 6

ある慣性系 K に，電場が y 方向，磁場が z 方向に直線偏光しており，波数が k で x 方向に伝播する電磁波があるとする．このとき，電場と磁場の成分は，振幅が等しい正弦波となり，次のような式で表される（初期位相がゼロになるように原点を取った）[6]．

$$E_y = A \sin k(ct - x)$$
$$B_z = A \sin k(ct - x) \tag{2.41}$$

K 系に対して x 軸正の向きに速度 v で動く K′ 系では，電磁波がどのような式で表されるか，特に，波数がどのように変化するかを求めよ．ただし，電場・磁場の変換式として (2.19) 式が成り立つものとせよ．

(解答)
Solution

(2.19) 式に (2.41) 式を代入すれば，K′ 系での電場と磁場に関する次式を得る（これ以外の成分がゼロになることは，すぐにわかるだろう）．

$$E'_y = \gamma(E_y - vB_z/c) = \gamma A(1 - v/c) \sin k(ct - x)$$
$$B'_z = \gamma(B_z - vE_y/c) = \gamma A(1 - v/c) \sin k(ct - x)$$

この式に現れる座標の t と x は K 系のものなので，(2.38) 式を使って，K′ 系の座標に直さなければならない．sin の引数だけを抜き出して表すと，

$$k(ct - x) = k\left(c\gamma\left(t' + \frac{v}{c^2}x'\right) - \gamma(x' + vt')\right) = \gamma k\left(1 - \frac{v}{c}\right)(ct' - x')$$

---

[6] 振幅が等しくなるのはヘヴィサイド単位系を使用したからで，電荷や電流の単位にクーロンやアンペアを用いる国際単位系では，電場と磁場の振幅は定数倍だけ異なる．

§2-2 電磁波とローレンツ変換

となる．この結果から，K' 系での電磁波は，波数 k と振幅 A が

$$k' = \gamma k \left(1 - \frac{v}{c}\right), \quad A' = \gamma A \left(1 - \frac{v}{c}\right) \tag{2.42}$$

に置き換わるが，偏光状態（直線偏光）と位相は変わらない正弦波になる．■

特定の振動数の光を放出する光源があり，これに対して一定速度 v で遠ざかる測定器で光の振動数を測定する場合を考えよう．光源に固定された慣性系を K 系，測定器とともに動く慣性系を K' 系とすると，(2.42) 式がそのまま使える．ある慣性系での振動数 ν は，その慣性系での波数 k と $\nu = ck/2\pi$ という関係式で結ばれている（波数 k と角振動数 ω が分散関係 (2.23) により $\omega = ck$，ω と ν が定義より $\nu = \omega/2\pi$ という関係にあるので）．したがって，測定される振動数を ν' とすると，

$$\nu' = \gamma \nu \left(1 - \frac{v}{c}\right) = \nu \sqrt{\frac{1 - v/c}{1 + v/c}} \tag{2.43}$$

となる．これが，**光のドップラー効果**である．例えば，遠方の銀河は，天の川銀河から遠ざかる方向に高速で運動しているので，銀河に属する恒星表面の原子のスペクトルを地球で観測すると，線スペクトルの振動数が地表で測定される値より小さくなっている．これが赤方偏移と呼ばれる現象で，銀河の後退速度を推定するのに利用される．

【練習問題 6】では，電磁波が伝播する向きと慣性系の相対速度の向きが一致する場合を考えたが，一致しない場合，波数ベクトルはどのように変化するだろうか？ 一般的な正弦波の (2.22) 式において，練習問題と同じように，K 系の座標で表された正弦関数の引数を，(2.38) 式を使って K' 系の座標に書き直してみよう．

$$\omega t - \boldsymbol{k} \cdot \boldsymbol{x}$$
$$= \omega \gamma \left(t' + \frac{v}{c^2} x'\right) - k_x \gamma (x' + v t') - k_y y' - k_z z'$$
$$= (\omega \gamma - k_x \gamma v) t' - \left(-\frac{\omega \gamma v}{c^2} + k_x \gamma\right) x' - k_y y' - k_z z'$$

これより，K' 系の角振動数と波数ベクトルは，次式で与えられる．

$$\omega' = \gamma (\omega - k_x v), \quad k'_x = \gamma \left(k_x - \frac{v}{c^2} \omega\right), \quad k'_y = k_y, \quad k'_z = k_z$$

この変換式は，ω/c と波数ベクトルの 3 つの成分を並べた 4 元ベクトルの変換として表すことができる．

$$\begin{pmatrix} \omega'/c \\ k'_x \\ k'_y \\ k'_z \end{pmatrix} = \begin{pmatrix} \gamma & -\gamma v/c & 0 & 0 \\ -\gamma v/c & \gamma & 0 & 0 \\ 0 & 0 & 1 & 0 \\ 0 & 0 & 0 & 1 \end{pmatrix} \begin{pmatrix} \omega/c \\ k_x \\ k_y \\ k_z \end{pmatrix}$$

> **コラム**

相対論と光

相対論に対する批判を口にする人は少なくないが，特に良く耳にするのが，「光を特別視している」という意見である．数多く出版されている相対論の入門書では，たいがいの場合，光速不変性を原理として採用し，それに基づいてローレンツ変換を導いている．本書では，光速不変性こそ前提としなかったものの，その代わりマクスウェル方程式を前提としているので，光を含む電磁気的な現象を特別視していることに変わりはない．

光などの電磁気現象を特別視することは，相対論が構築された当時は，別におかしなことではなかった．19世紀半ば，力は，近接力（物質が接触したときに働く力で，垂直抗力・摩擦力・圧力・粘性抵抗など）と遠隔力（電磁気力・重力）の2種類に分類されていたが，世紀の終わり頃になって，分子や原子が電子とイオンという荷電粒子から構成されていることが明らかになり，物質的な近接力は全て電磁気力だという見方が強まっていた．電磁気力以外に定式化されていた唯一の力である重力は，§1-4 でも述べたように，力が伝播する過程が含まれていないため，力の理論としては不完全だと考える物理学者も多かった．こうした流れの中で，力の伝播過程を内包する相対論は，必然的に電磁気についての理論として構築されたのである．

しかし，20世紀になって，従来の電磁気学では説明の付かない現象を記述するために，根本的に異なる理論形式を持つ量子論が建設されると，古典的な電磁気学を根拠とする相対論は，理論物理学の中で少しずつ影を薄くしていく．特に深刻な問題とされたのが，量子論と相対論の相性の悪さである．1926年，原子の構造を説明するためにシュレディンガーが考案した量子論的な波動方程式（シュレディンガー方程式）は，相対性原理の要請を満たさない形式になっていた．半導体の設計など技術的な応用の現場では，今でも，シュレディンガーが考案した非相対論的な形式のままで使われる．また，原子核が陽子と中性子から構成されることが明らかになると，これらの構成要素をつなぎとめ

§2-2 電磁波とローレンツ変換

る相互作用（核力）を理論的に解明する必要が生じ，1938年，湯川秀樹が相対論的な量子論に基づく中間子論を提唱した．だが，この理論は，原子核の振る舞いを定量的に予測できないばかりか，内部矛盾を抱えているようにも見え，量子論と相対論を融合させることの困難さは解消できなかった．原子核の理論も，原子力発電などに応用される際には，相対論の枠組みに適合しない半経験的な理論が使われる．ほとんどの物理学者は，相対論の正当性自体には疑問を抱かなかったが，それでも，相対論の立場が弱くなったように見えたことは否めない．

こうした状況が一変するのは，1970年代になってからである．量子論と相対論の融合を困難にしていた障害が次々と取り除かれ，相対論的な量子論（場の量子論）があらゆる物理現象の基盤であることが，ほぼ確実になったのである．相対論は，もはや電磁気現象だけを根拠とするのではない．基礎的な物理学理論は全て，相対論を支持していると言って良い．

§2-2-2 では，相対論の基礎となるローレンツ変換を波動方程式から導いたが，ここでの議論から予想されるように，相対論に適合する理論では，波の速度が全て光速 c と等しくなってしまう．電磁気現象だけなら問題はないが，電子の運動や核力の作用などさまざまな現象を包摂する量子論において，全てが光の速さで伝わるということがあり得るのだろうか？ 物理学者は，長い間，この謎に苦しめられてきたのだが，1970年代になって，あらゆる物理現象が光速で伝わると考えてかまわないことが明らかにされたのである．これは，力の作用だけに留まらない．電子の場合でも，その運動を規定する波は，光速で伝わっている．観測される電子の速度が光速より小さくなるのは，電子が単純な波ではなく，いくつもの波が重なって生じたエネルギーの塊（エネルギー量子）であり，こうしたエネルギー量子の移動速度は，波の伝播速度よりも遅くなってかまわないからなのである（この点については，第5章 §5-1-4 で簡単に解説する）．

あらゆる作用が光速で伝播することを印象的に示したのが，1987年に観測された大マゼラン雲内の超新星 1987A である．大マゼラン雲は地球から16万光年の彼方にあり，そこで生じた超新星爆発によって放出されたさまざまの放射や物質のうち，途中で散乱されずに地球まで到達できるのは，光とニュートリノだけである．ニュートリノは物質粒子の一種だが，質量がほとんどゼロであるため，場の量子論における相互作用の伝播速度とほぼ同じ速度で飛来する．観測結果によれば，爆発によって放出された光とニュートリノは，宇宙空

間を 16 万年にわたって飛び続けた後，地球にほぼ同じ時刻に到達した．最初に観測に掛かったものは僅か 3 時間差だったというから，ニュートリノの速度は，3 時間/16 万年＝10 億分の 2 の精度で光速だったことになる．ニュートリノはベータ崩壊と呼ばれる核反応によって生じる素粒子であり，光とは発生のメカニズムが全く異なる．にもかかわらず，ほぼ同じ速度で飛んできたということは，あらゆる作用が光速で伝播するという場の量子論の主張が裏打ちされたとも言えよう．

相対論は，電磁気現象をもとに構築されたものだが，現在では，電磁気だけを特別扱いしているわけではなく，全ての相互作用を同等に扱っていることを理解していただきたい．

第 3 章

特殊相対論

§3-1　時間とは何か

　アインシュタインが相対論を構築した1905年当時，相対性原理を実証する実験データがあったわけではない．力学や電磁気学の現象で静止と運動が区別されないことは，精密なデータに裏付けられた実験事実というよりは，単なる経験則でしかなかった．地球が秒速30 kmで太陽の周りを公転しているにもかかわらず，公転方向とそれに垂直な方向で光速に差が見いだされないことを示した1887年のマイケルソン＝モーレーの実験結果についても，相対論以外の解釈が提案されており，相対論の確かさを決定付けるものではない．しかし，アインシュタインやポアンカレが相対論を提唱すると，プランク，ゾンマーフェルト，トールマンといった有力な物理学者が短期間のうちに支持を表明，少なくとも西ヨーロッパの物理学界では，1910年代の前半までに相対論が広く受容されるに至る．これといった決定実験が行われたわけでもないのに，どうしてこれほど速やかに相対論が受け容れられたのだろうか？

　その理由は，おそらく，相対論が長年の謎を解決してくれたからだろう．相対論が登場する以前，なぜ力学や電磁気学で静止と運動が区別されないかを説明することはできなかった．区別できないことはあくまで経験的な事実であり，「なぜ？」と問うても意味がなかったのである．しかし，相対性原理のアイデアに基づいてローレンツ変換の式を求め，それをもとに相対論に適合するように時間と空間の概念を作り替えると，この「なぜ？」に解答することが可能になる．

　相対論が与えた解答を理解するには，時間の概念が相対論によって大きく変更されたことを学ばねばならない．本章では，まず相対論によって時間がどのように捉え直されたかを論じることから始めよう．

　「はじめに」でも述べたように，ニュートンは時間を一様な流れとして捉えたものの，具体的な定義は行わなかった．「定義できなかった」と言っても良いだろう．しかし，相

対論では，時間は「流れ」ではなく「拡がり」として明確に定義される．

相対論における時間概念の本質は，ローレンツ変換の式に含まれている．ページをめくる手間を省くため，第 2 章 (2.35) 式をもう一度書いておこう（ローレンツ因子を γ とする）．

$$t' = \gamma \left(t - \frac{v}{c^2}x\right), \quad x' = \gamma\left(x - vt\right), \quad y' = y, \quad z' = z \qquad (2.35)$$

以後の議論では，(2.35) 式を，**ローレンツ変換の標準形**と呼ぶことにする（この呼び方は一般的ではなく，本書だけのものと考えていただきたい）．

縦軸を K 系の時間座標 t，横軸を空間座標 x とする t-x 図に，$t' = $（一定）となるグラフを描くと，【図 3.1】のようになる．この図には，$x' = 0$ と $t' = 0$ のグラフを，それぞれ K′ 系の時間軸と空間軸として描き込んでいる．K 系で時刻が一定となるグラフが横軸に平行になるのに対して，K′ 系で時刻が一定となるグラフは，傾きが v/c^2 の直線となっており，2 つの慣性系で時刻の先後関係が異なっていることがわかる．例えば，【図 3.1】に黒丸で描かれた 2 つの（局所的・瞬間的な）事象 A と B の場合，K 系で見ると A の方が B より先に起きるが，K′ 系では，B の方が A より先になる．したがって，2 つの慣性系では「現在」の定義もずれることになる．

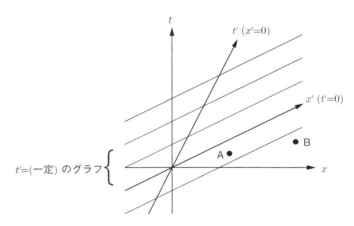

図 3.1 t-x 図に描いた $t' = $（一定）のグラフ

慣性系の間で時間がどの程度ずれるかを実感するために，具体的な数値を使って計算していただきたい．

練習問題 ❼
Exercise 7

天の川銀河から 5900 万光年彼方にあるおとめ座銀河団に属する銀河は，秒速 1200 km で遠ざかっていることが，（§2-2-4 で述べた）ドップラー効果の観測データから判明している．実際の銀河は相互に重力を及ぼしあいながら運動するが，話を簡単にするため，全ての銀河は無重力の宇宙空間で慣性運動をするものと仮定しよう．ここで，地球上の人類にとって，自分たちの「現在」と同時刻にいるおとめ座銀河団の観測者を考える．おとめ座銀河団の観測者にとっての「現在」では，地球の時刻はいつになるか．有効数字 2 桁で求めよ．

解答
Solution

天の川銀河とおとめ座銀河団に固定された慣性系をそれぞれ K 系と K′ 系として，両者の x 軸が共通するように座標軸を選ぶ．おとめ座銀河団が遠ざかる速度 v（＝秒速 1200 km）と光速 c（＝秒速 30 万 km）の比 v/c は，1200/30 万＝0.004 となる．これに対するローレンツ因子 γ は，

$$\gamma = \frac{1}{\sqrt{1-0.004^2}} = 1.000008$$

となるので，有効数字 2 桁の範囲では $\gamma = 1$ としてかまわない．

【図 3.1】で K′ 系の時間座標 t' を一定と置いたグラフが，おとめ座銀河団の観測者にとって同時とされる時刻を表す．地球人にとっての現在（$t = t_0$）におとめ座銀河団（$x = 5900$ 万 [光年]）にいる観測者を考えよう．この観測者が同時刻と考えるのは，次の式を満たす t と x の範囲である．

$$t - t_0 = \frac{v}{c}(x - 5900\,万)\,[光年]/c = 0.004 \times (x - 5900\,万)\,[年]$$

おとめ座銀河団の観測者が自分と同時刻だと見なす地球の時刻は，この式で $x = 0$ と置いたときの t であり，次式で求められる．

$$t = t_0 - 0.004 \times 5900\,万\,[年] = t_0 - 23.6\,万\,[年]$$

この時刻は，地球人にとっての現在 t_0 よりも（有効数字 2 桁では）24 万年前

となる.ただし,おとめ座銀河団の観測者が地球に望遠鏡を向けても,24万年前の光景が見えるわけではない.見えるのは,光が発せられた5900万年前の地球である. ■

おとめ座銀河団にいる観測者にとっての現在は,地球人の現在とずれているが,だからと言って,彼らの時間の定義が間違っているわけではない.おとめ座銀河団から見ると,地球人の時間座標の方が,自分たちのものとずれている.このことは,縦軸をK'系の時間座標t',横軸を空間座標x'として,$t=$(一定)となるグラフを描くとわかりやすい(【図3.2】).K系で時刻が一定のグラフは,K'系から見ると傾いており,「同じ時刻」の定義が異なるのである.

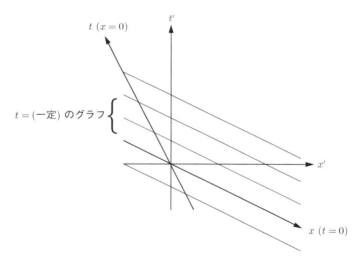

図3.2 t'-x'図に描いた$t=$(一定)のグラフ

相対性原理が正しいとすると,2つの慣性系KとK'は同等であり,【図3.1】と【図3.2】のどちらが正しくどちらが誤りというわけではない.喩えて言えば,イギリスで発行される世界地図では日本が東のはずれに位置するようなもので,基準が異なれば図の描かれ方が変わるというだけの話である.K系とK'系のどちらを基準にするかによって時間軸の向きが変わるが,その物理的な意味は,§3-2でミンコフスキー時空を解説する際に明らかにする.

ここで,改めて「現在」の物理的な意味について考えてみよう.素朴な直感によれば,

§3-1 時間とは何か

過去から未来にわたる時間の中で，過去は過ぎ去り未来は未だ来たらず，ただ現在だけが現に在るように感じられる．あるいは，過去が既定の事実である一方，未来はさまざまな可能性をはらんだ未定の状態であり，「時が流れる」とは，過去と未来の境界が不断に更新される過程だと思われるかもしれない．しかし，慣性系ごとに異なる「現在」の定義があり，その全てを同等だと見なすべきだとする相対論の主張は，「時が流れる」という考え方と相容れない．

そもそも，相対論以外の物理学理論は，「時間の流れ」や「過去・未来から区別される現在」という考え方を支持するのだろうか？ 相対論的な時間概念を理解するには，この点をきちんと把握しておく必要がある．2番目の基本問題として出題するので，【解答】を読む前に自分で考えていただきたい．

[基本問題 ❷]
[Fundamental Problem 2]

現在を過去・未来から区別するような物理的根拠はあるか．

(解答)
Solution

ニュートン力学などの古典論と量子論とでは，時間の扱いに差があるので，分けて説明しよう．

(1) 古典論

質点の運動に関するニュートン力学では，ある時刻における位置と速度が与えられれば，それ以外のあらゆる時刻での位置が運動方程式の解として決定される．これは，数学的には，コーシー条件（解とその法線微分の値を境界で与えるという条件）の下で微分方程式の解が一意的に定まるケースに相当する．質点系・剛体・弾性体・流体に拡張した力学的システムでも，途中で解の値が無限大になるなどのカタストロフィが起きない限り，コーシー条件が与えられれば全時刻での位置が決定されるという性質は変わらない．電磁気学も，これと同様の性質を持つ．ある時刻でコーシー条件を与えさえすれば全時刻の状態が決定されるのだから，これらの物理学理論に現在と過去・未来の区別は存在せず，現在が物理的に更新されるという意味での「時間の流れ」はない．

理論的には，コーシー条件とは別の境界条件も考えられる．時間に関するディリクレ境界条件は，時間の始まりと終わりで物理変数の値を与える境界条件であ

る．ニュートン力学などの多くの物理学理論では，コーシー条件の場合と同じように，ディリクレ条件によっても解が一意的に決定され，全時刻での運動状態が求められる．もしかしたら，われわれの住むこの宇宙も，始まりと終わりの両端におけるディリクレ条件に基づいて構築されているのかもしれない（宇宙物理学者のホーキングは，ディリクレ条件的な考えに基づく宇宙モデルを提案したことがあるが，後に撤回した）．

　きわめて多数の要素から構成される統計的なシステムの場合，時間の経過を表す指標として，エントロピーと呼ばれる物理量が利用できる．エントロピーとは，エネルギー保存則などの制約を満たす範囲でエネルギーを分配する仕方の多寡を表す量であり，エントロピーの小さい特殊な状態から出発した統計的システムは，必ずエントロピーのより大きな状態に変化していくというエントロピー増大の法則が成り立つ．このため，エントロピーの値で時間経過を表すことも可能である．例として，振り子を使った時計を考えよう．空気抵抗や摩擦がないときには，振り子はいつまでも同じ振幅で振動し続ける．しかし，摩擦を介して周囲にエネルギーが伝わる場合，エネルギーを振り子の振動に集中させるよりも，周囲の物体を構成する分子・原子に少しずつ分ける方が分配の仕方がはるかに多くなるので，エントロピー増大の法則に従って，熱エネルギーが散逸し振り子の振幅が小さくなっていく．振幅がどれだけ小さくなったかによって時間を計るのが，エントロピーを利用した振り子時計である．

　常に増大し続けるというエントロピーの変化は，「過去から未来へ」という方向性を持つ時間の流れと対応しており，エントロピーの大小によって時間軸のどちらの向きが過去でどちらが未来かを区別できる．だが，振り子時計の例からもわかるように，エントロピー自体は，統計的なシステムで機械的に定義される単純な物理量にすぎず，時間軸の向きを決定するのには使えても，現在を過去・未来から区別する指標とはならない．

(2) 量子論

　量子論になると，古典論の場合と事情が少し異なる．粒子の運動を古典論で扱う場合，粒子の位置や速度は確定した値を取る．一方，量子論におけるこれらの物理量は，不確定性原理に従って値が確定しておらず，位置ないし速度の観測を行って初めて確定した観測値が得られる．「不確定から確定へ」という変化を引き起こす観測過程が，「未定が既定に変わる」瞬間として特徴づけられる「現在」と何らかの関係があると考える人がいるかもしれない．

　量子論が確立された 1930 年代には，位置ないし速度を人間のような知的生

§3-1 時間とは何か

命体が観測した瞬間に粒子の物理的状態が非可逆的に変化するという解釈が広まったため，観測過程と「現在」を結びつけることも，あながち無謀な議論とは言えなかった．しかし，こんにち，こうした解釈を採用するのは少数派である．代わって有力になったのが，観測装置との量子論的な相互作用によって，観測で識別される状態が互いに量子論的な干渉を起こさないデコヒーレントな状態になるので，古典的な確率過程と同様に別個の過程として扱えるという見解である．ただし，デコヒーレントになることが数学的に証明できないため，厳密性を重んじる物理学者の中には，観測結果の異なるさまざまな状態が重なり合っているという多世界解釈を採用する人も少なくない．いずれの解釈でも，物理状態が観測の瞬間に非可逆的に変化することはなく，シュレディンガー方程式（量子論における基礎方程式）に則って変化することが含意される．

量子論の解釈を巡る議論はいまだ決着が付けられておらず，ここで詳しい解説を行う余裕もないが，大半の物理学者は，量子論でも時間に沿った変化は滑らかであり，観測過程をもとに現在を過去・未来から区別することはできないと考えている．■

【基本問題2】の解答に示されるように，物理学的に「時間の流れ」を明確に定義することは，古典論でも量子論でも困難である．さらに，相対性原理を認めるならば，「時間は流れない」というのが物理学における正当な考え方となる．

もう一度，ローレンツ変換の標準形 (2.35) を眺めていただきたい．x' の式は，ローレンツ因子 γ を除けば，ガリレイ変換の式（第1章 (1.14) 式）と同一であり，時間 t が経過するとともに K′系の原点の位置が K 系の原点からずれていくと解釈することもできる．しかし，t' の式は，「時間座標はどの慣性系でも同じ」というガリレイ変換と本質的に異なる．x' と t' の2つの変換式を併せると，異なる慣性系の間で座標を変換したとき，時間座標と空間座標が互いに混じり合うことが示される．素直に解釈すれば，互いに混じり合う以上，時間と空間は質的に同じものでなければならない．つまり，時間とは，現在が不断に更新される流れではなく，拡がりを表す次元—空間の3次元に対して，第4の次元—なのである．さらに，別の慣性系に移ると混じり合うのだから，時間と空間は独立ではなく，一体化していると見なすのが妥当である．「物理現象の枠組みになるのは，時間と空間が一体となった **4次元時空** だ」—これが，相対論の最も重要な主張である．

4次元時空のアイデアは，大学時代のアインシュタインを教えたこともある数学者ミンコフスキーによって1907年に提案されたため，この時空は，**ミンコフスキー時空** と呼ばれる．アインシュタインは，当初，4次元という考え方に批判的だったと言われる

が，特殊相対論に重力を組み込む研究を進めるうちに，4次元時空の幾何学が重要であることに気が付いて，単に理論の背景として採用するだけでなく，その重要性を積極的にアピールするようになった．1952 年の一般向け解説「相対性と空間の問題」[7] には，「四次元連続体はもはやすべての同時的事象を含む部分域に客観的に分解することが不可能になる；つまり空間的な広がりをもった世界としての "今" はその客観的な意味を失うわけである」と記されている．

§3-2 ミンコフスキー時空

これまでの物理的な議論に基づいて，ミンコフスキー時空が持つべき性質をまとめておこう（今の段階では，まだ「相対性原理が正しければ」という仮定の話であり，本章§3-4 において，何が基本的な前提なのかを論じる）．

4 次元ミンコフスキー時空は，3 次元ユークリッド空間に 4 番目の次元として時間が加わったものと見なせる．時空内部の位置を特定するための座標系の選び方には任意性があるが，ここでは，§1-4 に倣って，無重力空間を慣性運動する宇宙船を想定し，これに固定された物差しに基づく 3 次元直交座標系と，同じく固定された時計を考えることにしよう．ただし，時間は流れではなく拡がりの次元なので，1 個の時計の指針が時間の経過とともに位置を変えるのではなく，示す時刻が僅かずつ異なる無数の時計が，時間の拡がりの中に稠密に並んでいる（あるいは，時計そのものが，時間軸方向に拡がった 4 次元的存在である）ことになる．時計の大きさが無視できるならば，この無数に並んだ時計がミンコフスキー時空の時間軸を，時計の示す時刻がその目盛りを表す．こうして定義されるミンコフスキー時空の座標系を，これまでと同様に慣性系と呼ぶことにする．ただし，ミンコフスキー時空の座標系では，時間と空間が同等に扱われるため，慣性系の原点は，空間座標だけではなく，時間座標もゼロになる点を指す．

§1-4 で扱ったような——すなわち，3 次元ユークリッド空間で見たとき，相対速度が x 方向で，時刻がゼロとなるときに空間の 3 軸が重なる——2 つの慣性系 K と K′ を考えよう．K 系から K′ 系への座標変換は，相対性原理が正しいと仮定すれば，本章冒頭にも記した第 2 章 (2.35) 式となる．この式（あるいは，式を図で表した【図 3.1】または【図 3.2】から明らかなように，4 次元ミンコフスキー時空で見ると，2 つの慣性系の x 軸の向きは，互いに時間軸方向にずれている．同じように，時間軸の向きも，互いに x 軸方向へのずれがある．つまり，原点を共有する 2 つの慣性系の間のローレンツ変換は，ミンコフスキー時空内部で座標軸の向きを変える操作である．

ここで，時間の単位を変更しよう．これまでは，時間と空間の単位として，国際単位

---

[7] A. Einstein, "Relativity and the Problem of Space". 邦訳は『アインシュタイン選集 3』（湯川秀樹監修，共立出版）所収．

系で使われる秒とメートルを想定してきた．だが，これらは，地球の自転周期や子午線の長さをもとに人為的に考案された単位であり，基礎物理学に用いる必然性はない．時間と空間が同質の拡がりだとすると，両者を同じ尺度で表す方が自然なので，新たな時間座標として，t に光速 c を乗じた $\tau = ct$ を採用する．τ の単位は空間と同じくメートルで，その長さだけ光が進むのに要する秒数に換算すれば，日常的な時間と結びつけられる．τ を使うと，ローレンツ変換の標準形 (2.35)（から y 座標と z 座標を除いたもの）は，次のシンメトリックな形に表される．

$$\tau' = \gamma\left(\tau - \frac{v}{c}x\right), \quad x' = \gamma\left(x - \frac{v}{c}\tau\right) \tag{3.1}$$

§3-2-1　ミンコフスキー時空における距離

　時間を拡がりと見なすミンコフスキー時空に存在するのは，時間とともに刻々と変化するダイナミックな物理現象ではなく，時間方向に拡がったスタティックな幾何学的存在である．このため，ミンコフスキー時空で定式化される理論は，物理学と言うよりも幾何学に近いものとなる．この点を踏まえて，まず，幾何学の基礎となる距離の定義から考えることにしよう．

　3次元ユークリッド幾何学では，座標が (x,y,z) である点 P と原点 O の距離として，次式で与えられる ρ の平方根が採用される．

$$\rho = x^2 + y^2 + z^2 \tag{3.2}$$

　本節では，この（長さの 2 乗の単位を持つ）ρ を，距離を議論するための便宜的な量として「間隔」と呼ぶことにする（数学的な議論は，§3-3-1 で行う）．

　時間と空間が一体になった 4 次元ミンコフスキー時空の幾何学を扱うには，もう少し工夫が必要である．相対的に運動する慣性系では，ローレンツ短縮によって運動方向の長さが変化するため，空間座標だけを使って (3.2) 式のように間隔 ρ を求めると，その値は慣性系ごとに異なってしまう．相対性原理によれば，どの慣性系でも同じ物理法則が成り立つはずなので，慣性系ごとに長さが異なっているのでは具合が悪い．2 点間の間隔は，ローレンツ変換によって値が変わらない量——いわゆる不変量——で定義すべきである．

　ローレンツ変換の不変量を考えるために，しばらく y 座標と z 座標は忘れて，空間座標としては x 座標だけを考えることにする．時間座標として $\tau = ct$ を使うと，ローレンツ変換は (3.1) 式の 2 つの式で表される．

　ここで，時間・空間の座標が (τ,x) である点 P について考えよう．各座標の 2 乗は，ローレンツ変換によって次のように変わる．

$$\tau'^2 = \frac{1}{1-v^2/c^2}\left(\tau^2 - \frac{2v}{c}\tau x + \frac{v^2}{c^2}x^2\right)$$
$$x'^2 = \frac{1}{1-v^2/c^2}\left(x^2 - \frac{2v}{c}\tau x + \frac{v^2}{c^2}\tau^2\right) \tag{3.3}$$

仮に，点 P と原点 O との間隔 ρ が，(3.2) 式と同じように座標（ここでは x と τ）の 2 乗和になると仮定すると，K 系と K' 系では ρ の値が異なってしまう．しかし，

$$\rho \equiv x^2 - \tau^2 \tag{3.4}$$

のように 2 乗の差で与えられるならば，(3.3) 式から

$$x'^2 - \tau'^2 = x^2 - \tau^2$$

となる．よって，(3.4) 式の ρ はローレンツ変換 (3.1) に対して不変になり，間隔を定義するのに，この ρ を使うことが考えられる．

この議論はもう少し厳格化して，ローレンツ変換に対する不変量は，この ρ の関数しかないことが示せる．したがって，ローレンツ変換の不変量として距離を定義するには，必ず ρ を使わなければならない．興味がある人のために，発展問題として出しておこう．

発展問題❸ Advanced Exercise 3

相対速度 v が任意の値を取るとき，1 次元時間 τ と 1 次元空間 x の世界で，ローレンツ変換 (3.1) に対して不変に保たれる τ と x の滑らかな関数は，$x^2 - \tau^2$ の関数に限られることを示せ．

解答のヒント Solution Hints

ローレンツ変換に対して不変に保たれる量を，τ と x の関数として $\rho(\tau, x)$ と表す．ρ が満たすべき条件は，任意の v に対して

$$\rho(\tau, x) = \rho(\tau', x')$$

となることである．そこで，右辺を v/c の 1 次まで展開する．

§3-2 ミンコフスキー時空

$$\rho\left(\tau', x'\right) = \rho\left(\gamma\left(\tau - \frac{v}{c}x\right), \gamma\left(x - \frac{v}{c}\tau\right)\right)$$
$$= \rho(\tau, x) - \frac{v}{c}\left\{x\frac{\partial \rho(\tau, x)}{\partial \tau} + \tau\frac{\partial \rho(\tau, x)}{\partial x}\right\} + O\left(v^2/c^2\right)$$

ρ が不変量であるためには，v/c の係数がゼロでなければならない．そこで，次の変数変換を行う．

$$\xi = \ln|\tau + x|, \quad \eta = \ln|\tau - x|$$

すると，

$$x\frac{\partial \rho(\tau, x)}{\partial \tau} + \tau\frac{\partial \rho(\tau, x)}{\partial x} = 0 \Rightarrow \frac{\partial \rho}{\partial \xi} - \frac{\partial \rho}{\partial \eta} = 0$$

となるので，ρ は $\xi + \eta$ の関数となり，求める結果が得られる． ∎

ユークリッド空間の場合，(3.2) 式で定義される ρ の平方根が原点との間の距離を表すが，ミンコフスキー時空における (3.4) 式の ρ は，正負いずれの値も取り得るので，符号を考慮する必要がある．$\rho > 0$ ならば，$|x| > |\tau|$ なので，x 軸方向の"空間に関する距離"$|x|$ の方が，τ 軸方向の"時間に関する距離"$|\tau|$ よりも大きくなる．このとき，座標 (τ, x) の点は原点に対して「空間的に離れている」と言う．逆に，$\rho < 0$ ならば $|x| < |\tau|$ であり，「時間的に離れている」ことになる．したがって，$\rho > 0$ のときは $\sqrt{\rho}$ を空間的な距離，$\rho < 0$ のときは $\sqrt{-\rho}$ を時間的な距離と見なすことができる．

ここまでの議論では，空間は x 座標のみの 1 次元としていたが，3 次元のユークリッド空間に拡張するとどうなるだろうか？ ユークリッド空間における原点との間隔は，(3.2) 式のように，座標の 2 乗和で表されるので，4 次元ミンコフスキー時空での原点との間隔 ρ は，次式で定義できると予想される．

$$\rho \equiv r^2 - \tau^2 \quad \left(r^2 = x^2 + y^2 + z^2, \quad \tau = ct\right) \tag{3.5}$$

この定義が妥当かどうかを論じるのは後回しにして，まず，(3.5) 式が何を意味しているかを示す．

時間 1 次元・空間 1 次元のときと同様に考えれば，(3.5) 式の ρ の正負によって，2 点が空間的に離れているか，時間的に離れているかが区別される．この状況を図で表そう．ただし，時間 1 次元・空間 3 次元となる 4 次元時空の図を 2 次元の紙面上に描くのは困難なので，y 軸と z 軸を 1 つにまとめ，時間 1 次元・空間 2 次元の図を描くことに

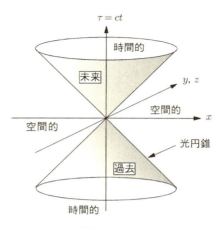

図 3.3 光円錐

する（【図 3.3】）.

$\rho = 0$ となる領域は，この図では円錐面として表されている（実際には，4 次元に拡がった図形の 3 次元の表面である）．原点を通る光線は円錐面に沿って進むので，この円錐は**光円錐**と呼ばれる．光円錐の内側は原点との間隔が時間的な領域，外側は空間的な領域となる．時間的な領域のうち，$\tau > 0$ となるのが（原点に対する）未来，$\tau < 0$ となるのが過去である．空間的な領域では，慣性系の選び方によって原点に対する時間の先後関係が変わるので，原点に対して未来とも過去とも言えない（広い意味で「同時刻」と言われることもある）．

それでは，(3.5) 式で点 P と原点との間隔を定義することは妥当なのだろうか？ ここで問題となるのは，1 次元の時間と 3 次元ユークリッド空間から構成される 4 次元ミンコフスキー時空の場合でも，任意の慣性系への座標変換に対して (3.5) 式の ρ が不変に保たれるかどうかである．不変に保たれるならば，ρ を使って距離を定義することができるはずである．

ローレンツ変換の標準形 (2.35) が成り立つ——すなわち，ユークリッド空間で空間座標だけを見ると，時間の原点で空間の 3 軸が一致し，相対速度が x 方向になるような——場合，ρ が不変に保たれるのは明らかである．したがって，考えなければならないのは，空間座標軸と相対速度の向きが任意の場合にも，ρ が不変になるかどうかである．

K 系と K′ 系を，原点を共有する 2 つの慣性系としよう．【図 3.4】では，K 系から見たときの 2 つの慣性系の空間座標だけを記した．K 系と K′ 系の空間座標の原点をそれぞれ O_S と O'_S とすると，O_S から見た O'_S の相対速度 V は，「原点を共有する（=時

間座標がゼロのときに空間座標の原点が一致する)」という条件から，線分 $O_S O'_S$ の方向になる．ここで，次の 3 つのステップを考える．

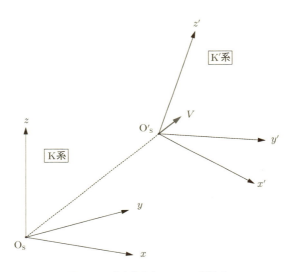

図 3.4 原点を共有する 2 つの慣性系

① K 系の空間座標軸を O_S の周りで回転して，K 系に対して静止し，x 軸が線分 $O_S O'_S$ と重なるような慣性系 K_1 に移る．K 系と K_1 系は互いに静止しているので，この回転は，ユークリッド空間における回転に相当する．
② K_1 系と y 座標，z 座標，および原点を共有し，相対速度 V で運動する慣性系 K'_1 に移る（K'_1 系と K' 系は互いに静止している）．このセットアップから明らかなように，K_1 系から K'_1 系への座標変換は，ローレンツ変換の標準形 (2.35)（時間座標として $\tau = ct$ を用いるなら (3.1) 式）と同じ形式のローレンツ変換になる．
③ K'_1 系の空間座標軸を O'_S の周りで回転して，K' 系に重ねる．① と同じく，この回転はユークリッド空間での回転である．

以上の 3 つのステップのうち，① と ③ はユークリッド空間での瞬間的な回転なので，(3.4) 式の ρ は不変である（回転と言っても物体を動かすわけではなく，座標軸の選び方を変えるだけなので，時間に依存しない瞬間的な回転を考えてかまわない）．また，② は (3.1) 式と同じ形式のローレンツ変換なので，すでに述べたように，ρ を一定に保つ．

以上の考察から，次の結論が得られる．原点を共有する 2 つの慣性系の間の座標変換で，原点との間隔 ρ は不変である．座標の関数の中で，この座標変換によって一定に保たれるのは，（2 次元のケースを扱った【発展問題 3】の結果を踏まえればわかるように）ρ の関数だけである．この性質から，ミンコフスキー時空においては，$\sqrt{|\rho|}$ を原点までの距離として定義するのが妥当である．この値は，ρ が正のときは空間的な距離，ρ が負のときには時間的な距離を表す．ミンコフスキー時空では，時間と空間は同じような拡がりを表しており，両者の違いは，ρ の符号と，時間 1 次元・空間 3 次元という次元数だけである．

§3-2-2　4 次元時空での回転と並進

§3-2-1 では，原点を共有する 2 つの慣性系の間での座標変換を，時間を固定したユークリッド空間での回転と，空間座標で見れば相対的に運動している慣性系への変換に分けて考えた．後者の変換（ローレンツ変換の標準形に限らない）は，ブーストと呼ばれることもある．ユークリッド空間で見ると，ブーストは，互いに相対運動する慣性系への変換である．空間回転とブーストは，相対運動の有無で区別される全く異なった座標変換に思えるかもしれない．しかし，【図 3.1】，【図 3.2】のように，空間軸と交わる形で時間軸を描くならば，この 2 つの座標変換は，いずれも，「ミンコフスキー時空内部で原点までの距離 $\sqrt{|\rho|}$ を変えないように座標軸の向きを変える操作」として一括りにできるはずである．空間回転とブーストでは，時間軸を動かすか否かという差異があるが，（相対性原理を認める立場からすると）時間と空間は同じような拡がりを表し相互に混じり合うものなので，この差異をもって両者を峻別しなければならないという必然性はない．そこで，空間回転とブーストは同じタイプの座標変換と見なし，両者をまとめて「**4 次元時空での回転**」と呼ぶことにしたい．多くの物理学者は，4 次元時空での回転とローレンツ変換を同じものと見なすが，人によっては，空間回転を別扱いし，ブーストだけをローレンツ変換と呼ぶ．本書では，ローレンツ変換を 4 次元空間での回転と同一視する定義を採用する[8]．

【図 3.5】に，時間軸を固定して x 軸と y 軸の向きを変える場合（空間回転），および，y 軸を固定して時間軸と x 軸の向きを変える場合（ブースト）を記しておく（2 次元で図示する都合上，z 軸は省略している）．

4 次元時空での回転は，原点を共有する慣性系の間の連続的な座標変換を全て含んでいる（連続的でない変換に座標の反転があるが，連続的変換とは異質なので，ここまで

---

[8]「回転」という呼び方を採用したことに違和感を覚える読者がいるかもしれないが，深い意味はない．幾何学では，不動点（回転の中心となる点で，ここでは座標原点）を持ち距離を変えない座標変換を一般に回転と呼ぶので，4 次元時空でも同じ名称を使っただけである．気に入らなければ，別の呼び方を考案してほしい．

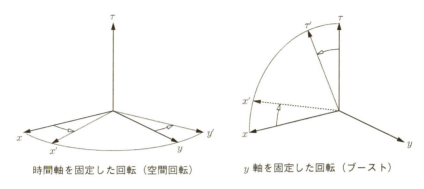

時間軸を固定した回転（空間回転）　　y 軸を固定した回転（ブースト）

図 3.5　ミンコフスキー時空での回転

の議論では取り上げなかった）．したがって，かなり一般的な変換ではあるが，やはり，「原点を共有する」という制約は少し厳しすぎる．そこで，原点が異なる慣性系の間の変換に拡張することを考えよう．こうした座標変換として最も簡単なものは，次式で定義される **4 次元時空での並進**である（X, Y, Z, T は定数）．

$$x' = x + X, \quad y' = y + Y, \quad z' = z + Z, \quad \tau' = \tau + T \tag{3.6}$$

4 次元時空での並進は原点の位置を変えるので，(3.5) 式で定義される原点との間隔 ρ は，当然のことながら不変量ではない．しかし，並進に対する不変量となるような間隔を定義することは可能である．

点 P_1（座標：x_1, y_1, z_1, τ_1）と点 P_2（座標：x_2, y_2, z_2, τ_2）の間隔 $\rho(P_1, P_2)$ を，次式で定義する．

$$\rho(P_1, P_2) \equiv (x_1 - x_2)^2 + (y_1 - y_2)^2 + (z_1 - z_2)^2 - (\tau_1 - \tau_2)^2 \tag{3.7}$$

(3.6) 式と (3.7) 式を比べれば直ちにわかるように，4 次元時空での並進に対して，2 点の間隔 $\rho(P_1, P_2)$ は不変量となる．

さらに，$\rho(P_1, P_2)$ は，回転に対しても不変量となる．このことは，次のようにして示される．

原点を共有する 2 つの慣性系を K 系と K' 系とし，2 つの点 P_1 と P_2 を考えることにしよう．まず，点 P_2 が原点になるように，K 系と K' 系を 4 次元時空での並進によって移動する．このとき，$\rho(P_1, P_2)$ は変わらない．並進後の 2 つの慣性系を K_1 系と K'_1 系と書くと，この 2 つの慣性系は原点 P_2 を共有するので，4 次元時空での回転によっ

て相互に座標変換される．$\rho(\mathrm{P}_1,\mathrm{P}_2)$ は，K_1 系と K_1' 系のいずれにおいても点 P_1 と原点（P_2）との間隔なので，回転によって不変に保たれる．したがって，K 系→ K_1 系 → K_1' 系→ K' 系と変換するどの段階でも $\rho(\mathrm{P}_1,\mathrm{P}_2)$ は変わらないので，回転に対する不変量であることが証明される．

言葉で述べただけではわかりにくいと感じる読者は，ローレンツ変換の標準形の場合について，(3.7) 式の ρ が不変に保たれることを自分で確認してほしい．

間隔 $\rho(\mathrm{P}_1,\mathrm{P}_2)$ は正にも負にもなるので，絶対値を取った上で平方根を考えると，§3-2-1 で述べた空間的ないし時間的な距離に相当する．そこで，$\sqrt{|\rho|}$（引数は省略する）を 2 点間の**距離関数**と呼ぶことにしよう（$\sqrt{|\rho|}$ は，空間的な距離と時間的な距離を混ぜたものなので，厳格な定義を重んじる数学者はこれを距離関数と呼びたがらないが，他に適当な名称がないので，こう呼ばせていただく）．

4 次元時空での並進によって「原点を共有する」という制約を撤廃できるので，回転と並進を組み合わせた座標変換が，2 つの慣性系の間の最も一般的な（連続的）座標変換となる．座標の反転という離散的な座標変換と併せて，【図 3.6】にまとめておこう．

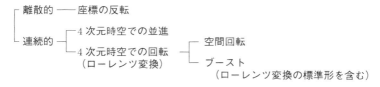

図 3.6 2 つの慣性系の間の座標変換

§3-3　ローレンツ変換のさまざまな表現

ミンコフスキー時空の性質を示すために，少し数学的な議論を行おう．数式の羅列が苦手な人には，この節は退屈だと思われるので，(3.14) 式のミンコフスキー計量の定義とその下の説明，および，末尾に ① から ④ までまとめた 4 つの変換の説明だけに注目し，後は話の流れをつかむだけでもかまわない．

§3-3-1　数学的準備

これまでの議論では，P_1 や P_2 のような時空内部の点を考え，$\rho(\mathrm{P}_1,\mathrm{P}_2)$ のことを P_1 と P_2 の間隔という曖昧な表現で呼んできた．しかし，数学では，4 つの実数の組として表されるベクトルを使った厳密な議論が行われる．ここでは，数学的な厳密性をあまり気にせずに，その概略だけを紹介しよう．

§3-3 ローレンツ変換のさまざまな表現

ベクトル表記がどういうものかを示すために，まず，3次元ユークリッド空間の話から始める．直交座標系の座標軸の向きを与える単位ベクトルは，**基底ベクトル**と呼ばれる．ただし，単位ベクトルとは長さ（ユークリッド空間では，以下に示す2乗の平方根）が1に等しいベクトルで，単位ベクトルを定めることによって座標系の目盛りが決定される．ユークリッド空間の基底ベクトルを e_1, e_2, e_3 と書くと，空間座標の原点Oと空間内部の任意の点Pを結ぶベクトル $\boldsymbol{X}$ は，

$$\boldsymbol{X}\left(=\overrightarrow{\mathrm{OP}}\right) = x_1 \boldsymbol{e}_1 + x_2 \boldsymbol{e}_2 + x_3 \boldsymbol{e}_3 \tag{3.8}$$

と表される．基底ベクトルの係数 x_1, x_2, x_3 は，ベクトル $\boldsymbol{X}$ の座標成分となる．

ここで，ベクトルの内積を考える．ベクトル $\boldsymbol{X}$ と $\boldsymbol{Y}$ の内積は，$\boldsymbol{X} \cdot \boldsymbol{Y}$ と表すことにする．基底ベクトル同士の内積は，直交する座標軸の向きを与える単位ベクトルであることから，次の関係式を満たす．

$$\boldsymbol{e}_i \cdot \boldsymbol{e}_j = \delta_{ij} \quad (i,j=1,2,3) \tag{3.9}$$

ただし，δ_{ij} はクロネッカーのデルタと呼ばれる記号で，添字の i と j が等しい場合は1，異なる場合は0に等しい．また，任意のベクトルを $\boldsymbol{X}, \boldsymbol{Y}, \boldsymbol{Z}$，任意の実数を a と書くことにすると，ベクトルの内積は，次のような線形代数の関係式を満たす．

$$\boldsymbol{X} \cdot \boldsymbol{Y} = \boldsymbol{Y} \cdot \boldsymbol{X}\,(対称性), \quad (a\boldsymbol{X}+\boldsymbol{Y}) \cdot \boldsymbol{Z} = a\,(\boldsymbol{X} \cdot \boldsymbol{Z}) + \boldsymbol{Y} \cdot \boldsymbol{Z}\,(線形性) \tag{3.10}$$

これより，任意のベクトル $\boldsymbol{X}$（座標成分：x_1, x_2, x_3）と $\boldsymbol{Y}$（座標成分：y_1, y_2, y_3）の内積は，次のように求められる．

$$\begin{aligned}\boldsymbol{X} \cdot \boldsymbol{Y} &= (x_1 \boldsymbol{e}_1 + x_2 \boldsymbol{e}_2 + x_3 \boldsymbol{e}_3) \cdot (y_1 \boldsymbol{e}_1 + y_2 \boldsymbol{e}_2 + y_3 \boldsymbol{e}_3) \\ &= \sum_{i,j=1}^{3} x_i \boldsymbol{e}_i \cdot \boldsymbol{e}_j y_j = \sum_{i,j=1}^{3} x_i \delta_{ij} y_j \end{aligned} \tag{3.11}$$

式変形には，(3.9) 式と (3.10) 式を用いた．(3.11) 式から直ちにわかるように，2点を結ぶベクトル $\boldsymbol{X}$ の自分自身との内積 $\boldsymbol{X} \cdot \boldsymbol{X}$（しばしば $\boldsymbol{X}$ の2乗と呼ばれる）の平方根は，2点間の距離（すなわち，ベクトル $\boldsymbol{X}$ の長さ）に等しくなる．

4次元ミンコフスキー時空では，3次元ユークリッド空間に時間軸が付け加えられる．時間軸の基底ベクトルを e_0 と書くことにしよう．ミンコフスキー時空のベクトル $\boldsymbol{X}$ は，(3.8) 式を4次元に拡張して，

$$\boldsymbol{X} = x_0 \boldsymbol{e}_0 + x_1 \boldsymbol{e}_1 + x_2 \boldsymbol{e}_2 + x_3 \boldsymbol{e}_3 \tag{3.12}$$

となる．それでは，ミンコフスキー時空における内積は，どのように定義すれば良いのだろうか？

ミンコフスキー時空でも直交性を仮定すれば，ユークリッド空間の場合と同様に，$\boldsymbol{e}_0$ と $\boldsymbol{e}_1, \boldsymbol{e}_2, \boldsymbol{e}_3$ のいずれかとの内積は 0 となる．しかし，$\boldsymbol{e}_0$ の 2 乗をどう定義すべきかは，すぐには決められない．ユークリッド空間の場合，2 点間の距離は，2 点を結ぶベクトルの 2 乗（自分自身との内積）の平方根に等しい．この関係をミンコフスキー時空にも当てはめるならば，(3.12) 式の 2 乗，すなわち，

$$\boldsymbol{X}^2 = x_1^2 + x_2^2 + x_3^2 + x_0^2 (\boldsymbol{e}_0 \cdot \boldsymbol{e}_0)$$

が，(3.5) 式で

$$x = x_1, \quad y = x_2, \quad z = x_3, \quad \tau = x_0$$

と置いたものと一致するはずである．したがって，ミンコフスキー時空における内積の定義では，$\boldsymbol{e}_0$ の 2 乗は -1 とすべきだろう．ただし，2 乗してマイナスになると言っても，あくまで内積をそう定義するということであって，虚数を意味するわけではない．

以上より，4 つの基底ベクトルの内積は，次式で与えられる．これを，ミンコフスキー時空における**正規直交条件**という．

$$\boldsymbol{e}_0^2 = -1, \quad \boldsymbol{e}_1^2 = \boldsymbol{e}_2^2 = \boldsymbol{e}_1^2 = 1, \quad \boldsymbol{e}_\mu \cdot \boldsymbol{e}_\nu = 0 \quad (\mu, \nu = 0, 1, 2, 3 \quad \mu \neq \nu)$$

これらの式を，次のようにまとめて書くことにしよう（以下では，この式を正規直交条件と呼ぶことにする）．

$$\boldsymbol{e}_\mu \cdot \boldsymbol{e}_\nu = \eta_{\mu\nu} \tag{3.13}$$

ここで導入した $\eta_{\mu\nu}$ を 4 行 4 列の行列の成分と見なすと，次のように表すこともできる（ミンコフスキー時空のように時間を含む場合，行列の成分は第 0 行第 0 列から始まるものとし，左上の項が $\mu = \nu = 0$ に対応する）．

$$\eta_{\mu\nu} = \begin{pmatrix} -1 & 0 & 0 & 0 \\ 0 & +1 & 0 & 0 \\ 0 & 0 & +1 & 0 \\ 0 & 0 & 0 & +1 \end{pmatrix} \tag{3.14}$$

(3.14) 式で定義される $\eta_{\mu\nu}$ は，ミンコフスキー時空の**計量テンソル**——あるいは，簡略化して，**ミンコフスキー計量**——と呼ばれる．

少し先回りをして述べておくと，第 2 部で取り上げる一般相対論では，時空にゆがみが生じるため，座標軸を定義する基底ベクトルも場所によって変動することになる．このため，(3.13) 式と同じように基底ベクトルの内積によって定義される計量テンソルの成分は，(3.14) 式のような全時空で一定の定数ではなく，場所によって変動する関数となる．この変動する計量テンソルが，重力を記述する量となる．

基底ベクトルの正規直交条件 (3.13) を用いると，3 次元ユークリッド空間での内積を表す (3.11) 式は，4 次元ミンコフスキー時空では，次のように拡張される．

$$\boldsymbol{X} \cdot \boldsymbol{Y} = \sum_{\mu,\nu=0}^{3} x_\mu \boldsymbol{e}_\mu \cdot \boldsymbol{e}_\nu y_\nu \equiv \sum_{\mu,\nu=0}^{3} x_\mu \eta_{\mu\nu} y_\nu \tag{3.15}$$

3 次元ユークリッド空間では $\eta_{\mu\nu}$ に相当する量として，行列で表したときの対角項が全て +1 となるクロネッカーのデルタが現れたが，4 次元ミンコフスキー時空になると，$\mu = \nu = 0$ の成分に負号が付く[9]．このような内積は，ミンコフスキー内積と呼ばれることもある（以下では，これまで通り単に内積と記す）．

§3-3-2 ミンコフスキー時空の座標変換

ユークリッド空間の場合，(3.9) 式を満たす基底ベクトルは無数にあり，それぞれに対応する直交座標系を考えることができる．同じように，ミンコフスキー時空の直交座標系も一意的ではなく，正規直交条件 (3.13) を満たす別の基底ベクトルに取り替える自由度がある．新たな基底ベクトルにダッシュを付けて区別すれば，(3.12) 式で示したベクトル $\boldsymbol{X}$ の展開は，それぞれの基底ベクトルに対して次のように書ける．

$$\boldsymbol{X} = \sum_{\mu=0}^{3} x_\mu \boldsymbol{e}_\mu = \sum_{\nu=0}^{3} x'_\nu \boldsymbol{e}'_\nu$$

ダッシュの付いた基底ベクトルに対しても正規直交条件 (3.13) が成り立つとすると，(3.15) 式から直ちにわかるように，基底ベクトルを取り替えても，内積の式の形は不変であり，したがって，距離関数 $\sqrt{|\rho|}$ も不変となる．新たな基底ベクトルによる座標は，

---

[9] $\eta_{\mu\nu}$ の対角成分の符号は，左上から順に $(-,+,+,+)$ だが，これと逆に $(+,-,-,-)$ の符号を採用する流儀もある．数学者や相対論研究者は，3 次元空間の幾何学に 1 次元の時間を付け加えるという考えから，$(-,+,+,+)$ とすることが多い．これに対して，素粒子論研究者は，速度や運動エネルギーなどの時間に関する量が力学で重要な役割を果たすことから，まず時間の項を考え，これに空間の項を付け加えるので，$(+,-,-,-)$ の方を好む．どちらの流儀も同じくらいの頻度で採用されているので，数式を用いた本格的な相対論の参考書を読む場合は，符号の流儀がどうなっているかに注意する必要がある．

次式で与えられる．

$$x'_\nu = \sum_{\mu,\lambda=0}^{3} x_\mu \bm{e}_\mu \cdot \bm{e}'_\lambda \eta_{\lambda\nu} \tag{3.16}$$

このように，基底ベクトルを交換したときの座標変換は，1次式で表される（(3.16) 式右辺の末尾にある $\eta_{\lambda\nu}$ は，$\nu=0$ のときにマイナス符号が付くことを表すが，いちいち $\eta_{\lambda\nu}$ を書き加える煩わしさを避けるために，第 5 章では，添字が上付きか下付きかによって符号を変える手法を紹介する）．

1つ注意しなければならないのは，一般的な基底ベクトルの交換には，時間や空間の反転が含まれることである．ローレンツ変換には反転を含めない物理学者が多いので，後で議論するローレンツ変換との同等性を考えるときには，反転を除く必要がある．時間の反転を除くためには，$\bm{e}_0$ の向きとして，光円錐の内側で原点に対して未来側の向きに，空間の反転を除くためには，$\bm{e}_1, \bm{e}_2, \bm{e}_3$ の向きとして，この順に右手の親指・人差し指・中指に対応する右手系にすれば良い（【図 3.7】に示すように，3次元ユークリッド空間の直交座標系には右手系の他に左手系があり，この 2 つの座標系は，どのように回転しても重ねることができない）．

ローレンツ変換も，ミンコフスキー時空における基底ベクトルの交換に相当することが示される．練習問題として出題しておこう．

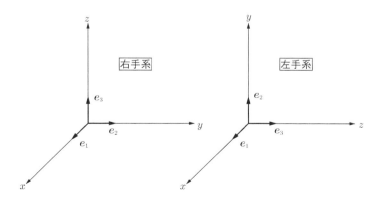

図 3.7 右手系と左手系

§3-3 ローレンツ変換のさまざまな表現

練習問題 ❽
Exercise 8

(3.1) 式で表されるローレンツ変換の標準形が，正規直交条件 (3.13) を満たす基底ベクトルの交換に相当することを示せ．

解答
Solution

τ 座標と x 座標の 2 つに関して，(3.16) 式を具体的に書き下す．

$$\tau' = -(\tau \bm{e}_0 \cdot \bm{e}'_0 + x \bm{e}_1 \cdot \bm{e}'_0), \quad x' = \tau \bm{e}_0 \cdot \bm{e}'_1 + x \bm{e}_1 \cdot \bm{e}'_1$$

これと，ローレンツ変換の標準形 (3.1) を比較すると，次の関係式が得られる．

$$\bm{e}_0 \cdot \bm{e}'_0 = -\gamma, \quad \bm{e}_0 \cdot \bm{e}'_1 = -\left(\frac{v}{c}\right)\gamma, \quad \bm{e}_1 \cdot \bm{e}'_0 = +\left(\frac{v}{c}\right)\gamma, \quad \bm{e}_1 \cdot \bm{e}'_1 = +\gamma$$

ただし，v/c は絶対値が 1 未満の任意パラメータ，γ は形式的にローレンツ因子 (2.11) と同じ式で表される量である．この関係式より，変換後の基底ベクトルが求められる．

$$\bm{e}'_0 = \gamma\left(\bm{e}_0 + \frac{v}{c}\bm{e}_1\right), \quad \bm{e}'_1 = \gamma\left(\bm{e}_1 + \frac{v}{c}\bm{e}_0\right)$$

この式を使えば，変換後の基底ベクトルが正規直交条件 (3.13) を満たすことは，容易に確かめられる．$\bm{e}'_0$ の 2 乗のみ式で示しておこう．

$$\bm{e}'_0 \cdot \bm{e}'_0 = \gamma^2 \left(\bm{e}_0 \cdot \bm{e}_0 + \left(\frac{v}{c}\right)^2 \bm{e}_1 \cdot \bm{e}_1\right) = \gamma^2 \left(-1 + \left(\frac{v}{c}\right)^2\right) = -1$$

∎

ミンコフスキー時空での座標系の取り方には任意性があるが，距離関数 $\sqrt{|\rho|}$ を一定に保つという条件を付けると，座標変換の形が限られる．時間 1 次元・空間 1 次元について，練習問題としよう．

練習問題 ❾
Exercise 9

時間 1 次元・空間 1 次元の 2 次元ミンコフスキー時空で，任意の点と原点との距離関数 $\sqrt{|\rho|}$（ρ は (3.5) 式で定義）を一定に保つ 1 次変換は，ローレンツ変換の標準形になることを示せ．

解答 (Solution)

変換後の時間座標と空間座標を x' と τ' とし，1 次変換という条件から，変換前の x, τ と次の関係式で結ばれるものとする．

$$x' = \alpha(x - \beta\tau), \quad \tau' = \gamma(\tau - \epsilon x) \tag{3.17}$$

座標を反転する自由度を除くため，α と γ は正とする．(3.5) 式で定義される ρ は，座標変換によって次のように変わる．

$$x'^2 - \tau'^2 = \left(\alpha^2 - \gamma^2\epsilon^2\right)x^2 - \left(\gamma^2 - \alpha^2\beta^2\right)\tau^2 - 2(\alpha\beta - \gamma\epsilon)x\tau$$

これが $x^2 - \tau^2$ と一致することより，$\alpha, \beta, \gamma, \epsilon$ は次式を満たさなければならない．

$$\alpha^2 - \gamma^2\epsilon^2 = 1, \quad \gamma^2 - \alpha^2\beta^2 = 1, \quad \alpha\beta - \gamma\epsilon = 0$$

この連立方程式を解くと，

$$\alpha = \gamma = \frac{1}{\sqrt{1-\beta^2}}, \quad \beta = \epsilon$$

が得られる．ここで，$\beta(=\epsilon) = v/c$ と置くと，$\gamma(=\alpha)$ はローレンツ因子 (2.11) に等しく，(3.17) 式は，ローレンツ変換の標準形 (3.1) 式と同じであることがわかる．∎

原点が固定された 4 次元ミンコフスキー時空における次の 4 つの変換は，同じものを指す（いずれも，時間や空間の反転は含まないものとする）．

① ローレンツ変換（標準形に限らない一般的なもの）

② 4次元時空での回転（ブーストおよび空間回転）
③ 基底ベクトルを正規直交条件（(3.13) 式）を満たす別のものに取り替える変換
④ 原点を共有し距離関数 $\sqrt{|\rho|}$ を不変に保つ座標の1次変換

§3-2-2 で述べたように，① と ② は定義上同一である．① → ④ は §3-2-1，③ → ④ は §3-3-2 で示した．2次元ミンコフスキー時空の場合に限れば，① → ③ は【練習問題8】で，④ → ① は【練習問題9】で証明した．したがって，2次元ミンコフスキー時空で ① ～ ④ の同等性は証明済みである．4次元での証明は省略するが，ブーストと空間回転を組み合わせて考えれば，難しくはない．

§3-4　相対性原理とローレンツ対称性

　ここまでの議論を振り返ってみよう．ニュートン力学やマクスウェル電磁気学には，静止と運動を区別できないという経験則がある．この経験則を相対性原理として一般化し，（ニュートン力学は力の定義を含まないために議論に適していないことから）マクスウェル電磁気学にこの原理を当てはめることで，ローレンツ変換の式を導いた．さらに，この式が示唆する時空構造として考案されたミンコフスキー時空を用い，ローレンツ変換をミンコフスキー時空での回転として一般化，この回転に対する不変量として距離を定義した．

　経験的なデータから推論を行う方法は帰納法と呼ばれるが，これは，観測されたカラスが全て黒いことから「カラスは黒い」という一般法則を導き出すようなもので，1羽でも白いカラスが現れれば破綻してしまう脆弱な推論である．経験則に基づいて相対論を構築するここまでの議論は，脆弱な帰納法と同じように仮説を積み重ねており，いかにも頼りない．しかし，科学理論は，こんな怪しげな推論をもとに構築されるわけではない．

　物理学を含む多くの自然科学で帰納法の代わりとして用いられるのが，仮説演繹法と呼ばれる論法である．この論法では，「カラスは黒い」といったデータの内容を言い換えただけの法則ではなく，羽毛が黒いという形質を発現させる遺伝的な因子が子供に伝えられるとの推測に基づき，「カラスは黒の遺伝子を持つ」という一歩進んだ仮説を定立する．その上で，この仮説から予測されるさまざまな帰結を演繹的に導き出し，導かれた帰結と実験・観測のデータを照合することで，仮説の妥当性を検証する．こうすれば，たとえ白いカラスが発見されても，「遺伝子が機能していない」という可能性を考えることができ，遺伝子の発現メカニズムという新たな研究課題が生まれる．自然科学における多くの理論は，このような論法に基づいて作られてきた．

　電磁気現象が静止と運動を区別していないという経験則を相対性原理として一般化すれば，時間と空間が4次元ミンコフスキー時空を構成するという可能性に到達するが，

これは，いわゆるヒューリスティック（発見法的）な推論であって，厳密なものではない．物理学者は，仮説演繹法に基づいて，このヒューリスティックな推論によって見いだした「**世界の時空構造はミンコフスキー時空で表される**」という仮説を，それ以降の議論の出発点に据えるのである．

ミンコフスキー時空は，ユークリッド空間と同じく，さまざまな座標系で表記することが可能である．§3-3-2 の最後で述べたように，ローレンツ変換とは，基底ベクトルを取り替えて別の（正規直交条件を満たす）座標系に移ることなので，ローレンツ変換を行っても，時空構造の幾何学的な性質を表す式（具体的には，解析幾何学の手法によって幾何学の定理を表した式を考えれば良い）は不変に保たれる．時空構造が物理現象の基盤であることから，物理法則も，ローレンツ変換によって変わらないと推測される（この点については，次節でコメントする）．§1-3 で回転対称性に関して述べたように，座標変換しても性質や法則が変わらないことを「対称性がある」と言うが，ローレンツ変換によって変わらないことは，「**ローレンツ対称性がある**」と呼ばれる．

ここまで来れば，相対論とは何かを明確に述べることができる．強調して書くことにしよう．

相対論とは，物理法則にローレンツ対称性があると仮定する理論である．

素朴な表現を用いれば，4 次元ミンコフスキー時空の中でどのように回転しても，世界は同じように見えるということである．少し先回りして言っておくと，全時空にわたるローレンツ対称性を仮定するのが特殊相対論，局所的なローレンツ対称性を仮定するのが（第 2 部で解説する）一般相対論である．

第 1 章では，重力加速度が一様で 2 次元回転対称性がある場合，放物運動を記述する方程式が，座標系の回転に対して共変になることを示した（第 1 章 (1.11) 式）．これと同じように，物理法則にローレンツ対称性があるならば，物理現象を記述する方程式は，ローレンツ変換に対して共変（短縮して**ローレンツ共変**と呼ぶことにしよう）になる．すなわち，**相対論とは，物理学の基礎方程式がローレンツ共変になると仮定する理論のことでもある**．相対論の出発点として導入した相対性原理は，静止と運動の差が検出できないというネガティブな主張だったが，ローレンツ対称性の要請は，基礎方程式の形式を特定のものに制限するという点で，より積極的な主張である．両者は，「カラスは黒い」と「カラスは黒の遺伝子を持つ」の 2 命題と同じくらい異なっている．

相対論をこのように定義すると，相対性原理を実証する決定実験がないにもかかわらず，なぜ 1910 年前後の物理学者たちが相対論を受容したかがわかってくる．20 世紀に入った時点では，ニュートン力学とマクスウェル電磁気学が静止と運動を区別しない理由は不明だった．しかし，その理由が時空構造そのものに由来しているならば，全くタ

§3-4 相対性原理とローレンツ対称性

イプの異なる2つの理論がいずれも静止と運動を区別しないことは，決して不思議ではない．さらに，相対論は，電磁気現象の媒質として想定されていたエーテルの運動が観測されない理由も明らかにした（詳しくは第5章で説明するが，ポイントだけを言えば，ローレンツ対称性を満たす相対論的な電磁場は，時空と一体化していて空間に対する相対的な運動が生じないのである）．このように，物理学者を悩ませてきた長年の謎をすっきり解明してくれたことが，相対論に対する信頼性を高めたわけである．

未解明の謎を解決しただけではない．相対論は，新しい理論を構築する際に，重要な指針となった．電子・陽電子を記述するディラック方程式や，素粒子の相互作用に関するフェルミの理論など，さまざまな革新的理論が，相対論ないしローレンツ対称性を導きの糸として考案された．このような理論から演繹される帰結が実験・観測のデータと合致すれば，仮説演繹法における仮説の検証と見なせるので，相対論を支持する根拠となる．相対論の検証と言うと，「公転する地球上から見てどの方向でも光速が等しい」といった，相対論を構築する際に手がかりとなった現象の精密測定を思い浮かべる人がいるが，多くの物理学者は，こうした直接的な検証をそれほど重視していない．それよりも，相対論以外の仮説からは演繹できないような帰結を探し出し，これがデータと一致するかを調べる方が，はるかに重要な意味を持つ．

このように見てくると，相対論が，力学や電磁気学のような個別的な理論とは少し異なることがわかるだろう．物理現象は全て時空内部で起きると考えられるので，ローレンツ対称性の要請は，近似を用いずに厳密に物理現象を扱う全ての基礎物理学理論が従うべきものである．したがって，相対論とは，これら全ての理論を包含するメタ理論と言うべきである．

相対論の検証に関しては第4〜6章で段階的に説明していくが，ここでは，特に重要な3点について，簡単に述べておく．

反粒子：電子の振る舞いを記述する量子論的な方程式として知られるシュレディンガー方程式は，そのままでは，ローレンツ変換に対して共変ではない．ローレンツ変換に対して共変になる方程式は，1928年にディラックが見いだしたが，この方程式には，電子と同じ質量を持ち，電子と絶対値が同じで符号が逆の電荷を持つ粒子の存在が含意されていた．これが，反粒子と呼ばれる素粒子の最初の例であり，1932年にアンダーソンが宇宙線が引き起こす素粒子反応の中に発見した．さらに，この反粒子──歴史的な事情から，「反電子」ではなく「陽電子」という誤解を招きやすい名称が付けられた──は，ディラック方程式から予想されるように，電子と対消滅（粒子と反粒子が衝突して消滅し，光などのエネルギーに変換されること）を起こすことも実験的に確かめられた．反粒子の存在は相対論を前提として初めて予測できる

ものなので，陽電子の発見は，相対論の正当性を強く示唆する（ディラック方程式の解説は，第5章 §5-3-2 で行う）．

電子の異常磁気モーメント：ディラック方程式をもとに電磁場と電子の相互作用に関する量子論的な理論として作り上げられたのが，量子電磁気学である（量子電磁気学の詳しい説明は，本書では行わない）．量子電磁気学から導かれる理論的な予測も，相対論から演繹される帰結と見なせるが，そうした予測の中で定量的に見て測定値との一致が最も良いのが，電子の異常磁気モーメントと呼ばれる量である．電子の磁気モーメントの値は，ディラック方程式を素朴に適用すると，ボーア磁子を単位として2となるが，量子電磁気学による補正を考慮すると，この値からずれてくる．このずれの理論値と測定値を記そう．

理論値 0.001 159 652 181 13
測定値 0.001 159 652 180 76

理論値でも測定値でも，末尾の2桁には，さまざまな要因による誤差が含まれる．相対論を前提としない限り，この見事な一致は導けない．

核分裂：ローレンツ対称性はあらゆる基礎物理学に適用されるはずなので，20世紀初頭には知られていなかった原子核の反応に関する理論も，相対論に従わなければならない．1938年に発見されたウランの核分裂に関して，マイトナーとフリッシュは，エネルギーと質量の相対論的な関係式を適用して放出エネルギーを求めたが，その結果は，後に核兵器や原子力発電を開発する際の指針として有用だった．第4章で説明するように，エネルギーと質量の関係式は相対論の直接的な帰結であり，相対論以外の前提から導くのは困難である．

相対論を前提とすると，これに適合するように作られた理論からさまざまな帰結が導かれるが，それらは，実験によって確認され，仮説としての相対論の妥当性が検証されてきた．このような検証が数多く積み重ねられていることから，ほとんどの物理学者は，相対論に対して絶大な信頼を寄せているのである．

§3-5　ローレンツ対称性の適用に関するコメント

慧眼の士は，相対論の定義を行った際に，ロジックに少し飛躍があったことに気が付いただろう．ローレンツ変換は，4次元ミンコフスキー時空における基底ベクトルの交換と等価なので，この変換を行っても，ミンコフスキー時空での内積や距離関数は変化せず，時空の幾何学的な性質を表す式は不変に保たれる．しかし，相対論の定義は，幾何学的な性質ではなく，物理法則がローレンツ対称性を持つという内容になっている．

第1章 (1.11) 式を導く際には，一様な重力加速度があるケースを議論をした．この

§3-5 ローレンツ対称性の適用に関するコメント

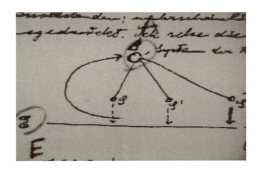

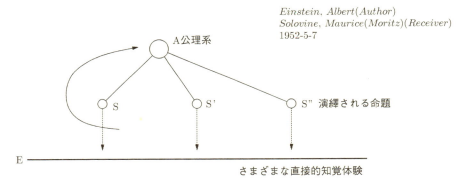

Einstein, Albert(Author)
Solovine, Maurice(Moritz)(Receiver)
1952-5-7

図 3.8 アインシュタインの図

ケースでは，空間は3次元ユークリッド空間なので幾何学に関しては3次元の回転対称性があるのに対して，物理法則については重力加速度の方向を軸とする2次元の回転対称性しかなかった．また，古代ギリシャにおいては，物質を構成する諸元素のうち土と水は宇宙の中心に向かい，火と空気は中心から離れるように運動するというアリストテレス流の宇宙論が，ユークリッド空間の等方性を仮定する幾何学的な議論と共存していた．このように，幾何学的対称性と物理学的対称性は，必ずしも同一ではない．したがって，ミンコフスキー時空のローレンツ対称性から物理法則のローレンツ対称性を演繹的に導くことはできない．これは，ロジックの飛躍だが，決して非科学的な議論ではない．革新的な理論を構築する際には，演繹的には導けないような飛躍したアイデアをヒューリスティックな推論を通じて探し出し，仮説演繹法の前提とするのである．これは，天才にしかできない業である．

このロジックの飛躍について，アインシュタインが有名な図（【図 3.8】）を描いてい

る（1952年5月7日付けソロビーヌ宛書簡）．図の添え書きによると，E は実験・観測データなどの直接的経験を表す．新しい理論に到達するには，ここから仮説 A（手紙では「公理系」となっており，仮説演繹法において，前提から演繹される全理論体系を指す）へとジャンプしなければならない．これが，革新的な理論を生み出すための思考の飛躍である．アインシュタインは，「E から A に至る論理的な道筋は存在しない」と記している．いったん仮説 A に到達すれば，そこからさまざまな命題 S, S', S''…が演繹的に導き出されることになる．

相対論の出発点となるローレンツ対称性の要請は，ロジックの飛躍によって得られたもので，他の前提から導けるわけではない．ただし，現代の物理学者たちは，時空の幾何学と物理法則を直接的に結びつける方法を模索中である．時空が物理現象を記述するための単なる容器ないし枠組みだという考え方を捨て，時空と一体化した場が物理現象の担い手だと見なすのである．この考え方は，場の統一理論ができていない現在，まだ単なる予想でしかないが，ローレンツ対称性が物理法則にまで適用される理由として，時空と一体化した場が物理現象を生起させていると考えると，かなりすっきりするのではないか．この議論は，第5章で再び行うことにする．

> **コラム**

時間は流れないという思想

相対論の最も重要な特徴は，時間と空間が4次元のミンコフスキー時空を構成するというアイデアにある．このアイデアに従えば，時間は空間と同じような拡がりであって流れではなく，現在という瞬間を過去や未来から物理的に区別することはできない．「時間は流れず，現在も存在しない」という発想は，多くの人の常識に反するものであり，相対論の理解を困難にする要因となっている．

人間が時間と空間を異質なものとして把握する—アリストテレス哲学の用語を使えば，時間と空間は異なるカテゴリに属する—ことは，視覚情報を優先的に処理する人間の認知機能に関連していると考えられる．恐竜の全盛期に登場し，その目を逃れるために夜行性となった哺乳類は，恐竜（あるいは，その子孫である鳥類）に比べて視覚が劣っており，その代わりとして嗅覚が発達した．匂いは過去の情報を含んでいるため，嗅覚に基づく哺乳類のパースペクティブは，時間的な拡がりを持つと推測される．ところが，突然変異によって3原色を区別する色覚を獲得した霊長目の仲間は，他の哺乳類よりも優れた視

覚を利用して，生態学的に有利な地位を奪い取っていった．この結果，霊長目は大脳視覚野が著しく発達し，主に視覚情報に基づいて外界の状況を理解するようになる．光は日常的な時間スケールからすると一瞬で伝わるため，人間を含む霊長目のパースペクティブは，現在という瞬間を切り取ったものとなる．多くの人が時間を空間と同様の拡がりとして把握するのに困難を覚え，相対論の理解に苦しむのは，そのせいなのかもしれない．

　それでは，人間には拡がりとしての時間を決して把握できないかというと，必ずしもそうではない．ごく少数ではあるものの，時間を拡がりとして捉えた思想家たちがいる．その代表が，仏教思想家である．仏教には転生の思想があるが，現在という瞬間しか実在しないとすると，現時点での個体数に等しい数の主体が時間の経過に沿って転生を繰り返すという発想に陥り，自己を絶対視することになってしまう．そこで，時間を飛び越え過去・未来を行き来しながら転生するという考え方が生まれたが，一部の仏教思想家は，これを理論的にさらに先鋭化し，汎仏論的な立場から，過去から未来にわたって拡がる全時空的存在としての仏を想定，個体は仏の局所的な現成だと見なすようになる．こうした仏教思想家として日本で業績を上げたのが，鎌倉時代の禅僧・道元である．彼の時間観は，主著『正法眼蔵』の「有時」で，「時は飛去するとのみ解會すべからず，飛去は時の能とのみは學すべからず．…（中略）…要をとていはば，盡界にあらゆる盡有は，つらなりながら時時なり」と語られる．道元の文章はきわめてわかりにくいが，ごく単純化して言えば，「時間は飛び去るものではなく，世界の全存在があらゆる時刻を現在とするように拡がっている」ということだろう．難解をもって知られる『正法眼蔵』の中でも「有時」は特に理解が困難だとされ，その解釈を巡って仏教学者・哲学者の間で紛糾しているようだが，相対論的な時空概念を援用すれば，意外にすんなりと読み解けるように思われる．

第 4 章

相対論的力学

§4-1 相対論的な運動学

§4-1-1 速度の変換則

相対論を認める立場からすると，4次元時空内部で回転しても物理法則の形式は変わらないはずであり，あらゆる物理学理論はローレンツ対称性の要請を満たす必要がある．当然のことながら，物体の運動に関する力学理論も，ローレンツ共変でなければならない．しかし，ニュートン力学はローレンツ共変ではない．§1-4 で示したように，力が物体の相対的な位置だけに依存する場合，等速度運動する座標系に移った際にニュートンの運動方程式を不変に保つのはガリレイ変換であって，ローレンツ変換ではない．相対論を認めるならば，ニュートンの運動方程式を改めて，ローレンツ共変な運動方程式を考えなければならない．

話を簡単にするため，時間1次元・空間1次元の2次元の世界における粒子の運動を考えることにしよう．ニュートン力学では，物体の運動を表すのに，位置 x，位置座標を時間 t で微分した速度 $v = dx/dt$，速度を時間で微分した加速度 $a = dv/dt$ を用いる．しかし，速度や加速度を使ってローレンツ共変となる方程式を構成するのは，困難である．このことを実感していただくために，速度の変換に関する次の【練習問題10】を解いていただきたい．

なお，これ以降の計算では，ローレンツ因子（第2章 (2.11) 式）と同じ形の式を繰り返し用いるので，$\gamma(v)$ を v の一般的な関数として次のように定義しておく．

$$\gamma(v) \equiv \frac{1}{\sqrt{1-(v/c)^2}} \tag{4.1}$$

練習問題 ❿
Exercise 10

2次元ミンコフスキー時空における2つの慣性系 K と K′ があり，K 系に対する K′ 系の相対速度が一定値 V だとする．K′ 系で物体が（必ずしも一定でない）速度 v' で運動している場合，この物体の K 系での速度 v はどうなるか？

解答
Solution

ミンコフスキー時空における座標系の並進（原点の移動）は速度を変えないので，K 系と K′ 系は原点を共有し，物体の軌跡は原点を通ると仮定しても，一般性は失われない．

まず，v' が一定の場合を考えよう．このとき，K′ 系で時刻 t' における物体の位置 x' は，

$$x' = v't' \tag{4.2}$$

と書ける．ローレンツ変換の標準形（第2章 (2.35) 式）は，

$$\begin{aligned} x' &= \gamma(V)(x - Vt) \\ t' &= \gamma(V)\left(t - \frac{V}{c^2}x\right) \end{aligned} \tag{4.3}$$

と与えられており，これを (4.2) 式に代入して変形すれば，

$$x = \frac{v' + V}{1 + Vv'/c^2} t \tag{4.4}$$

となるので，K 系で見たときの速度 v の式として，

$$v = \frac{v' + V}{1 + Vv'/c^2} \tag{4.5}$$

を得る．

(4.4) 式は v' が一定だとして求めたものだが，原点からの微小な変位を $\Delta x, \Delta t, \Delta x', \Delta t'$ として，(4.4)〜(4.5) 式の x, t, x', t' をこれらで置き換え，

$$v = \lim_{\Delta t \to 0} \frac{\Delta x}{\Delta t}$$

という極限を取れば，速度が一定でない場合でも，原点近傍の瞬間的な速度を表す式として (4.5) 式が成り立つことがわかる．座標系の並進によって原点は任意の場所に移すことができるので，(4.5) 式は一般的な速度の変換を表す．

(4.5) 式を使うと，例えば，「地球から見て速度 V で動く宇宙船から相対速度 v' で射出された物体は，地球から見るとどんな速度で動いているか？」という問いに対する答えが得られる．宇宙船の速度 V と物体を射出する速度 v' がともに光速の 90 % だとしても，(4.5) 式に $V = v' = 0.9c$ と代入して計算すると $v = 0.994c$ となり，地球から見たときの物体の速度は光速を超えない．

速度の変換則 (4.5) の右辺は v' の 1 次式ではなく，他の慣性系に移ると速度は非線形に変換される．加速度の変換則を求めるのは少し難しいので，計算が得意な読者のための発展問題としておくが，加速度の変換が速度よりもさらに複雑になることは，容易に想像できるだろう．

発展問題 ❹
Advanced Exercise 4

2 次元ミンコフスキー時空における加速度の変換則を求めよ．

座標や丸括弧だけを使って書いていると混乱しやすいので，K 系と K′ 系における粒子の軌跡を，それぞれ $x = f[t]$ および $x' = g[t']$ と表し，f と g を引数で微分した導関数は，上にドットを付けて表記する．$x' = g[t']$ の両辺に (4.3) 式の座標変換を適用すると，次式を得る（$\gamma(V)$ は定数なので，引数を示さずに単に γ と書いた）．

$$\gamma(f[t] - Vt) = g\left[\gamma\left(t - \frac{V}{c^2}f[t]\right)\right] \tag{4.6}$$

(4.6) 式の両辺を t で微分すれば，

$$\gamma\left(\dot{f}[t] - V\right) = \dot{g}[t']\gamma\left(1 - \frac{V}{c^2}\dot{f}[t]\right) \tag{4.7}$$

となるので，

$$\dot{f}[t] \equiv v, \quad \dot{g}[t'] \equiv v'$$

と置いて整理すれば，速度の変換則 (4.5) を得る．

(4.7) 式をもう一度 t で微分すると，

$$\gamma \ddot{f}[t] = \ddot{g}[t'] \gamma^2 \left(1 - \frac{V}{c^2} \dot{f}[t]\right)^2 + \dot{g}[t'] \gamma \left(-\frac{V}{c^2} \ddot{f}[t]\right)$$

となるので，これを整理すれば，K 系と K′ 系の加速度 a と a' の間の関係式として，

$$a' = \frac{a}{\gamma^3 \left(1 - \frac{Vv}{c^2}\right)^3}$$

を得る．右辺には K 系の加速度 a だけでなく速度 v が含まれているため，加速度の変換は，かなり複雑である． ■

　速度や加速度の変換則が複雑な形をしていることから，これらの量をそのままの形で含んでいるような方程式がローレンツ共変になるとは考えにくい．相対論的な運動方程式では，座標変換に対する応答がもっと扱いやすい物理量が使われるはずである．

§4-1-2　世界線と固有時

　引き続き，時間 1 次元・空間 1 次元の 2 次元ミンコフスキー時空で考え，時間座標は，空間座標と同じ単位を持つように，t に光速 c を乗じた $\tau\,(=ct)$ で表すことにしよう．運動する粒子の軌跡は，ミンコフスキー時空内部では 1 本の線で表される．物理学者は，この線のことを，(少し大仰な言い回しだが) **世界線** と呼んでいる．人間を近似的に粒子と見なせば，ある個人がどのように世界を動き回ったかは，誕生に始まり死で終わる 1 本の世界線で表される．第 3 章で説明したように，相対論の世界では時間は流れない．したがって，相対論における粒子の運動は，力を受けて粒子が位置を変えていくというダイナミックな過程ではなく，時空内部に延びる世界線がどのような形になるかという幾何学的な問題に還元される．

　ミンコフスキー時空を取り扱う前に，良く知られたユークリッド空間の幾何学を考えてみよう．2 次元ユークリッド空間——すなわち平面——の幾何学では，微小距離だけ進んだときに線がどのように曲がるかによって，線の形を表すことができる．x および y 座標で表される平面上の曲線の場合，ある起点から計った曲線の弧長を σ とすると，座標 x と y を σ の関数として与えることで曲線が決定されるが，この関数が滑らかならば，

σ による座標の 2 階微分として曲率が定義される．例えば，xy 平面における半径 r の円周上の座標は，弧長 σ を使って次のように表せる．

$$x = r\cos\frac{\sigma}{r} + x_0, \quad y = r\sin\frac{\sigma}{r} + y_0$$

したがって，曲率の大きさは，

$$\sqrt{\left(\frac{d^2x}{d\sigma^2}\right)^2 + \left(\frac{d^2y}{d\sigma^2}\right)^2} = \sqrt{\left(\frac{1}{r}\cos\frac{\sigma}{r}\right)^2 + \left(\frac{1}{r}\sin\frac{\sigma}{r}\right)^2} = \frac{1}{r}$$

と求められる．半径 r の円を定義するのに，「線上のどの点も中心までの距離が一定値 r である」といった大域的な見方の代わりに，「どの部分でも曲率が一定値 $1/r$ になる」という局所的な性質を使うこともできる．ユークリッド幾何学で曲線の局所的な性質を表すのが曲率の式であるのと同じように，相対論的力学の場合，世界線の局所的な性質を決定するのが，運動方程式である．

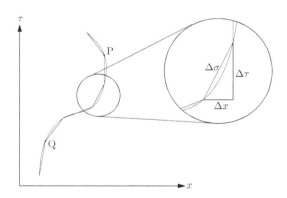

図 4.1 折れ線による世界線の近似

まず，ミンコフスキー時空で曲線の弧長に相当する量を求めよう．世界線上の 2 点 P と Q の間をいくつもの微小な部分に分割し，それぞれの部分を線分に置き換えた折れ線で世界線を近似的に表す（【図 4.1】）．このとき，線分の長さを，両端間の距離関数（第 3 章 (3.7) 式の ρ を使えば $\sqrt{|\rho|}$）で定義しよう．両端間の τ 座標の差を $\Delta\tau$，x 座標の差を Δx とすると，線分の長さ $\Delta\sigma$ は，

$$\Delta\sigma = \sqrt{\left|(\Delta x)^2 - (\Delta\tau)^2\right|} \tag{4.8}$$

で与えられる．(4.8) 式右辺の Δx と $\Delta \tau$ は座標系に依存するが，(§3-2-2 で論じたように) 距離関数はローレンツ変換に対して不変に保たれるため，左辺の $\Delta \sigma$ はどの座標系でも同じ値になる．ここで，$\Delta \tau$, Δx が小さくなるように分割を細かくしていけば，線分の長さの総和を積分に置き換えることができる．

$$\sum \Delta \sigma \to \int_Q^P d\sigma \equiv \sigma \tag{4.9}$$

(4.9) 式によって，点 Q から点 P に至る世界線の弧長 σ が与えられ，その値は座標系によらない．点 Q を弧長 σ の起点とすれば，点 P の座標は弧長 σ の関数として表される．

ただし，ここで重大な問題がある．(4.8) 式に絶対値記号が現れることからわかるように，途中で $|\Delta \tau|$ と $|\Delta x|$ の大小関係が変わると，「σ で微分する」といった解析的な議論ができなくなる．粒子の運動のような力学的な過程は解析的な物理法則に支配され，微分可能な関数によって記述されるというのが物理学の基本的な考え方なので，こうした事態が起きては困る．このため，粒子の軌跡を表す世界線上の任意の 2 点は，全て $|\Delta \tau| > |\Delta x|$ (§3-2-1 の用語を使えば「時間的に離れている」) または $|\Delta \tau| < |\Delta x|$ (同じく「空間的に離れている」) のいずれかであり，途中で大小関係が変化しないと要請する必要がある．これは，τx 平面で言えば「世界線の傾きが 45°にならない」，速度を使って運動を表すならば「粒子の速度が光速を経て変化しない」ことを意味する．実際，§4-2-1 で導く運動方程式によれば，初めに光速以下の速度で運動していた粒子をどのように加速しても光速は超えられないことが示される．これだけの議論では，常に超光速で運動する粒子の存在を否定できないが，§4-3-6 で示すように，こうした粒子が存在すると，「原因は結果よりも時間的に先行する」という因果律が破れてしまうので，ほとんどの物理学者は，超光速の粒子は存在しないと考えている．そこで，本章では，(常に光速で運動する粒子を取り上げる §4-3-5 まで) 粒子は常に光速未満で運動し，世界線の傾きは 45°より大きくなるものとして話を進めたい．

世界線上の任意の 2 点が時間的に離れている場合，(4.8) 式で $|\Delta \tau|$ と $|\Delta x|$ を小さくする極限を取ることで，世界線上の点 P の座標に関する次の関係式が導ける．

$$d\sigma = \sqrt{1 - (v/c)^2} d\tau \tag{4.10}$$

ただし，$v \equiv c(dx/d\tau)$ は，この世界線によって運動が表される粒子の点 P における (与えられた慣性系での) 速度である．

(4.10) 式の意味をもう少し考えてみよう．粒子の速度が v になる瞬間に粒子と同じ速度で運動する慣性系に移ると，新たな座標を用いた粒子の速度は (この瞬間には) 0 な

ので，弧長の微小変化 $d\sigma$ は時間の微小変化 $d\tau$ と等しい．したがって，弧長の微小変化は，粒子と同じ速度で運動する時計によって計られる微小な経過時間と一致する．粒子の速度が刻々と変化する場合でも，各瞬間に粒子と同じ速度で運動する慣性系を考えれば，同じことが言えるので，世界線の弧長 σ は，粒子とともに運動する時計で計った経過時間そのものであることがわかる．このような時間は，その粒子にとっての時間という意味で，**固有時**と呼ばれる．そこで，ここからは，σ を（世界線の弧長ではなく）固有時と呼ぶことにしよう．

(4.10) 式からわかるように，ある慣性系で時計が運動しているとき，時計が示す固有時の経過時間 $d\sigma$ は，その慣性系での時間座標の間隔 $d\tau$ よりも短い．端的に言えば，「運動する時計は遅れる」ことになる．運動する時計が実際に遅れることは，現在では，原子振動を利用する高精度の原子時計を用いて直接確かめられている．例えば，2010 年に米国立標準技術研究所で行われた実験では，2 個のアルミニウムイオンのうち 1 個を（実験室に対して）静止させ，もう 1 個を電場によって秒速数十 m 程度で運動させたところ，後者の原子振動の周期は前者よりも (4.10) 式で示される通りの遅れを示した（*Science* 329(2010)p.1630）．こうした実験はすでに数多く行われており，「運動する時計が遅れる」ことは，疑い得ない実験事実として認められている．

§4-1-3 相対論的な速度・加速度

運動する粒子の座標 τ と x を，固有時 σ の関数として扱うことにしよう（これは，世界線上の点 P の座標を，弧長 σ を媒介変数として表すことに相当する）．τ と x を σ で微分した量を，それぞれ u_0, u_1 と置けば，粒子の速度が v となる慣性系での u_0, u_1 は，(4.1) 式と (4.10) 式を使って，

$$u_0 \equiv \frac{d\tau}{d\sigma} = \gamma(v), \quad u_1 \equiv \frac{dx}{d\sigma} = \frac{v}{c}\gamma(v) \tag{4.11}$$

と与えられ，両者の間に，

$$u_0^2 - u_1^2 = 1 \tag{4.12}$$

という関係式が成り立つことがわかる．

粒子の速度 v が光速 c に比べて充分に小さい場合，$\gamma \approx 1$ なので u_1 は $v \times (1/c)$ とほぼ等しく，光速を基準とした速度と見なすこともできる．しかし，相対論では，u_1 だけを単独で取り出しても意味がない．第 3 章で論じたように，相対論の基礎にあるのは，時間と空間が一体になってミンコフスキー時空を構成しているという考え方であり，時間座標を σ で微分した u_0 と，空間座標を σ で微分した u_1 は，常にワンセットと見なすべきなのである．故に，**相対論的速度**としては，u_0 と u_1 を併せたものを考えなけれ

§4-1 相対論的な運動学

ばならない.

座標が τ と x で表される慣性系 K に対して相対速度 V で運動する（K 系と原点を共有する）慣性系 K$'$ への座標変換を行ったとき，2 次元ミンコフスキー時空では，τ と x はローレンツ変換の標準形 (3.1) 式に従って変換されるが，σ は変化しない. したがって，u_0 と u_1 も，ローレンツ変換の標準形と同じ形をした次の変換則に従うことがわかる.

$$u_0' = \gamma(V)\left(u_0 - \frac{V}{c}u_1\right), \quad u_1' = \gamma(V)\left(u_1 - \frac{V}{c}u_0\right)$$

（§2-2-3 に倣って）座標などの量を縦に並べて書くベクトル表記を用いることにしよう. このとき，2 次元ミンコフスキー時空における K 系から K$'$ 系へのローレンツ変換の変換行列 $\Lambda(V)$ は，次式で与えられる（これは，第 2 章 (2.36) 式から，時間と x 座標に関する 2 次元の部分を抜き出したものに等しい）.

$$\Lambda(V) \equiv \gamma(V)\begin{pmatrix} 1 & -\dfrac{V}{c} \\ -\dfrac{V}{c} & 1 \end{pmatrix} \tag{4.13}$$

$\Lambda(V)$ を使えば，τ と x，u_0 と u_1 をそれぞれ縦に並べたベクトルのローレンツ変換は，次のように表される.

$$\begin{pmatrix} \tau' \\ x' \end{pmatrix} = \Lambda(V)\begin{pmatrix} \tau \\ x \end{pmatrix}, \quad \begin{pmatrix} u_0' \\ u_1' \end{pmatrix} = \Lambda(V)\begin{pmatrix} u_0 \\ u_1 \end{pmatrix} \tag{4.14}$$

ニュートン力学と同じ定義を用いた速度の変換則 (4.5) と比較すると，(4.14) 式のシンプルさがはっきりするだろう.

さらに，u_0 と u_1 をもう一度 σ で微分した量を考えよう.

$$\begin{aligned} \alpha_0 &\equiv \frac{du_0}{d\sigma} = \frac{1}{c}\gamma(v)\frac{d}{dt}\{\gamma(v)\} \\ \alpha_1 &\equiv \frac{du_1}{d\sigma} = \frac{1}{c}\gamma(v)\frac{d}{dt}\left\{\frac{v}{c}\gamma(v)\right\} \end{aligned} \tag{4.15}$$

σ はローレンツ変換の不変量なので，α_0 と α_1 が (4.14) 式と同じ形をした次の変換則に従うことは明らかである.

$$\begin{pmatrix} \alpha_0' \\ \alpha_1' \end{pmatrix} = \Lambda(V)\begin{pmatrix} \alpha_0 \\ \alpha_1 \end{pmatrix} \tag{4.16}$$

また，(4.12) 式を σ で微分して (4.11) 式を適用すれば，直ちに，

$$\alpha_0 = \frac{v}{c}\alpha_1 \tag{4.17}$$

が得られる．

$v \ll c$ のとき，α_1 は近似的に粒子の加速度を c^2 で割ったものに等しい．そこで，速度のときと同じ議論に基づき，α_0 と α_1 をワンセットにして，**相対論的加速度**と呼ぶことにしよう．この相対論的加速度を使って運動方程式を書き下すことが，次の課題となる．

ここで参考になるのが，第 1 章【練習問題 2】で論じた空間座標の回転のケースである．この練習問題では，真空中に複数の粒子が浮かび，互いにニュートンの重力法則に従って重力を及ぼしあうとき，運動方程式が空間回転に対して共変になることを示したが，この共変性は，運動方程式の両辺に現れる力と加速度の変換が，どちらも，空間座標の回転を表す変換行列 Λ を乗じた形になることから導かれた．ミンコフスキー時空での回転であるローレンツ変換の場合も，同じように運動方程式の両辺に変換行列を乗じる形で変換されるならば，共変性が直ちに示される．これを導きの糸として，相対論的な運動方程式を考えることにしよう．

§4-2 相対論的な運動方程式

§4-2-1 運動方程式の導出

ニュートンの運動方程式は，「力 = 質量 × 加速度」という形式をしているので，相対論的な運動方程式も，これと似た形になるだろう．ただし，2 次元ミンコフスキー時空での相対論的な加速度は 2 成分のベクトルとなるので，相対論的な力も，F_0 と F_1 の 2 成分から成るベクトルだと考えるのが自然である．したがって，運動方程式は，次の形になるはずである．

$$\begin{pmatrix} F_0 \\ F_1 \end{pmatrix} = m \begin{pmatrix} \alpha_0 \\ \alpha_1 \end{pmatrix} \tag{4.18}$$

この運動方程式が相対論的であるためには，次の要請を満たす必要がある．

要請 ① ：運動方程式はローレンツ共変である（すなわち，どの慣性系でも (4.18) 式と同じ形式になる）．

この要請により，相対論的な力は，相対論的速度や相対論的加速度と同様に，

$$\begin{pmatrix} F_0' \\ F_1' \end{pmatrix} = \Lambda(V) \begin{pmatrix} F_0 \\ F_1 \end{pmatrix}$$

§4-2 相対論的な運動方程式

という変換則に従わなければならない．

運動方程式が (4.18) 式になることを認めたとしても，これだけでは，相対論的な力がニュートン力学の計算で用いる力（ローレンツ力や重力）とどのような関係にあるかを決められない．そこで，「ニュートン力学は，物体の運動速度が光速に比べて充分に小さい極限では正確だ」という経験則に基づいて，さらに次の要請 ② を置くことにする．

要請 ②：物体の運動速度が小さい極限では，相対論的な運動方程式 (4.18) は，ニュートンの運動方程式と一致する（このことは，物体の速度が 0 ならば，ニュートン力学の議論がそのまま適用できることを含意する）．

要請 ② を具体的な式で表すために，ある瞬間に粒子の速度が 0 になる慣性系 K' を考え，この瞬間の相対論的加速度を求める．これまでと同様に，K' 系の量はダッシュを付けて表すことにすれば，(4.15) 第 2 式より

$$\alpha'_1 = \left[\frac{1}{c}\gamma(v')\frac{d}{dt'}\left\{\gamma(v')\frac{v'}{c}\right\}\right]_{v'=0} = \frac{1}{c^2}\frac{dv'}{dt'}$$

を得る．これより，$mc^2\alpha'_1$ は，粒子の速度が 0 のとき「質量×加速度」となるので，ニュートンの運動方程式に現れる力——簡単にニュートン力と呼ぶことにしよう——と一致する．この力を f と書けば，要請 ② より，$F'_1 = f/c^2$ となる．

一方，(4.17) 式より，

$$\alpha'_0 = \left[\frac{v'}{c}\alpha'_1\right]_{v'=0} = 0$$

となるので，$F'_0 = 0$ が得られる．

K' 系での相対論的な力の式が得られたので，（粒子の速度が 0 ではない）K 系に移ることにしよう．K' 系で粒子の速度が 0 となる瞬間には，K 系の空間座標で見ると粒子と K' 系に同じ速度で動いているので，このときの粒子の速度を v とすれば，K' 系から K 系への変換行列は，(4.13) 式で $V = -v$ と置いたものである．したがって，

$$\begin{pmatrix} F_0 \\ F_1 \end{pmatrix} = \Lambda(-v)\begin{pmatrix} F'_0 \\ F'_1 \end{pmatrix} = \gamma(v)\begin{pmatrix} 1 & +\dfrac{v}{c} \\ +\dfrac{v}{c} & 1 \end{pmatrix}\begin{pmatrix} F'_0 \\ F'_1 \end{pmatrix}$$

となる．$F'_0 = 0$，$F'_1 = f/c^2$ を代入すれば，ニュートン力 f と相対論的な力を結びつける関係式として，

$$F_0 = \gamma(v)\frac{vf}{c^3}, \quad F_1 = \gamma(v)\frac{f}{c^2} \tag{4.19}$$

が得られる．右辺に現れる f は，その瞬間に粒子とともに運動する慣性系でのニュートン力であり，粒子の速度が刻々と変化する場合には，それぞれの時刻ごとに別々の慣性系で定義される．(4.19) 式を相対論的運動方程式 (4.18) に代入し，(4.15) 式を使って整理すれば，次の 2 つの式を得る．

$$vf = \frac{d}{dt}\left\{mc^2\gamma(v)\right\} \tag{4.20}$$

$$f = \frac{d}{dt}\left\{m\gamma(v)v\right\} \tag{4.21}$$

2 つの式と言ったが，相対論的加速度の 2 成分に (4.17) 式などの関係式があることから予想されるように，(4.20) 式と (4.21) 式は独立ではなく，一方から他方を導くことができる（気になる読者は，(4.1) 式で与えた $\gamma(v)$ の具体的な形を使って，確認するように）．

(4.21) 式は，式の上では，ニュートンの運動方程式に相対論的な補正項 $\gamma(v)$ を加えた形になっている．本来の相対論的運動方程式はベクトルを用いて表記した (4.18) 式だが，実際の計算はニュートン力を使って行うことが多いので，(4.21) 式の方が実用的であり，この式を相対論的な運動方程式と呼ぶ場合もある．

(4.21) 式を積分形に書き直して両辺の絶対値を取り，良く知られた積分の公式を使って書き直すと，次式を得る．

$$m\gamma(v)|v| = \left|\int_{t_0}^{t} f dt\right| \leqq \int_{t_0}^{t} |f|\, dt$$

粒子の運動速度 v が光速 c に近づくと，左辺の $\gamma(v)$ が $+\infty$ に発散するので，ニュートン力 f の大きさが有限ならば，有限の時間で粒子が光速まで加速されることはない．

§4-2-2 等加速度運動★

相対論的な運動の例として，等加速度運動の相対論版—すなわち，粒子が静止している慣性系での加速度が常に一定値になるような運動—を考えてみよう．(4.21) 式を用いて，次の発展問題を解いていただきたい．

無重力空間でロケット噴射によって加速している宇宙船がある．宇宙船搭乗員が感じる見かけの重力加速度が常に一定値 a である場合，無重力空間で見たときの宇宙船の運動を求めよ（燃料減少分の質量変化は考慮しなくて良い）．

§4-2 相対論的な運動方程式

解答のヒント
Solution Hints

宇宙船に固定した座標系は（加速しているので）慣性系ではないが，各瞬間ごとに宇宙船と同じ速度で運動する慣性系を考えることができる．この慣性系では宇宙船の速度が 0 なので，要請 ② でコメントしたように，ニュートン力学の議論がそのまま成立する．ニュートン力学によれば，ロケットの推進力（ニュートン力）を f, ロケット全体の質量を m とすると，f/m がロケットの加速度となり，この加速度が，宇宙船の搭乗員が感じる見かけの重力加速度 a に等しい．したがって，解くべき方程式は，(4.21) 式の左辺で $f = ma$ と置いたものである．$t = 0$ で $v = 0$ という境界条件を採用して (4.21) 式を解けば，

$$\frac{v}{\sqrt{1-(v/c)^2}} = at$$

となる．これを v について解くと，

$$v = \frac{at}{\sqrt{1+\frac{a^2t^2}{c^2}}}$$

を得る．この式からわかるように，粒子の速度が 0 となる慣性系での加速度が常に一定値 a になるにもかかわらず，無重力空間での速度 v は光速 c を超えない．時間 t が大きくなるにつれて，v は下から c に漸近する．

v ($= dx/dt$) を t で積分すれば，(積分定数を別にして) 粒子の位置座標 x が得られる．

$$x = \int^t \frac{at}{\sqrt{1+\frac{a^2t^2}{c^2}}} dt = \frac{c^2}{2a}\int^{a^2t^2/c^2} \frac{d\xi}{\sqrt{1+\xi}} = \frac{c^2}{a}\sqrt{1+\frac{a^2t^2}{c^2}}$$

この式から，時間が充分に経過した後では，x の値は ct に漸近することがわかる． ■

τx 平面で等加速度運動する粒子の軌跡を描くと，【図 4.2】のようになる．この図で興味深いのは，時間が充分に経過した後で粒子が描く軌跡の漸近線（ここでは，$x = \tau$ ($= ct$) になるように x 軸の原点を調整してある）が，いわゆる「情報の地平線」となることである．$x < \tau$ の領域から発せられた光は，この地平線を越えられず，決して等加速度運動する粒子に到達することはない．加速しながら逃げていくため，光ですら追

いつけないのである．このため，等加速度運動する粒子には，$x < \tau$ での事象に関する情報は得られない．ただし，この地平線は，空間に無限大の歪みがあるような特異点ではない．通常のミンコフスキー時空の内部に，加速度運動する観測者から見て「その彼方からの情報が入ってこない限界領域」が現れるだけである．この地平線は，言うなれば一方通行の関所であり，向こう側からの光が粒子に到達することはないが，逆に，粒子から放出された光は，何の影響も受けずに地平線を横切っていく．

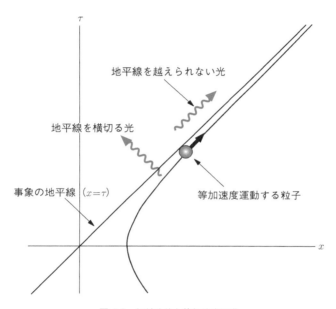

図 4.2 相対論的な等加速度運動

これと良く似た現象は，第 2 部第 9 章で紹介するブラックホールでも見られる．巨大な質量を持つ天体であるブラックホールの周囲には，シュヴァルツシルト面と呼ばれる境界が形成され，ブラックホールの外側から光をこの境界面の内側に送り込むことは難なくできるが，内側からシュヴァルツシルト面を越えて光が飛び出してくることはない．実は，等加速度運動をする観測者にとっての地平線と，ブラックホールの周囲に形成されるシュヴァルツシルト面は，物理的には同じものなのである．このことは，第 9 章で説明する．

§4-3 力学的保存則

相対論的力学を実際に応用する場合，運動方程式を使って解くケースは意外と少なく，さまざまな力学的保存則を利用して結果を導くことが多い．ここでは，運動方程式から導かれる保存則として，特に重要な運動量とエネルギーの保存則を取り上げる．

§4-3-1 運動量の保存則

$$p = mv\gamma(v) \tag{4.22}$$

と置いて，(4.21) 式を積分形に書き直すと，次式を得る．

$$\int_{t_1}^{t_2} f dt = \Delta p \tag{4.23}$$

ただし，右辺の Δp は，時刻 t_1 から t_2 までの間の p の変化を表す．(4.23) 式左辺は，ニュートン力を時間で積分したものなので力積を表すが，ニュートン力学では力積は運動量の変化に等しいので，(4.23) 式右辺は，運動量の変化を相対論に拡張したものと見なせる．したがって，(4.22) 式が**相対論的運動量** p の定義だと解釈するのが自然である．この定義によれば，相対論的な運動量は，ニュートン力学の運動量 mv に $\gamma(v)$ が掛かった形になる．

ニュートン力学では，作用・反作用の法則が仮定されているので，無重力空間で孤立した粒子が合体・分裂・衝突をする場合，相互作用しあう粒子双方が受ける力積は，大きさが等しく符号が逆になり，合体・分裂・衝突の過程を通じて運動量の総和（全運動量）は一定に保たれる．しかし，相対論的力学では，事はそう単純ではない．粒子が原子から構成されているならば，粒子間に働く力は電子や原子核の間の電気的な相互作用に起因しており，電磁場の変動が伝わるための時間が必要なため，ある瞬間に粒子の双方に働く力が同じ大きさになるとは言えないからである（ニュートン力学に相互作用の伝播過程が含まれていない点については，第 1 章末尾の議論を参照のこと）．

しかし，実際には，粒子の合体・分裂・衝突過程の前後で全運動量は保存される．これは，運動量の保存則が，本来，運動方程式から導かれるものではなく，物理法則の空間並進対称性——空間方向に座標系を並進させても物理法則が変わらないこと——に由来する原理的な保存則だからである．空間並進対称性の一般的な議論は，本書のレベルを超えるので，ここでは，「外部から力が働かない孤立した粒子が相互作用する過程では，一般に粒子の全運動量が保存される」とだけ言っておく．

§4-3-2 エネルギーの保存

(4.20) 式の左辺を t_1 から t_2 まで時間 t で積分し，積分変数を t から x に変更する

と，次式を得る．

$$\int_{t_1}^{t_2} vf\,dt = \int_{t_1}^{t_2} f\left(\frac{dx}{dt}\right)dt = \int_{x_1}^{x_2} f\,dx$$

ただし，x_1 と x_2 は，時刻が t_1 と t_2 のときの粒子の位置を表す．最後の積分は，粒子に加わる力 f を粒子が運動する経路に沿って x_1 から x_2 まで積分したもので，粒子に対してなされる力学的な仕事を表す．ニュートン力学では，粒子に対して加えられる仕事は，運動する粒子が持つエネルギーの変化量に等しい．したがって，(4.20) 式の右辺を時間の同じ区間で積分したものは，粒子のエネルギーを相対論に拡張したものが t_1 から t_2 までの間にどれだけ変化したかを表すはずである．このことを認めるならば，質量 m，速度 v の粒子が持つ**相対論的エネルギー** E として，次式を得る．

$$E = mc^2 \gamma(v) = \frac{mc^2}{\sqrt{1-(v/c)^2}} \tag{4.24}$$

運動量の場合と同じように，孤立した粒子の合体・分裂・衝突過程の前後で粒子が持つエネルギーの総和は一定になる．

「粒子の持つエネルギー」と言ったが，(4.24) 式は，外部と相互作用を行っていなければ，巨視的な物体にも適用できると考えられる．この場合，mc^2 は，物体を静止させたときに内部に含まれる全エネルギー——いわゆる**静止エネルギー**——と等しくなる．ただし，現実には，(熱放射や気体分子の吸着なども行わない) 完全に孤立した巨視的な物体を用意するのは難しいので，実際に (4.24) 式が適用されるのは，原子核や素粒子の反応などに限られる．

(4.22) 式と (4.24) 式から，エネルギー E と運動量 p は，次の関係式を満たすことがわかる．

$$E^2 - (pc)^2 = \left(mc^2\right)^2 \tag{4.25}$$

また，エネルギーと運動量は，相対論的速度を使って表せることを注意しておこう．

$$E = mc^2 \gamma(v) = mc^2 u_0, \quad p = m\gamma(v)v = mcu_1$$

(4.14) 式より，エネルギーと運動量は，ローレンツ変換に対して次のように変換される．

$$\begin{pmatrix} E' \\ p'c \end{pmatrix} = \Lambda(V) \begin{pmatrix} E \\ pc \end{pmatrix} \tag{4.26}$$

この式は，エネルギーと運動量（に c を乗じたもの）がワンセットになって，座標と同じように変換されることを意味する．詳しい説明はできないが，エネルギーと運動量は，それぞれ時間および空間の並進対称性と関係する量であり，その結果として，この 2 つがワンセットになる．

§4-3-3 エネルギーと質量の関係

速度 v が光速 c よりも充分に小さいとして (4.24) 式を展開すれば，

$$E = mc^2 + \frac{1}{2}mv^2 + \cdots \tag{4.27}$$

となる．(4.27) 式の第 2 項は，ニュートン力学の運動エネルギーに相当するが，相対論では，粒子が静止しているときにも，mc^2 という静止エネルギーが存在することが示される[10]．(定数である光速の 2 乗を別にして) 質量が内部エネルギーを表すという「**質量とエネルギーの等価性**」は，相対論の最も重要な帰結の 1 つであり，静止物体における関係式 $E = mc^2$ は，20 世紀科学革命の象徴的な式として一般にも知られている．しかし，物理学の初歩を勉強しただけの人は，この式の意味を正しく理解していない場合が多い．

最も大きな誤解は，質量を「物質の量」と解釈することである．相対論以前には，質量は加算的な保存量で，1 グラムの物質を 2 つくっつけると 2 グラムの物質になるのが当たり前だと考えられていた．しかし，現代物理学では，一般に質量保存則は成り立たない．相対論と量子論を結びつけて作られた場の量子論によると，あるタイプの素粒子には反粒子が存在する（このことに関しては，§5-3-2 で簡単に説明する）．例えば，電子に対しては，質量が等しく電荷が逆符号になる陽電子と呼ばれる反粒子の存在が知られている．電子と陽電子は質量が等しいが，この 2 つをくっつけると，いわゆる対消滅を起こし，通常は，光子のような質量のない素粒子が何個か生成される（質量を持つ素粒子が生成される場合もある）．素粒子反応では，このように質量は保存しないことの方が多い．しかし，反応の前後で素粒子が持つエネルギーの総和は変化しておらず，エネルギー保存則は成り立っている．質量を「物質の量」としてイメージすると，質量が保存しないことが不思議に感じられ，質量がエネルギーに変化したのかと錯覚するかもしれないが，質量とはすなわち内部に閉じ込められたエネルギーのことだと理解すれば，イメージがつかめるのではなかろうか．

現代物理学で基礎的な物理現象の担い手として想定されているのは，原子論で語られるような分割不能な粒子ではなく，エネルギーを獲得すると激しく振動する場である．

---

[10] かつては，粒子の質量 m に $\gamma(v)$ を乗じたものを相対論的な質量と定義する流儀もあったが，現在では，「質量はローレンツ変換に対する不変量」という考え方が一般的であり，ほとんどの物理学者はこの流儀を採用していない．

こうした場は，エネルギーを得て励起状態になると，あたかも粒子のように振る舞うことが知られている．この"あたかも粒子のようなもの"が，素粒子である．1970年代に確立された標準模型によると，陽子や中性子は3つのクォークが結合したものと見なされるが，素朴な原子論のように，陽子や中性子の質量がクォークの質量の和になるわけではない．統一原子質量単位 [u][11] で表すと，陽子・中性子・クォーク（u クォークと d クォークの2種類がある）の質量は，それぞれ次のようになる（クォークの質量は実験で直接測定するのが困難で，理論と組み合わせて推定しなければならないため，値に大きな幅がある）．

陽子 1.0073[u]
中性子 1.0085[u]
u クォーク 0.0018〜0.0033[u]
d クォーク 0.0044〜0.0061[u]

この数値からわかるように，陽子（2個の u クォークと1個の d クォークから成る）や中性子（1個の u クォークと2個の d クォークから成る）の質量は，構成要素となるクォークの質量の和よりもはるかに大きい．陽子・中性子の内部では，クォークを結合させるグルーオン場が激しく振動したり，クォークと反クォーク（クォークの反粒子）のペアが凝縮したりして，クォーク単体が集まったよりも巨大なエネルギーを生み出しているが，この内部エネルギーが，陽子・中性子の質量（に c^2 を乗じたもの）なのである．

原子核の質量も，原子核内部に閉じ込められているエネルギー（を c^2 で割ったもの）に等しい．ただし，原子核を構成する陽子・中性子を結びつける力は，クォーク同士を結合させる場が外に"染み出した"だけのものなので，原子核の質量は，陽子・中性子の質量の総和とほぼ等しい．このため，陽子や中性子を質量の基準とすると，質量保存則がほぼ成り立つように見えるが，これはあくまで近似的なものであり，原理的な物理法則ではない．原理に基づいて考えるならば，質量とは静止物体の内部に閉じ込められているエネルギーなのであり，総和が一定になるような物質の量たる質量など，そもそも存在しないのである．

この考え方は，重力についても当てはまる．ニュートンの重力理論では，重力を生み出すのは質量だとされていたが，第2部で示すように，一般相対論で重力源となるのは，エネルギー（正確に言うと，エネルギー運動量テンソル）であって質量ではない．ただし，天体が持つエネルギーのほぼ全ては原子の質量に由来しており，それ以外のエネルギー（熱エネルギーや自転・対流などによる運動エネルギー）はきわめてわずかな寄与

---

[11] 原子質量単位 [amu] と呼ばれることも多いが，原子質量単位には酸素16をもとにする流儀もあったので，誤解を避けるために，炭素12をもとにするものを統一原子質量単位と呼ぶ．

しかないため，天体の周囲に形成される重力場を計算するときに，後者を考慮する必要はない（中性子星やブラックホールなどの巨大な質量を持つ天体の場合，自転のエネルギーは重力場に多少の影響を与える）．

§4-3-4　核反応における質量とエネルギー

核崩壊や核分裂などの核反応は孤立した粒子の相互作用と見なせるので，エネルギーや運動量が保存される．実際の反応過程には，原子核の周囲にある電子のエネルギーも考慮しなければならないため，厳密な結果を導くのは難しいが，近似的な計算なら初等的な議論だけで可能である．次の【練習問題 11】を考えていただきたい．

《《 **練習問題 ⓫** 》》
Exercise 11

粒子の分裂に関する次の質問に答えよ．
(1) 真空中で静止していた質量 M の粒子が，質量 m_1 と m_2 の 2 つの粒子に分裂したとする．分裂の前後でエネルギーと運動量が保存されるとして，分裂後の 2 つの粒子が持つエネルギーを求めよ．
(2) プルトニウム 249 は，半減期 2 万 4100 年でアルファ崩壊を起こし，アルファ粒子（ヘリウム 4 の原子核）を放出してウラン 235 に変わる．最初にプルトニウム原子が静止していたとして，放出されるアルファ粒子のニュートン力学における運動エネルギー（(4.27) 式の第 2 項）を MeV 単位で有効数字 2 桁まで計算せよ．ただし，各粒子の質量としては，以下の値を用いて良いものとする [12]．

　　プルトニウム 239　　239.0521634[u]
　　ウラン 235　　　　　235.0439299[u]
　　ヘリウム 4　　　　　4.002602[u]

なお，MeV は原子核や素粒子の分野で用いられるエネルギーの単位で，1[u]$\times c^2$ は 931.5[MeV] と等しい．

---

[12] ここに掲げたのは電気的に中性な原子の質量であり，厳密なことを言えば，2 価に帯電したヘリウム 4 の原子核が飛び出すアルファ崩壊の計算に適用するのは正しくない．だが，ヘリウム 4 の原子核と 2 個の電子の振る舞いを別々に考慮するとあまりに複雑になるので，"感じ" をつかむための近似的な計算として中性原子の質量を使うことにした．

解答 Solution

(1) 質量 m_1, m_2 の粒子が持つエネルギーと運動量を，それぞれ E_1 と p_1, E_2 と p_2 とする．分裂前の粒子は静止しており，運動量は 0 なので，運動量の保存則によって，$p_1 = -p_2$ となる．したがって，(4.25) 式から，

$$E_1^2 - \left(m_1 c^2\right)^2 = E_2^2 - \left(m_2 c^2\right)^2 \tag{4.28}$$

が得られる．一方，エネルギー保存則は，

$$Mc^2 = E_1 + E_2 \tag{4.29}$$

となる．(4.28) 式と (4.29) 式を連立させれば，直ちに

$$E_1 = \frac{M^2 - m_2^2 + m_1^2}{2M} c^2, \quad E_2 = \frac{M^2 + m_2^2 - m_1^2}{2M} c^2$$

を得る（まず (4.28) 式と (4.29) 式から $E_1 - E_2$ を求めると，簡単に計算できる）．

(2) 問題文にあるアルファ崩壊は，陽子 94 個，中性子 145 個から成るプルトニウム 239 の内部から，陽子 2 個，中性子 2 個が一塊りの粒子（アルファ粒子，ヘリウム 4 原子核）となって飛び出し，陽子 92 個，中性子 143 個のウラン 235 が残される過程である．

アルファ粒子に関する量に添字 1 を付けることにする．アルファ粒子が持つエネルギーに相当する質量を原子質量単位で表すと，

$$E_1/c^2\,[\mathrm{u}] = \frac{239.0521634^2 - 235.0439299^2 + 4.002602^2}{2 \times 239.0521634} = 4.008139\,[\mathrm{u}]$$

となる（続けて行う計算で桁落ちが起きるので，この段階では，できるだけ正確に数値を求めておく必要がある）．(4.24) 式より，E_1 と $m_1 c^2$ の比は，アルファ粒子の速度を v_1 としたときの $\gamma(v_1)$ に等しいので，

$$\gamma(v_1) = \frac{1}{\sqrt{1 - (v_1/c)^2}} = \frac{4.008139}{4.002602} = 1.001383$$

となり，これから，v_1 は光速の 5 % 程度と求められる．この速度は，日常的な運動と比べるとはるかに速いが，それでも，有効数字 2 桁の範囲では v_1/c

の 2 次以上の項を無視してもかまわない値なので，(4.27) 式の展開では，第 2 項まで考えれば充分である．したがって，アルファ粒子のニュートン力学における運動エネルギーとして，

$$E_1 - m_1 c^2 = (4.008139 - 4.002602)\,[\text{u}] \times c^2 = 0.005537\,[\text{u}] \times c^2$$

が得られる．問題文にある [u] と [MeV] の換算を行えば，アルファ粒子の持つ運動エネルギーとして，

$$0.005537\,[\text{u}] \times 931.5\,[\text{MeV/u}] = 5.158\,[\text{MeV}] \approx 5.2\,[\text{MeV}]$$

を得る．この値は，プルトニウム 239 から飛び出すアルファ粒子の観測値と一致しており，質量とエネルギーの等価性が実際に成り立っていることが示される． ∎

アルファ崩壊を起こす原子には，プルトニウム 239 の他，ラジウム 226，ラドン 222 などがあるが，これらから放出されるアルファ粒子のニュートン力学的な運動エネルギーは，いずれも数 MeV である．一方，燃焼のような化学反応の際の 1 モル当たりの放出エネルギーは数百 kJ で，分子 1 個当たりに直すと数十万分の 1MeV である．したがって，アルファ粒子の持つ運動エネルギーは，化学反応の際に分子間でやり取りされるエネルギーの百万倍にもなる．このように大きなエネルギーを持つアルファ粒子が生体細胞に当たると，染色体を傷つけガンの原因となるので，アルファ崩壊を起こす物質は，取り扱いに特に注意が必要である．

§4-3-5 光速で運動する粒子

ミンコフスキー時空においてローレンツ変換に対する不変量となるのは，2 点間の距離 $\Delta\sigma$（ないし，その関数）しかない（§3-2-1 参照）．粒子の運動の場合は，世界線に沿って微小距離を足しあわせた世界線の長さ σ が，粒子の軌跡を記述するのに使える唯一のローレンツ不変量である．ところが，(4.8) 式の定義で示されるように，$\Delta\sigma$ は，2 点が時間的に離れているか空間的に離れているかによって絶対値記号の中の符号が変化し，解析的な性質が変わる．したがって，物理現象がローレンツ対称性を持つという相対論の前提を認め，さらに，粒子の運動は解析的な式で表されるという一般的な仮定を採用するならば，粒子の速度が光速 c を経て変化する（すなわち，世界線上にある 2 点の間隔が空間的か時間的かが運動の途中で変わる）ことは許されない．最初に光速未満で運動していた粒子は，どんなに加速されても，決して光速に達することはないのである．しかし，常に光速で運動する，あるいは，常に超光速で運動する粒子の存在は，相

対論の範囲でも許される．ここでは，常に光速で運動する粒子について考えよう．

質量 m は粒子を静止させたときのエネルギーなので，常に光速で動き回り静止させることのできない粒子の場合，$m=0$ と置くのが自然である．速度 v が光速 c に等しいと置くと $\gamma(v)$ が発散するので，(4.22) 式の運動量や (4.24) 式のエネルギーは，そのままでは使えない（これらの式は運動方程式から導いたものだが，常に光速で運動する場合は加速度が定義できないので，そもそも運動方程式が成り立たない）．だが，$v \to c$ の極限を取るのと同時に $m \to 0$ とすれば，$m\gamma(v)$ は不定になるものの発散は避けられるはずである．このとき，(4.22) 式と (4.24) 式の比を取れば，

$$E = pc \tag{4.30}$$

を得る（この式は，(4.25) 式で $m=0$ と置いても得られる）．証明ではないものの，(4.30) 式は，光速で運動する粒子に関するエネルギーと運動量の一般的な関係と推測することができる．また，これを使えば，運動量保存則やエネルギー保存則も成り立つと期待できる．

推測や期待だけでは心許ないので，具体的な例を使って議論しよう．現在，実際に光速で飛び回る粒子として知られる唯一のものは，電磁場の素粒子（光子）である．かつては，ニュートリノも光速で運動すると考えられたが，現在では，ニュートリノは光速未満で運動している可能性が高いとされる．アインシュタインの**光量子仮説**によれば，振動数 ν の光は，エネルギー $h\nu$（h はプランク定数と呼ばれる物理定数）を持つ光子の集まりとして扱うことができる．一方，マクスウェル電磁気学によれば，エネルギー密度 u の平面電磁波が運ぶ単位体積当たりの運動量は，電磁波の進行方向に u/c となることが知られている（この関係は，大学レベルの電磁気学の教科書ならば，ポインティング・ベクトルに関する重要事項として，必ず書かれているはずである）．したがって，光量子仮説とマクスウェル電磁気学を両立させるためには，光子 1 個の運動量は $h\nu/c$ でなければならず，光子のエネルギーと運動量の関係が (4.30) 式と一致することがわかる．

ここで，光子との相互作用を含む過程でエネルギーや運動量の保存則がどうなっているかを見るために，【練習問題 12】を解いていただきたい．

真空中に質量 m の粒子が静止している．この粒子に，反対方向から飛来した振動数 ν の 2 つの光子が吸収されたとすると，空間を反転したときの対称

性によって，光子を吸収した後でも，粒子は静止したままである．光子吸収後の粒子の質量 m' は，エネルギー保存則から求められるものとする．この2光子吸収の過程を，光子が飛来する軸線と同じ方向に速度 V で運動する慣性系で記述する場合，光量子仮説とドップラー効果の公式（第2章 (2.43) 式）を採用すれば，2光子を吸収する前後でエネルギーと運動量の保存則が成り立つことを示せ（(4.30) 式と保存則の整合性のチェックである）．

解答 Solution

粒子が静止している慣性系を K 系とする．光子を吸収した後の質量を m' とすると，エネルギー保存則から，m' の値は次のようになる．

$$m' = m + 2h\nu/c^2 \tag{4.31}$$

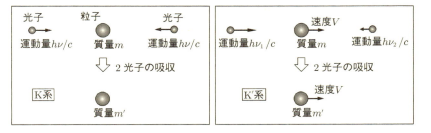

図 4.3 2 光子吸収の過程

次に，この過程を，K 系に対して速さ V で動く K′ 系から見ることにしよう（【図 4.3】）．このとき，粒子の運動速度は，吸収前も後も V である．光子の速度はどちらの慣性系で見ても光速だが，ドップラー効果によって振動数が変化する．ドップラー効果の公式を使うと，K′ 系における 2 つの光子の振動数 ν_1 と ν_2 に対して，それぞれ次の表式が得られる．

$$\nu_1 = \sqrt{\frac{1+V/c}{1-V/c}}\nu, \quad \nu_2 = \sqrt{\frac{1-V/c}{1+V/c}}\nu \tag{4.32}$$

なお，(4.32) 式は，K 系における光子のエネルギー $E = h\nu$，運動量

$p = h\nu/c$ を (4.26) 式に代入して K' 系での光子のエネルギー・運動量を計算し，そこから振動数を求めることによっても得られる．読者は，自分で確かめるように．

K' 系において光子を吸収する前後での粒子のエネルギーを E と E'，運動量を p と p' とすると，エネルギーと運動量の保存則は，次式で表される（この設問に限って，ダッシュは K' 系の量ではなく，光子吸収後の量を指す）．

$$E + h\nu_1 + h\nu_2 = E'$$
$$p + h\nu_1/c - h\nu_2/c = p' \qquad (4.33)$$

相対論的な運動量とエネルギーの式（(4.22) 式と (4.24) 式）を使って E，E'，p，p' を具体的に表し，これに (4.31) 式と (4.32) 式を当てはめれば，保存則を表す (4.33) 式が成り立っていることは容易に確かめられる． ■

【練習問題 12】のセットアップからは，保存則の成立とは別の面白い結論を引き出すこともできる．運動量とエネルギーの式（(4.22) 式と (4.24) 式）を仮定せず（したがって，(4.31) 式も使わず），光量子仮説とドップラー効果の公式だけを (4.33) 式に適用すると，光子吸収前後のエネルギーと運動量の差に関する次の関係式が求められる．

$$\Delta E = h(\nu_1 + \nu_2) = \frac{2h\nu}{\sqrt{1-(V/c)^2}} = h(\nu_1 - \nu_2)\frac{c}{V} = \Delta p c^2/V$$

ここで，V は自由に選べることから $V \to 0$ の極限を考えると，粒子の速度が 0 となってニュートン力学が適用できるので，

$$\lim_{V \to 0} p/V = m$$

と置ける．したがって，粒子が静止している慣性系で，

$$\Delta E = \Delta m c^2$$

という「（光子吸収の際の変化に関する）質量とエネルギーの等価性」が導かれる．この等価性は，相対論的エネルギーを表す (4.24) 式を仮定すれば直ちに得られるものだが，(4.24) 式は相対論的な運動方程式を積分して求めた関係式であり，核反応や素粒子反応のように運動方程式が使えないケースにも適用できるのか，自明ではなかった．しかし，ここでは，光量子仮説，ドップラー効果の公式，エネルギーおよび運動量の保存則だけ

を用いて導いたので，質量とエネルギーの等価性が，必ずしも運動方程式を前提としない一般的なものであることが示されたわけである．

§4-3-6 超光速運動とタキオン★

しばしば，相対論は超光速で運動する物体の存在を許さないと言われるが，これは正確ではない．正しくは，「速度が光速を横切るように変化することはない」というのが相対論の帰結であり，常に超光速で運動し続けるならば，相対論と矛盾することはない．このため，何人かの物理学者は，常に超光速で運動する仮想的な粒子を**タキオン**と呼び，その性質を研究してきた．

通常の物体の相対論的な運動方程式は，速度が光速より充分に小さいときにはニュートンの運動方程式と一致するという要請から導かれたが，速度を光速以下にすることのできないタキオンの場合，どのような運動方程式に従うか手がかりがない．このため，タキオンが存在すると何が起きるかについては，不明な点が多い．

しかし，もしタキオンがわれわれの知る物理現象に影響を及ぼし得るならば，多くの問題が派生する．最大の問題は，因果律の破れである．タキオンの世界線はミンコフスキー時空の τx 平面（タキオンが運動する向きを x 軸とする）で $45°$ 以下の傾きとなっており，世界線上の任意の2点は常に空間的に離れている．ところが，§3-1 で述べたように，空間的に離れた2点の先後関係は，慣性系の取り方によって逆転し，過去と未来が入れ替わる．したがって，ある慣性系から見て，過去にタキオンを放出し，未来に受け取ることで情報の送信をする場合，別の慣性系では，未来から過去に情報が送られることになる．これは，未来が過去に影響を与えることを意味し，原因は必ず結果に先立つという因果律と矛盾する．

因果律は，必ずしも否定し得ない物理学の大前提というわけではない．しかし，因果律が成り立っていないような物理現象は，われわれの周りでは見いだされていない．タキオンが存在して通常の物質と相互作用するならば，何らかの形で因果律の破れが起きるはずなので，タキオンは存在しないか，通常の物質とは全く相互作用をしないものと推測される．このため，一般的な物理学の定式化においては，タキオンの存在は無視されるのがふつうである[13]．

§4-4 4次元での定式化

ここまでは，時間1次元・空間1次元の2次元ミンコフスキー時空で考えてきた．しかし，現実の時空は，空間が3次元である．このため，ローレンツ変換の変換行列 $\Lambda(V)$

---

[13] 場の量子論でタキオン凝縮という現象について言及されることがあるが，これは，通常の場の相互作用とは異なって，特定の相互作用の係数が虚数になるケースを指しており，超光速で運動する粒子が存在するという意味ではない．

は，(4.13) 式のような 2 行 2 列ではなく，第 2 章 (2.36) 式のような 4 行 4 列になる．これに応じて，相対論的な速度・加速度・力は全て 4 成分となり，運動方程式 (4.18) と力・加速度の変換則（(4.16) 式など）は，次の形に拡張される．

$$\begin{pmatrix} F_0 \\ F_1 \\ F_2 \\ F_3 \end{pmatrix} = m \begin{pmatrix} \alpha_0 \\ \alpha_1 \\ \alpha_2 \\ \alpha_3 \end{pmatrix}$$
$$\begin{pmatrix} F_0' \\ F_1' \\ F_2' \\ F_3' \end{pmatrix} = \Lambda(V) \begin{pmatrix} F_0 \\ F_1 \\ F_2 \\ F_3 \end{pmatrix} \quad (4.34)$$
$$\begin{pmatrix} \alpha_0' \\ \alpha_1' \\ \alpha_2' \\ \alpha_3' \end{pmatrix} = \Lambda(V) \begin{pmatrix} \alpha_0 \\ \alpha_1 \\ \alpha_2 \\ \alpha_3 \end{pmatrix}$$

成分が 2 つならば，行列の形で表しても視認性は悪くないが，4 成分ともなると，各成分のどれとどれを掛け合わせるかちょっと見ただけではわからない．成分が多い場合は，ベクトルや行列を使わず，成分ごとに式を書いた方が確実である．とは言え，マクスウェルやローレンツの時代の論文のように，全ての式を 1 つずつ記していたのでは，式の数が膨大になってクラクラしてしまう．そこで，添字の付け方（上付きか下付きか，ギリシャ文字かラテン文字かなど）に関して規則を設けることで，式の数を減らしミスを犯しにくくした簡明な表記法が開発された．この表記法は，相対論的な場の理論を扱う際に絶大な効果を発揮するので，第 5 章で解説する．

粒子の運動に関する限り，空間を 3 次元に拡張しても，ほとんどの場合，ニュートン力 f や位置座標を時間 t で微分した速度 v を，$\boldsymbol{f} = (f_x, f_y, f_z)$ や $\boldsymbol{v} = (v_x, v_y, v_z)$ のような 3 元ベクトルで書き直すだけで修正できる．例えば，(4.20) 式は次のように書き換えられる．

$$\boldsymbol{v} \cdot \boldsymbol{f} = \frac{d}{dt}\left\{mc^2 \gamma(v)\right\} \quad (v = |\boldsymbol{v}|)$$

ただし，

$$\boldsymbol{v} \cdot \boldsymbol{f} \equiv v_x f_x + v_y f_y + v_z f_z$$

は，3元ベクトル v と f の内積である．

> コラム

$E = mc^2$ がもたらしたもの

核研究が急速に進展した1930年代後半，いくつかの科学者グループは，原子核に中性子ビームを照射する実験を行っていた．イタリアのフェルミのグループは，ウランの原子核が中性子を吸収し，次々と超ウラン元素（ウランより質量数の大きな元素）が生成されると報告した．ところが，同じ実験をしていたドイツのハーンとシュトラスマンは，生成された元素の化学的な性質を調べるうちに，これらが，いかなる方法をもってしても，質量数がウランよりずっと小さな元素と区別できないことに気が付いた．特に，バリウムと良く似た元素については，さまざまな化学分析を繰り返したものの，どうしてもバリウムとの差異が見いだせなかった．そこで彼らは，最終的に，「これはバリウムそのものだと考えざるを得ない」と結論したのである．

この実験結果に納得がいかなかったハーンは，かつての共同研究者で，当時はナチスの迫害を逃れてスウェーデンに亡命していたマイトナーに手紙で相談する．ハーンの実験データを知った彼女は，甥であるフリッシュとの議論をもとに，中性子と衝突したウランが"分裂"したのではないかと推測する．

当時，原子核の崩壊として知られていたのはアルファ崩壊であり，量子論的なトンネル効果によって核内部からアルファ粒子（ヘリウム4原子核）が飛び出す過程として理解されていた．しかし，アルファ崩壊と同じようにしてウランの原子核内部からバリウムの原子核が飛び出す確率はきわめて小さいため，ハーンらの発見をトンネル効果で説明することはできない．そこで，マイトナーとフリッシュは，質量数の大きな原子核の集団運動（多数の構成要素がいっせいに動くことによって生じる全体的な変形）を研究するためにボーアのグループが考案していた液滴模型をもとに，原子核が中性子との衝突によって生じた集団運動によって2つに分かれるというアイデアを思いついた．

このアイデアを支えたのが，アインシュタインが提案した質量とエネルギーの等価性である．核分裂の詳細が判明していなかったにもかかわらず，マイトナーとフリッシュは，原子番号（＝核内に含まれる陽子の個数）92のウランが原子番号56のバリウムと原子番号36（＝92−56）のクリプトンに分裂すると仮定して同位体質量の差を概算，ウランの原子核が1個分裂すると，約

200 MeV のエネルギーが解放されると推定した（*Nature* 143(1939)p.276）．ウラン 235 の核分裂で実際に解放されるエネルギーの平均値は 180MeV であり，この推定はかなり正確である．エネルギーが放出される過程なので，現実に原子核が分裂すると考えても，何ら不都合はない．

ハーンやマイトナーらは，純粋に科学的な興味からこうした研究を行っていた．しかし，彼らが到達した結論は，学界に衝撃を与えた．すでに 30 年代半ば，シラードやジョリオ＝キュリーは，核反応が連鎖的に生起すると莫大なエネルギーが放出され大爆発を起こすことを指摘していた．ウランの原子核は，より軽い原子核に比べて含有する中性子の割合が高いため，これが分裂すると，中性子そのものが飛び出してくる可能性がある．ウランに中性子を照射すると核分裂が起き，そこから中性子が飛び出すとなると…その先に何が起きるか，多くの科学者はすぐに気が付いたのである．

ハーンとシュトラスマンが核分裂を発見したのは 1938 年，ドイツ軍のポーランド侵攻を機に第 2 次世界大戦が勃発する前年である．アメリカ軍が秘密裏に遂行したマンハッタン計画によって世界初の原子爆弾が完成するのは，それから 7 年後のことだった．

第 5 章

相対論的な場の理論

§5-1 場の理論

§5-1-1 場とは何か？

　19世紀初頭にヤングやフレネルが光学実験で回折・干渉などの波動特有の現象を観測したことにより，光が波であることは確実になったものの，何が波動を伝えるのかは判然としなかった．当時の科学者は，エーテルと呼ばれる仮想的な物質が宇宙空間全域に瀰漫しており，これが光を伝える媒質だと考えたが，「惑星運動によって周囲のエーテルが乱されない」「地球の公転に起因する"エーテルの風"が観測されない」——などの奇妙な事実が見いだされ，その物理的性質について謎が深まった．その後，相対論が提唱されてエーテル概念が棄却されたことは，多くの読者がご存知の通りである．

　ここで，読者に考えていただきたい．現在では，光は電磁場の振動が伝わる現象として理解されているが，エーテルと電磁場とでは，何が違うのだろうか？

　おそらく最も明確な違いは，エーテルが空間の中で動き回れる一種の物質と見なされるのに対して，電磁場は時空と一体化し，決して移動できないという点である．気体や液体などを対象とする流体力学では，流速 v が基本的な変数として扱われ，その運動方程式は，流速 v の時間微分（正確に言えば全微分）と密度の積が，その部分に加わる単位体積当たりの力（粘性抵抗と外力のない理想流体では圧力勾配）に等しいという形になる．一方，電磁場の変動を表すマクスウェル方程式に"場の流速"は含まれず，電磁場の強度は，時間座標と空間座標の関数として一意的に定まるものとされる．

　電磁場に限らず，時空と一体化して物理現象の担い手となる実体を，物理学者は**場**と総称する．場を考える際に，パソコンなどのモニター画面に配列された画素をイメージするとわかりやすいだろう．物理的な場は「場の強度」という値を持つが，これに対応するのが，1つ1つの画素が示す輝度である．モニター画面の拡がりは画素によって与えられ，画面上の位置は画素を指定することで決まることから，画素はモニター画面と

一体化したものである．場と時空の関係は，画素とモニター画面の関係に似ている．

言葉だけではわかりづらいので，式で表そう．場の種類によっては，座標軸の向きや目盛りの基準に応じて強度が変わることもあるが，こうした場を式で表すのは少し面倒なので，ここでは，強度が座標の選び方に依存しないケースを考える．このような場は，**スカラー場**と呼ばれる．現代物理学では，クォークや電子に質量を与えるヒッグス場や，宇宙全体の加速膨張をもたらすインフラトン場が，スカラー場だと考えられている（スカラー場以外に，**ベクトル場**，**テンソル場**，**スピノル場**などが存在する）．4次元ミンコフスキー時空でのスカラー場の強度を，ある慣性系 K の座標 $\tau(=ct), x, y, z$ の関数として，$\phi(\tau, x, y, z)$ と表すことにしよう．別の慣性系 K′ に移ったとき，同じ場を $\phi'(\tau', x', y', z')$ と表記すれば，「強度が座標の選び方に依存しない」というスカラー場の性質より，

$$\phi(\tau, x, y, z) = \phi'(\tau', x', y', z') \tag{5.1}$$

という関係式が成立する．ただし，2つの座標は，K 系と K′ 系のローレンツ変換の式（標準形の場合は，第 2 章 (2.35) 式）で結ばれており，両辺の引数は，ミンコフスキー時空内部の同じ点を表すものとする．

(5.1) 式はきわめてシンプルだが，その意味するところを正しく理解する必要がある．場がエーテルのように空間内部を移動できるならば，異なる慣性系に移ったときに流速が変化するので，慣性系同士の相対速度に依存する項が現れるはずである．そうした項を含まない (5.1) 式は，（モニター画面上の画素のように）場が時空と一体化していることを含意する．K′ 系における空間座標の原点（$x' = y' = z' = 0$）に静止している観測者は，K 系で観測される場が流れているさまを見るのではなく，単に $\phi'(\tau', 0, 0, 0)$ という場を観測するだけである．相対運動する慣性系に移っても "場の流れ" が観測されないという事情は，電磁場などの他の場でも同様である．19 世紀末の光学実験でエーテルの風が観測できなかったのは，こうした理由による．

場と時空が一体化していることは，第 3 章の末尾で触れた問題に対して，1 つの解答を与える．第 3 章末では，ローレンツ対称性はミンコフスキー時空における幾何学的対称性であるのに，相対論でこれを物理法則にも拡張した点を問題とした．しかし，場と時空が一体化しているならば，時空と同じ対称性を場が有するのは当然だと言える．現代物理学では，場が唯一の物理的実体だという見方が強まっているので，物理法則にローレンツ対称性を課す相対論の要請は，きわめて自然な考え方なのである．

§5-1-2 相対論に適合する方程式

相対論的な場の方程式として最も簡単なのは，第 2 章でも取り上げた波動方程式である（第 2 章では，波動方程式を仮定した上で，これを不変に保つ変換としてローレンツ

§5-1 場の理論

変換を導いた）．しかし，物理現象を解析するためには，波動方程式以外のさまざまな方程式を扱わなければならず，その際，与えられた方程式が相対論に適合するかどうかを即座に判定できなければ，手間ばかりが掛かってしまう．そこで，ローレンツ共変になるかどうかを簡単に判定する手法を説明しよう．鍵になるのは，添字の付き方である．

式を簡単にするために，2 次元ミンコフスキー時空において，時間座標 τ，空間座標 x で表される慣性系 K と，これに対して相対速度が V である慣性系 K$'$ を考える．K$'$ 系の座標などには，これまでと同じくダッシュを付けて表す．

座標変換は，§4-1-3 で示したように，(4.13) 式の変換行列 $\Lambda(V)$ を使って，次のように表すことができる．

$$\begin{pmatrix} \tau' \\ x' \end{pmatrix} = \Lambda(V) \begin{pmatrix} \tau \\ x \end{pmatrix}, \quad \begin{pmatrix} \tau \\ x \end{pmatrix} = \Lambda(-V) \begin{pmatrix} \tau' \\ x' \end{pmatrix}$$

$\Lambda(-V)$ は K$'$ 系から K 系への変換行列なので，変換行列 $\Lambda(V)$ と $\Lambda(-V)$ は互いに逆行列となる．

場の理論が従う基礎方程式には，波動方程式と同じく，場の強度を座標で微分したものが含まれるはずである．そこで，微分演算子が，ローレンツ変換によってどのように変わるかを調べてみよう．すでに §2-2-2 で説明してある通り，微分演算子の変数変換は，次のようになる（γ の引数は，変換が K 系から K$'$ 系かその逆かによらず常に V なので，一貫して省略する）．

$$\frac{\partial}{\partial \tau'} = \frac{\partial \tau}{\partial \tau'} \frac{\partial}{\partial \tau} + \frac{\partial x}{\partial \tau'} \frac{\partial}{\partial x} = \gamma \left(\frac{\partial}{\partial \tau} + \frac{V}{c} \frac{\partial}{\partial x} \right)$$

$$\frac{\partial}{\partial x'} = \frac{\partial \tau}{\partial x'} \frac{\partial}{\partial \tau} + \frac{\partial x}{\partial x'} \frac{\partial}{\partial x} = \gamma \left(\frac{V}{c} \frac{\partial}{\partial \tau} + \frac{\partial}{\partial x} \right)$$

行列の形にまとめると，次式を得る．

$$\begin{pmatrix} \frac{\partial}{\partial \tau'} \\ \frac{\partial}{\partial x'} \end{pmatrix} = \gamma \begin{pmatrix} 1 & +\frac{V}{c} \\ +\frac{V}{c} & 1 \end{pmatrix} \begin{pmatrix} \frac{\partial}{\partial \tau} \\ \frac{\partial}{\partial x} \end{pmatrix} = \Lambda(-V) \begin{pmatrix} \frac{\partial}{\partial \tau} \\ \frac{\partial}{\partial x} \end{pmatrix}$$

$$\begin{pmatrix} \frac{\partial}{\partial \tau} \\ \frac{\partial}{\partial x} \end{pmatrix} = \Lambda(V) \begin{pmatrix} \frac{\partial}{\partial \tau'} \\ \frac{\partial}{\partial x'} \end{pmatrix} \tag{5.2}$$

K 系から K$'$ 系への変換行列が，座標を変換するときの $\Lambda(V)$ ではなく $\Lambda(-V)$ になることから，微分演算子を縦に並べて作ったベクトルは，座標を並べたベクトルとは異なるタイプのものであることがわかる．ミンコフスキー時空には，このように，変換行列が $\Lambda(V)$ になるものと $\Lambda(-V)$ になるものという 2 種類のベクトルが存在すると考

えられる．数学的には，前者を**反変ベクトル**，後者を**共変ベクトル**と呼ぶ（座標と同じように変換されるベクトルを"反変"と呼ぶのはいささか紛らわしいネーミングだが，そういうものだと受け容れてほしい）．第 4 章で導入した相対論的な速度・加速度・力，あるいは，§2-2-3 で導入した角振動数と波数を並べたものは，その変換の仕方からわかるように，反変ベクトルである．

変換の形式が似ていることから予想されるように，微分演算子を並べたベクトルのミンコフスキー内積（時間成分の積に負号を付けた内積）はローレンツ不変な演算子になる．このことは，次のようにして確かめられる．

$$-\frac{\partial^2}{\partial \tau'^2} + \frac{\partial^2}{\partial x'^2} = -\gamma^2 \left(\frac{\partial}{\partial \tau} + \frac{V}{c}\frac{\partial}{\partial x}\right)^2 + \gamma^2 \left(\frac{V}{c}\frac{\partial}{\partial \tau} + \frac{\partial}{\partial x}\right)^2 = -\frac{\partial^2}{\partial \tau^2} + \frac{\partial^2}{\partial x^2}$$

これは，ダランベール演算子を不変に保つという条件からローレンツ変換を導いた§2-2-2 の議論を，逆方向から確認するものである．

反変ベクトルと共変ベクトルを組み合わせると，ローレンツ不変な量をいろいろと作ることができる．例えば，次の組み合わせを考えてみよう．

$$\begin{pmatrix} \frac{\partial}{\partial \tau} & \frac{\partial}{\partial x} \end{pmatrix} \begin{pmatrix} \tau \\ x \end{pmatrix} = \frac{\partial \tau}{\partial \tau} + \frac{\partial x}{\partial x} = 2 \tag{5.3}$$

ここで，微分演算子のベクトルは横に並べた行ベクトルの形で表した．右辺の 2 は，式の形から明らかなように，時間次元と空間次元を併せた総次元数を表す．行列の計算が得意な人は，次のようにして，この組み合わせがローレンツ不変であることを直ちに確かめることができるだろう（T は巻末付録 A-2 に示した行列の転置を表す）．

$$\begin{pmatrix} \frac{\partial}{\partial \tau'} & \frac{\partial}{\partial x'} \end{pmatrix} \begin{pmatrix} \tau' \\ x' \end{pmatrix} = \begin{pmatrix} \frac{\partial}{\partial \tau} & \frac{\partial}{\partial x} \end{pmatrix} \Lambda(-V)^{\mathrm{T}} \Lambda(V) \begin{pmatrix} \tau \\ x \end{pmatrix} = \begin{pmatrix} \frac{\partial}{\partial \tau} & \frac{\partial}{\partial x} \end{pmatrix} \begin{pmatrix} \tau \\ x \end{pmatrix} \tag{5.4}$$

同じように，次の組み合わせもローレンツ変換に対して不変であることが，容易に確かめられる．

$$\begin{pmatrix} \tau & x \end{pmatrix} \begin{pmatrix} \frac{\partial}{\partial \tau} \\ \frac{\partial}{\partial x} \end{pmatrix} = \tau \frac{\partial}{\partial \tau} + x \frac{\partial}{\partial x} \tag{5.5}$$

(5.3) 式と (5.5) 式は，反変ベクトルと共変ベクトルの各成分を掛け合わせて和を取った形になっており，（時間成分の項に負号を付けるミンコフスキー的な内積ではなく）ユー

クリッド的な内積である．(5.4) 式と同じような変形を使えば，座標や微分演算子に限らず，任意の反変ベクトルと共変ベクトルのユークリッド的な内積は，ローレンツ不変であることが示せる．

ここまでの議論は，時間 1 次元・空間 1 次元の 2 次元ミンコフスキー時空で行ってきたが，これを空間 3 次元の 4 次元ミンコフスキー時空に拡張することは（任意のローレンツ変換は空間回転によって標準形に書き直せるので）簡単である．ただし，4 次元になると，ベクトルや行列の形で書いたのでは視認性が悪い．そこで，添字を付けて成分を記すことにするが，わかりやすいように，次の 2 つの規約を導入する．

規約 ①：4 次元ベクトルには（反変・共変とも）4 つの成分があるが，このうち，時間に関する成分には添字 0 を，空間の x, y, z 成分には，それぞれ，添字 1, 2, 3 を付けて表す．

規約 ②：反変ベクトルでは添字を右上に，共変ベクトルでは右下に付ける．

この規約に従うと，反変ベクトルである位置ベクトルは，座標であることを表す記号 x の右上に 0 から 3 までの添字を付けて，次のように表される．

$$x^0 \equiv \tau\,(= ct), \quad x^1 \equiv x, \quad x^2 \equiv y, \quad x^3 \equiv z$$

微分演算子は共変ベクトルなので，添字は右下に付ける．ただし，微分を分数の形で書くと添字の位置がわかりにくくなるので，∂ という記号だけで微分を表すことにする．

$$\partial_0 \equiv \frac{\partial}{\partial \tau}, \quad \partial_1 \equiv \frac{\partial}{\partial x}, \quad \partial_2 \equiv \frac{\partial}{\partial y}, \quad \partial_3 \equiv \frac{\partial}{\partial z}$$

こうすると，(5.3) 式を 4 次元に拡張したユークリッド的内積は，次式で表される．

$$\sum_{\mu=0}^{3} \partial_\mu x^\mu = 4 \tag{5.6}$$

相対論的な計算を行うときには，反変ベクトルと共変ベクトルのユークリッド的内積を取ることが頻繁にあるが，4 次元では常に添字が 0 から 3 までの範囲で足し上げるので，いちいち総和記号 Σ に和の範囲を付けて書くのは面倒である．そこで，次の規約を加える．

規約 ③（アインシュタインの規約）：添字の上と下で同じ記号が現れたときには，0 から 3（一般に，D 次元の場合は $D-1$）までの和を取ることにする

これまで，成分の積の和を取ることをユークリッド的な内積と呼んだが，上付きの添

字と下付きの添字を足し上げて添字を減らすことから，和を取る過程を添字の**縮約**という．この規約を用いると，(5.6) 式は，

$$\partial_\mu x^\mu = 4$$

というシンプルな式になる（D 次元の場合，右辺は D になる）．

　ここまでの議論は，添字が 1 個だけ付いたベクトルについて述べてきたが，$\partial_\mu \partial_\nu \phi$ のように複数個の添字が付く量も考えられる．一般に，慣性系が与えられると値が定まり，別の慣性系に移るときに，個々の添字に関して反変ないし共変ベクトルと同じ変換則に従う添字付きの量は，テンソルと呼ばれる．添字の個数がテンソルの階数で，$\partial_\mu \partial_\nu \phi$ は 2 階のテンソルである（スカラーは 0 階の，ベクトルは 1 階のテンソルだが，スカラー・ベクトル・テンソルと並べて論じる場合は，テンソルとして 2 階以上のものを想定していることが多い）．規約 ① 〜 ③ を高階のテンソルに当てはめることは，容易である．

　相対論に登場するさまざまな方程式は，テンソル式として表すことができる．テンソル式とは，方程式の全ての項が共通した（上下の位置や記号が同じになる）テンソルの添字を持つ式である（全ての成分が 0 となる零テンソルもあるので，「=0」という式も含まれる）．例えば，第 4 章 (4.34) 式で列ベクトルを使って表した相対論的な運動方程式は，規約 ② に基づいて上付きの添字で表せば，次のようなテンソル式になる．

$$F^\mu = m\alpha^\mu \left(= m\frac{d^2 x^\mu}{d\sigma^2}\right)$$

この方程式がローレンツ共変であることは，ローレンツ変換したときに，両辺がともに反変ベクトルの変換則に従って変換される（行列の形で書けば，同じ変換行列が掛かる）ことから明らかである．

　物理現象を記述する方程式がテンソル式であれば，ローレンツ変換したときにそれぞれの添字について同じ変換則に従うので，ローレンツ共変性が自明になり，相対論に適合することがわかる．こうして，本節の冒頭に記した課題に対する答えが得られる（本章 §5-3-2 で示すディラック方程式のような例外があるので，「一般に」と付した）．

**　相対論に適合する式は，一般にテンソル式である**

§5-1-3　計量テンソルによる添字の上げ下げ

　反変ベクトルと共変ベクトルを相互に変換することもできる．次の練習問題を解いていただきたい．

練習問題 ⑬
Exercise 13

4元ベクトル (a_0, a_1, a_2, a_3) が共変ベクトルならば，時間成分の符号を変えた $(-a_0, a_1, a_2, a_3)$ は反変ベクトルになることを示せ．

解答
Solution

変換行列をあらわに書けば，簡単に示せる．ここでは，2次元の式を記しておこう（4次元に拡張することは容易である）．

$$\begin{pmatrix} -a_0' \\ a_1' \end{pmatrix} = \begin{pmatrix} -\gamma\left(a_0 + \frac{V}{c}a_1\right) \\ \gamma\left(\frac{V}{c}a_0 + a_1\right) \end{pmatrix} = \gamma \begin{pmatrix} 1 & -\frac{V}{c} \\ -\frac{V}{c} & 1 \end{pmatrix} \begin{pmatrix} -a_0 \\ a_1 \end{pmatrix}$$

$$= \Lambda(V) \begin{pmatrix} -a_0 \\ a_1 \end{pmatrix}$$

■

【練習問題 13】では，時間成分に負号を付けると共変ベクトルが反変ベクトルに変わることを示したが，同じようにして，共変ベクトルを反変ベクトルに変えることもできる．この操作は，時間成分に負号を付けて添字の上下を入れ替えることなので，第3章 (3.14) 式で定義されたミンコフスキー時空の計量テンソル $\eta_{\mu\nu}$，および，成分の値が $\eta_{\mu\nu}$ と同じで添字を上付きにしたテンソル $\eta^{\mu\nu}$ を使って行うことができる．

この2つのテンソルを使えば，反変ベクトルと共変ベクトルの入れ替えが，次のように簡単に行える（アインシュタインの規約によって，上下の添字を縮約している）．

$$a_\mu = \eta_{\mu\nu} a^\nu, \quad a^\mu = \eta^{\mu\nu} a_\nu$$

反変ベクトルの微分演算子を作ることもできる．

$$\partial^\mu = \eta^{\mu\nu} \partial_\nu$$

この微分演算子を使えば，スカラー場 ϕ の波動方程式は，次のシンプルな式で表される．

$$\partial^\mu \partial_\mu \phi = 0$$

ところで 第3章 (3.14) 式で定義される $\eta_{\mu\nu}$ を計量テンソルと呼んできたが，これ

は本当にテンソルなのだろうか？単に添字が付いているからテンソルと言えるわけではない．この点に関しては，次の練習問題で確認していただきたい．

共変ベクトルに対するローレンツ変換の変換行列 $\Lambda(-V)$ は，行と列を指定する添字を右上と右下に付けることで，テンソルと似た形で表すことができる（Λ は行と列を入れ替えても変わらない対称行列なので，どちらの添字が行でどちらが列かを特定する必要はない）．2 次元ミンコフスキー時空の場合，相対速度 V の慣性系に移る場合の変換行列は，次式で与えられる．

$$\Lambda(-V)^0_0 = \Lambda(-V)^1_1 = \gamma, \quad \Lambda(-V)^1_0 = \Lambda(-V)^0_1 = +\gamma\frac{V}{c}$$

(1) $\Lambda(-V)$ はテンソルか？
(2) $\eta_{\mu\nu}$ がテンソルであることを示せ．

解答
Solution

(1) $\Lambda(-V)$ は 2 つの慣性系の間の関係を与える量であり，「慣性系が与えられれば値が定まる」というテンソルの条件を満たしていないので，テンソルではない．

(2) $\eta_{\mu\nu}$ はどの慣性系でも同じ値になるが，これがローレンツ変換の変換則を満たすことを確認すれば良い．ある慣性系 K で第 3 章 (3.14) 式で与えられる $\eta_{\mu\nu}$ が，相対速度 V の K$'$ 系に移ったときに，ローレンツ変換の変換則に従って $\eta'_{\mu\nu}$ に変換されるものとする（添字は 2 つとも下付きなので，共変ベクトルに対する変換行列によって変換される）．

$$\eta'_{\mu\nu} = \Lambda(-V)^\alpha_\mu \Lambda(-V)^\beta_\nu \eta_{\alpha\beta} = -\Lambda(-V)^0_\mu \Lambda(-V)^0_\nu + \Lambda(-V)^1_\mu \Lambda(-V)^1_\nu$$

これに，Λ の成分の値を代入すれば，次式を得る．

$$\eta'_{00} = -1, \quad \eta'_{11} = +1, \quad \eta'_{01} = \eta'_{10} = 0$$

これより，ローレンツ変換の変換則から得られた K$'$ 系の $\eta'_{\mu\nu}$ も，第 3 章

(3.14) 式と同じ形になる．どの慣性系でも同じ形でありながら，実は，ローレンツ変換の変換則に従って変換されているので，$\eta_{\mu\nu}$ はテンソルなのである．

この結果を 4 次元に拡張することは，読者に任せる．∎

§5-1-4 クライン＝ゴルドン方程式

スカラー場が従う相対論的な方程式として，波動方程式に次いで簡単なのが，次のクライン＝ゴルドン方程式である．

$$\left(\partial^{\mu}\partial_{\mu} - M^2\right)\phi = 0 \tag{5.7}$$

電子やクォークに質量を与えるとされるヒッグス場は，相互作用が無視できる場合，近似的に，この方程式に従って伝播すると考えられる．

物理学的には，クライン＝ゴルドン方程式を量子論に応用することが重要だが，本書では，そこまで高度な問題は扱えないので，次の簡単な練習問題を解くにとどめたい．

練習問題 ⓯
Exercise 15

スカラー場 ϕ がクライン＝ゴルドン方程式に従う場合，平面波解が存在することを示し，その波数と角振動数の間の分散関係（§2-2-1 参照）を求めよ．ただし，平面波とは，空間の 1 つの座標のみに依存し，正弦波の形で伝播する波である．

解答
Solution

角振動数を ω，3 元ベクトルである波数ベクトルを $\boldsymbol{k}$ とする次の正弦波を考えよう（ϕ は $\boldsymbol{k}$ 方向の空間座標のみに依存）．

$$\phi = A\sin\left(\omega t - \boldsymbol{k}\cdot\boldsymbol{x} + \varphi\right)$$

ただし，A は振幅，φ は（$t=0$，$\boldsymbol{x}=0$ のときの）初期位相である．これを (5.7) 式左辺に代入すれば，ω と $\boldsymbol{k}$ の間に，

$$\frac{\omega^2}{c^2} - \boldsymbol{k}^2 - M^2 = 0 \tag{5.8}$$

という関係があるとき，クライン＝ゴルドン方程式 (5.7) が満たされることがわかる．(5.8) 式が，クライン＝ゴルドン方程式の分散関係である． ■

§2-2-1 で示したように，波動方程式に従う電磁波では，角振動数 ω と波数 $|k|$ は，$\omega/c = |k|$ という「分散のない」分散関係に従う（第 2 章 (2.23) 式）．このとき，波は常に光速 c で伝播する．これに対して，クライン＝ゴルドン方程式になると，(5.8) 式で示されるように分散がある．詳しい説明は省略するが，分散がある場合には，波が伝播する際の位相速度と群速度が異なり，位相速度が式の上で光速 c を超えるのに対して，エネルギーや情報などが伝播する速さを表す群速度は，光速よりも遅くなる．素粒子の運動を記述する場の量子論では，クライン＝ゴルドン方程式に現れる M が素粒子の質量に比例することが知られており，その分散関係は，質量のある素粒子の速度が光速以下になることに対応している．

§5-2 電磁気学の相対論的な定式化

§5-2-1 ローレンツ力と相対論

相対論的な場の理論の構築が最初に行われたのは，電磁気学の分野である．相対論の出発点となったのは，ニュートン力学もマクスウェル電磁気学も静止と運動を区別していないように見えるという経験則だが，このうちニュートン力学を相対論に適合する形で定式化することは，すでに第 4 章で行った．それでは，電磁気学を相対論的な場の理論として定式化することはできるのだろうか？

この問題が難しいのは，電磁気現象には，電場と磁場という 2 種類の場が関与している（ように見える）ことによる．しかも，この 2 種類の場は，相対論の基本概念に反するような性質を持つ．まず，電場も磁場も空間の 3 軸に対応する 3 つの成分を持つベクトル場だが，相対論におけるベクトルは，時空が 4 次元であることに対応して 4 成分になるはずなので，電場と磁場は，相対論的なベクトルではない．さらに，運動する観測者から見ると，電場と磁場が相互に変換され，異なる場が混じり合うという現象が生じる（§2-1 参照）．相対論の観点からすると不思議とも言えるこうした現象は，どのように説明されるのだろうか？

相対論的な電磁気学を構築するための手がかりとして，電磁場から荷電粒子に働く力——いわゆるローレンツ力——について考えてみよう．まず，相対論的でない定式化から始める．電場 E，磁場 B が加わっている領域で，電荷 q の荷電粒子が速度 v の運動をしているものとする（E, B, v など太字で表したものは，いずれも 3 元ベクトル）．このときのニュートンの運動方程式は，良く知られているように，次式で与えられる．

§5-2 電磁気学の相対論的な定式化

$$m\frac{d\boldsymbol{v}}{dt} = q\left(\boldsymbol{E} + \frac{\boldsymbol{v}}{c} \times \boldsymbol{B}\right) \equiv \boldsymbol{f}$$

これを，相対論的な運動方程式に書き直すことを考えよう．4次元ミンコフスキー時空における運動方程式は，$m\alpha^\mu = F^\mu$ という形になる（μ は，0から3までを表す）．F^μ は，反変ベクトルとして表した相対論的な力だが，ニュートン力学で使われる3元ベクトルであるローレンツ力と結びつけるには，第4章 (4.19) 式を利用する．ローレンツ力は $\boldsymbol{v}$ の1次の項を含むので，厳密に言えば，$|\boldsymbol{v}|=0$ として定義した §4-2 のニュートン力とは異なるが，ここでは，§4-2 の議論が v の1次まで使えるものとして，(4.19) 式（を §4-4 の議論に従って4次元に拡張した式）に基づく次の関係式が成り立つとしよう．

$$\begin{aligned}
F^0 &= \gamma(v)\frac{1}{c^3}\boldsymbol{v}\cdot\boldsymbol{f} = \gamma(v)\frac{1}{c^3}q\boldsymbol{v}\cdot\boldsymbol{E} \\
\boldsymbol{F} &= \gamma(v)\frac{\boldsymbol{f}}{c^2} = \gamma(v)\frac{1}{c^2}q\left(\boldsymbol{E} + \frac{\boldsymbol{v}}{c}\times\boldsymbol{B}\right)
\end{aligned} \quad (5.9)$$

さらに，3元ベクトルである $\boldsymbol{v}$ の代わりに，相対論的な速度 u^μ を使う．第4章 (4.11) 式（を4次元に拡張した式）より，

$$u^0 = \gamma(v), \quad \boldsymbol{u} = \gamma(v)\frac{\boldsymbol{v}}{c}$$

となる．u^μ を使って (5.9) 式を書き直し，相対論的運動方程式の4つの成分を全て書き下せば，次式を得る．

$$\begin{aligned}
m\alpha^0 &= \frac{1}{c^2}q\left(u^1 E_x + u^2 E_y + u^3 E_z\right) \\
m\alpha^1 &= \frac{1}{c^2}q\left(u^0 E_x + u^2 B_z - u^3 B_y\right) \\
m\alpha^2 &= \frac{1}{c^2}q\left(u^0 E_y + u^3 B_x - u^1 B_z\right) \\
m\alpha^3 &= \frac{1}{c^2}q\left(u^0 E_z + u^1 B_y - u^2 B_x\right)
\end{aligned} \quad (5.10)$$

相対論的な基礎方程式は，ローレンツ共変でなければならず，テンソル式で表されるはずである．それでは，(5.10) 式をテンソル式と見なすことは可能だろうか？ これは，ちょっとしたパズルなので，読者は，以下の解答を読む前に，暫し自分で考えてみてほしい．

(5.10) 式の左辺は上付き添字が1個の反変ベクトルなので，右辺も同じでなければならない．右辺には，すでに反変ベクトル u^μ が含まれており，テンソル式であるためには，反変と共変の添字を上下に1つずつ持つ2階テンソルと u^μ との縮約を取ることで，

添字を 1 つに減らす必要がある．この 2 階テンソルを（係数を別にして）F^μ_ν と書くことにすると，(5.10) 式は，次の形になるはずである．

$$m\alpha^\mu = \frac{1}{c^2} q u^\nu F^\mu_\nu = \frac{1}{c^2} q \left(u^0 F^\mu_0 + u^1 F^\mu_1 + u^2 F^\mu_2 + u^3 F^\mu_3 \right) \tag{5.11}$$

μ が 0 から 3 までの各ケースについて，(5.10) 式と (5.11) 式を比較すれば，次の関係を得る．

$$\begin{aligned}
&F^0_0 = F^1_1 = F^2_2 = F^3_3 = 0 \\
&F^0_1 = F^1_0 = E_x, \quad F^0_2 = F^2_0 = E_y, \quad F^0_3 = F^3_0 = E_z \\
&F^1_2 = -F^2_1 = B_z, \quad F^2_3 = -F^3_2 = B_x, \quad F^3_1 = -F^1_3 = B_y
\end{aligned} \tag{5.12}$$

F^μ_ν は，電場・磁場を成分とするテンソル場であり，単に電磁場と呼ばれることもある．

(5.12) 式は，本節冒頭で述べた"謎"を解決するものである．なぜ，電場 $\boldsymbol{E}$ や磁場 $\boldsymbol{B}$ は，相対論的な反変・共変ベクトルのように 4 成分ではなく 3 成分なのか？ その理由は，電場・磁場が相対論的なベクトルではなく，2 階テンソルの一部にすぎなかったからである．また，別の慣性系に移ると電場と磁場が入り交じるのは，電場と磁場が別個の場ではなく，1 つのテンソル場の異なる成分だからなのである．

電磁場を表すテンソル場を使えば，電磁気学の相対論的な定式化が可能になる．

§5-2-2 電磁ポテンシャル

前節の F は，上付きと下付きの添字が混ざった形になっているが，このままでは式の扱いがやや不便なので，§5-1-3 の手法を使って添字を下付きに揃えよう．こうして得られるテンソル $F_{\mu\nu}$ の成分は，行列の形で書くと，次のように表される．

$$\begin{pmatrix} F_{00} & F_{01} & F_{02} & F_{03} \\ F_{10} & F_{11} & F_{12} & F_{13} \\ F_{20} & F_{21} & F_{22} & F_{23} \\ F_{30} & F_{31} & F_{32} & F_{33} \end{pmatrix} = \begin{pmatrix} 0 & -E_x & -E_y & -E_z \\ +E_x & 0 & +B_z & -B_y \\ +E_y & -B_z & 0 & +B_x \\ +E_z & +B_y & -B_x & 0 \end{pmatrix} \tag{5.13}$$

(5.13) 式から明らかなように，$F_{\mu\nu}$ は，添字の入れ替えに対して符号が反転する反対称テンソルである．

$$F_{\mu\nu} = -F_{\nu\mu}$$

一般に，滑らかに変動する場の量は別の場の微分によって表されるが，反対称性を考慮すれば，電磁場のテンソル $F_{\mu\nu}$ は，次式のようになると仮定できる．

§5-2 電磁気学の相対論的な定式化

$$F_{\mu\nu} = \partial_\mu A_\nu - \partial_\nu A_\mu \tag{5.14}$$

ここで導入した A_μ は，**電磁ポテンシャル**と呼ばれるベクトル場である．

マクスウェル電磁気学と比較するため，$A_0 = -\phi$ と置き，A_1, A_2, A_3 は3元ベクトル $\boldsymbol{A}$ として表すことにしよう[14]．(5.13) 式と (5.14) 式を比較すれば，次式が得られる．

$$\boldsymbol{E} = -\nabla\phi - \frac{1}{c}\frac{\partial \boldsymbol{A}}{\partial t}, \quad \boldsymbol{B} = \nabla \times \boldsymbol{A} \tag{5.15}$$

ただし，∇ は，巻末付録 A-1 で説明したように，$(\partial/\partial x, \partial/\partial y, \partial/\partial z)$ を表すベクトル演算子である．(5.15) 式は，ϕ と $\boldsymbol{A}$ が，マクスウェル電磁気学におけるスカラーポテンシャル（電位）とベクトルポテンシャルであることを意味する．

詳しく説明する余裕はないが，こんにち，多くの物理学者は，電場や磁場を成分とするテンソル場 $F_{\mu\nu}$ よりも，ベクトル場である電磁ポテンシャル A_μ の方を，基本的な物理量と見なしている．この立場からすると，(5.14) 式は，仮定ではなく $F_{\mu\nu}$ の定義となる．

§5-2-3　電磁場のローレンツ変換★

テンソル場 $F_{\mu\nu}$ は下付きの添字を 2 つ持つ共変テンソルなので，相対速度 V の慣性系に移る場合は，変換行列 $\Lambda(-V)$ を 2 つ乗じる必要がある．少し面倒な計算だが，行列の形で表そう．

$$F'_{\mu\nu} = \begin{pmatrix} \gamma & +\gamma\frac{V}{c} & 0 & 0 \\ +\gamma\frac{V}{c} & \gamma & 0 & 0 \\ 0 & 0 & 1 & 0 \\ 0 & 0 & 0 & 1 \end{pmatrix} \begin{pmatrix} 0 & -E_x & -E_y & -E_z \\ +E_x & 0 & +B_z & -B_y \\ +E_y & -B_z & 0 & +B_x \\ +E_z & +B_y & -B_x & 0 \end{pmatrix}$$

$$\times \begin{pmatrix} \gamma & +\gamma\frac{V}{c} & 0 & 0 \\ +\gamma\frac{V}{c} & \gamma & 0 & 0 \\ 0 & 0 & 1 & 0 \\ 0 & 0 & 0 & 1 \end{pmatrix}$$

$$= \begin{pmatrix} 0 & -E_x & -\gamma E_y + \gamma\frac{V}{c}B_z & -\gamma E_z - \gamma\frac{V}{c}B_y \\ +E_x & 0 & -\gamma\frac{V}{c}E_y + \gamma B_z & -\gamma\frac{V}{c}E_z - \gamma B_y \\ +\gamma E_y - \gamma\frac{V}{c}B_z & +\gamma\frac{V}{c}E_y - \gamma B_z & 0 & +B_x \\ +\gamma E_z + \gamma\frac{V}{c}B_y & +\gamma\frac{V}{c}E_z + \gamma B_y & -B_x & 0 \end{pmatrix}$$

---

[14] これは，ガウス単位系やヘヴィサイド単位系での表し方であり，単位系によっては係数が付くことがある．また，A_0 の式に負号が付いているのは，電磁ポテンシャルを共変ベクトルとして表したからであり，添字を上に上げた A^0 には負号は付かない．

左辺の $F'_{\mu\nu}$ はローレンツ変換後の電磁場で，その成分は，(5.13) 式にダッシュを付けたものとなる．$F_{\mu\nu}$ と $F'_{\mu\nu}$ を比較することで得られる電場・磁場の変換則が，証明なしに与えた第 2 章 (2.19) 式と一致していることは，たやすく確かめられるだろう．

§5-2-4　マクスウェル方程式の第 1 の組★

電磁ポテンシャルを使うと，次の恒等式が証明される．

$$\partial_\mu F_{\nu\lambda} + \partial_\nu F_{\lambda\mu} + \partial_\lambda F_{\mu\nu} = 0 \tag{5.16}$$

この恒等式から，電場 E と磁場 B が満たす式を導くことができる．この計算は，発展問題にしておこう．

発展問題 ❻
Advanced Exercise 6

(1) 恒等式 (5.16) が成り立つことを示せ．
(2) 恒等式 (5.16) を使って，電場 E と磁場 B が満たす式を求めよ．

解答のヒント
Solution Hints

(1) (5.14) 式を使って $F_{\mu\nu}$ を電磁ポテンシャル A_μ で書き直せば，直ちに示せる．

$$\begin{aligned}
&\partial_\mu F_{\nu\lambda} + \partial_\nu F_{\lambda\mu} + \partial_\lambda F_{\mu\nu} \\
&= \partial_\mu (\partial_\nu A_\lambda - \partial_\lambda A_\nu) + \partial_\nu (\partial_\lambda A_\mu - \partial_\mu A_\lambda) + \partial_\lambda (\partial_\mu A_\nu - \partial_\nu A_\mu) \\
&= (\partial_\mu \partial_\nu - \partial_\nu \partial_\mu) A_\lambda + (\partial_\nu \partial_\lambda - \partial_\lambda \partial_\nu) A_\mu + (\partial_\lambda \partial_\mu - \partial_\mu \partial_\lambda) A_\nu \\
&= 0
\end{aligned}$$

(2) μ, ν, λ のうちの 2 つが同じ値を取るとき，(5.16) 式は，電磁ポテンシャル A_μ を使わなくても，$F_{\mu\nu}$ の反対称性だけで恒等的に成り立つことが示せるので，トリヴィアルである（各自，確かめよ）．そこで，μ, ν, λ が全て異なる場合について考えよう．$\mu = 1, \nu = 2, \lambda = 3$ のときには，

$$\partial_1 F_{23} + \partial_2 F_{31} + \partial_3 F_{12} = \frac{\partial B_x}{\partial x} + \frac{\partial B_y}{\partial y} + \frac{\partial B_z}{\partial z} = 0$$

§5-2 電磁気学の相対論的な定式化

となる．ベクトル演算子 ∇ を使えば，これは，

$$\nabla \cdot \boldsymbol{B} = 0 \tag{5.17}$$

を意味する．また，$\mu = 0, \nu = 1, \lambda = 2$ のときには，

$$\partial_0 F_{12} + \partial_1 F_{20} + \partial_2 F_{01} = \frac{1}{c}\frac{\partial B_z}{\partial t} + \frac{\partial E_y}{\partial x} - \frac{\partial E_x}{\partial y} = 0$$

となる．$\mu = 0, \nu = 2, \lambda = 3$ および $\mu = 0, \nu = 3, \lambda = 1$ の場合と併せて，ベクトル演算子を用いた表記に改めると，

$$\frac{1}{c}\frac{\partial \boldsymbol{B}}{\partial t} + \nabla \times \boldsymbol{E} = \boldsymbol{0} \tag{5.18}$$

となる．(5.17) 式と (5.18) 式が求めるべき式であり，これらは，巻末付録 B に記した 4 つのマクスウェル方程式のうち，(B.2)(B.3) に当たる（この 2 つが，節のタイトルに付けた「第 1 の組」である）． ∎

§5-2-2 の末尾で述べたように，電磁ポテンシャル A_μ が基本的な物理量であり，(5.14) 式は $F_{\mu\nu}$ の定義だとすると，(5.17) 式と (5.18) 式は定義式から演繹的に導かれる恒等式となる．マクスウェル方程式は 4 つの式から成るとされていたが，この立場では，物理的に意味があるのは，次の節で述べる 2 つの式（第 2 の組）だけとなる．

§5-2-5 マクスウェル方程式の第 2 の組★

相対論的な電磁気学では電磁場は 2 階テンソルとなるが，これがどのような方程式に従うかはまだわからない．そこで，手始めに，次の形を仮定してみる．

$$\partial^\mu F_{\mu\nu} = 0 \tag{5.19}$$

$\nu = 0$ のときに，(5.19) 式を電場 $\boldsymbol{E}$ と磁場 $\boldsymbol{B}$ を使って書き下すと，

$$\partial_1 F_{10} + \partial_2 F_{20} + \partial_3 F_{30} = \frac{\partial E_x}{\partial x} + \frac{\partial E_y}{\partial y} + \frac{\partial E_z}{\partial z} = 0$$

となる．ベクトル演算子を用いて書き直せば，

$$\nabla \cdot \boldsymbol{E} = 0$$

となる．これは，巻末付録 B に記したマクスウェル方程式 (B.1) で右辺の電荷密度 ρ を 0 と置いたものになっている．

$\nu = 1$ のときに (5.19) 式を書き直すと,次のようになる(左辺第 1 項に負号が付くのは,∂^ν が $\eta^{\mu\nu}$ を使って ∂_μ の添字を上付きにしたものであるため).

$$-\partial_0 F_{01} + \partial_2 F_{21} + \partial_3 F_{31} = +\frac{1}{c}\frac{\partial E_x}{\partial t} - \frac{\partial B_z}{\partial y} + \frac{\partial B_y}{\partial z} = 0$$

同じように,$\nu = 2$,$\nu = 3$ についての式を立てて,ベクトル演算子を使ってまとめると,次式を得る.

$$\frac{1}{c}\frac{\partial \boldsymbol{E}}{\partial t} - \nabla \times \boldsymbol{B} = \boldsymbol{0}$$

これは,マクスウェル方程式 (B.4) で,電流密度 $\boldsymbol{j}$ を $\boldsymbol{0}$ と置いたものである.したがって,(5.19) 式は,荷電粒子のない真空中のマクスウェル方程式を表している.

荷電粒子が存在するときの相対論的な電磁気学の方程式は,(5.19) 式の右辺を荷電密度や電流密度で置き換えたものとなる.基礎方程式はテンソル式になるという相対論の要請に従うと,(5.19) 式右辺は添字が下付きで ν の 4 元共変ベクトルになるはずなので,これを $-j_\nu$ と置くことにしよう(負号を付けたのはマクスウェル方程式と合わせるため).

$$\partial^\mu F_{\mu\nu} = -j_\nu \tag{5.20}$$

マクスウェル方程式 (B.1) および (B.4) と比較すれば,j_ν の第 0 成分は $-\rho$,第 1〜3 成分は $\boldsymbol{j}$ と等しいことがわかる[15].(5.20) 式は,マクスウェル方程式の第 2 組を相対論的に定式化したものだが,電磁ポテンシャル A_μ を基本量と見なす立場では,第 1 組に相当する (5.16) 式は恒等式にすぎないので,(5.20) 式だけが物理的に意味のある基礎方程式と見なすことができる.この式は,もとのマクスウェル方程式に比べてきわめてシンプルである.相対論の魅力の 1 つは,このシンプルさにある.

§5-3 相対論と量子論

§5-3-1 シュレディンガー方程式のローレンツ共変性

20 世紀初頭における科学革命の柱は相対論と量子論だが,この 2 つの理論は,しばしば,相性が悪いと誤解される.実際には,特殊相対論と量子論は決して両立不能ではなく,相対論的な量子論の定式化は,すでに完成の域に達している(ただし,一般相対論と量子論は,いまだに調和させられていない).誤解の根源は,最初に構築され現在なお広範な分野で応用されている粒子の量子論(量子力学)が,相対論の要請を満たさない

---
[15] 単位系によって係数が異なる.

§5-3 相対論と量子論

ことにある．この点について解説しよう．

1920年代，水素原子の周囲にある電子が離散的なエネルギーを持つことが判明し，このエネルギーを計算する手法の開発が求められた．最初に開発されたのは，ボルンやハイゼンベルクらによる行列力学だが，ほぼ同じ時期に，ド・ブロイは，電子が波のように振る舞うと仮定すれば，エネルギーが離散的になることが説明できると気が付く．ド・ブロイが提案した電子の運動量 $\bm{p}$ と波の波数 $\bm{k}$ の関係 $\bm{p} = \hbar \bm{k}$ ($\hbar$ はプランク定数 h を 2π で割ったもの) はド・ブロイの関係式と呼ばれ，§4-3-5 で紹介したアインシュタインの関係式 $E = \hbar\omega$ (角振動数 ω は振動数 ν を 2π 倍したもの) とともに，量子論の基礎となった．

応用性に乏しかったド・ブロイの手法を一般化したのが，シュレディンガーである．彼は，電子は粒子ではなく波だと考え，この波が従う方程式を探し出すことから始めた．当初は，（ド・ブロイと同じく）相対論に適合することを要請して，クライン＝ゴルドン方程式 (5.7) に相互作用項を付け加えた方程式を調べたが，実験データと合致する結果は得られなかった．そこで，相対論の要請に適合させることは諦めて，"電子の波" Ψ に関する次のような方程式を考案した．これが，シュレディンガー方程式である．

$$i\hbar \frac{\partial \Psi}{\partial t} = \left(-\frac{\hbar^2}{2m}\Delta + V\right)\Psi \quad \left(\Delta \equiv \frac{\partial^2}{\partial x^2} + \frac{\partial^2}{\partial y^2} + \frac{\partial^2}{\partial z^2}\right) \tag{5.21}$$

ただし，m は粒子の質量，V は粒子が持つポテンシャルエネルギーである．詳しい説明は量子力学の教科書に譲るが，結論だけ言うと，V として電子を束縛するような関数を選んだ場合，Ψ の定在波が形成され，電子が離散的なエネルギーを持つことが示される．

シュレディンガー方程式は，時間座標 t に関して1階微分なのに対して，空間座標 x,y,z が2階微分になっている．相対論の基本的な考え方は，時間と空間をミンコフスキー時空として統一的に扱うことであり，基礎的な物理現象を記述する方程式は，時間座標と空間座標が同じような形で現れるテンソル式になることが要請される．これに対して，シュレディンガー方程式 (5.21) は，明らかに相対論の要請を満たしていない．

さらに，シュレディンガー方程式が相対論に適合していないと思わせる，より本質的な問題がある．(5.21) 式は電子が1個しかないときのシュレディンガー方程式だが，2個以上になると，波動関数 Ψ は，それぞれの電子の位置座標を含む関数

$$\Psi\left(t, x^{(1)}, y^{(1)}, z^{(1)}, x^{(2)}, y^{(2)}, z^{(2)}, \cdots\right) \tag{5.22}$$

に拡張される（位置座標の右上の数字は，どの電子かを指示する[16]）．このとき，方程

---
[16] 実際には，電子にはアイデンティティがないので，「それぞれの電子の位置座標を入れ替えたときに，波動関数が変わらない」といった条件が必要となる．

式の形は，次のように変わる．

$$i\hbar\frac{\partial \Psi}{\partial t} = \left\{-\frac{\hbar^2}{2m}\left(\Delta^{(1)} + \Delta^{(2)} + \cdots\right) + V\right\}\Psi$$

$$\left(\Delta^{(j)} \equiv \frac{\partial^2}{\partial x^{(j)2}} + \frac{\partial^2}{\partial y^{(j)2}} + \frac{\partial^2}{\partial z^{(j)2}}\right) \quad (5.23)$$

電子同士の相互作用があるときには，ポテンシャルエネルギー V がそれぞれの電子の位置座標を含む形になる．

(5.23) 式は，Ψ が，x,y,z という座標で表される地点の状態を表す場の量ではないことを示している．この形の量子論は，波動関数によって記述されてはいるものの，場の理論ではなく，あくまで，それぞれの位置座標が指示される粒子の量子論的な振る舞いを扱う理論である．

それでは，量子論を相対論に適合させるには，どうすれば良いのだろうか？ この困難は，1920 年代末に，場の量子論という形式によって解決された．場の量子論とは，電子を粒子ではなく，電子に関する場（仮に，電子場と呼ぼう）の励起状態として扱う理論である．

場の量子論はかなり難解な理論なので，比喩を用いて説明しよう．大気の状態は，風速や気温のような局所的変数によって記述されるが，竜巻や台風のように位置を特定できる対象物が発生したときには，あらゆる地点での風速などを記述するよりも，竜巻の位置座標がどのように変化するかを考える方が容易である．この場合，ある時刻 t における竜巻の位置の確率的な予測を与える関数 Ψ は，時刻 t と竜巻の位置座標の関数になるはずである．竜巻が複数個存在するときには，それぞれの竜巻の位置座標の関数となる．竜巻の位置の変化は，大局的な気圧や地形などに影響されるため，Ψ の振る舞いを決定する方程式は，気圧や地形の影響を与える関数 V を含む微分方程式となるだろう．ただし，この方程式は，厳密なものではない．大気の状態に関する基礎方程式は，あらゆる地点における風速や気温などを含む方程式である．粒子の量子論と場の量子論の関係は，竜巻の理論と大気の理論の関係に似ている．

量子論の特徴は，エネルギーを獲得したシステムが，エネルギー量子と呼ばれる離散的なエネルギー状態を生み出すことにある．場の量子論の場合，エネルギーを獲得した場が生み出すエネルギー量子が，電子や光子のような素粒子なのである．§4-3-3 で説明したように，素粒子の質量とは，静止させた素粒子内部に閉じ込められたエネルギーを c^2 で割ったものなので，一定のエネルギーを持つエネルギー量子は，一定の質量を持つ素粒子となる．これが，全ての電子が同一の質量を持つ理由である．

粒子の量子論では，複数の電子が存在する状態を各電子の位置座標の関数として表すが，これは，大気全体の振る舞いを調べる代わりに竜巻の運動だけを調べるようなもの

§5-3 相対論と量子論

で，あくまで近似的な議論にすぎない．厳密な理論は，(5.22) 式のような個々の電子についてではなく，$\Psi[\psi(t,x,y,z)]$ のような，あらゆる場所における電子場 ψ の状態についての汎関数（関数の関数）を扱う理論となるはずである．

それでは，場の量子論におけるシュレディンガー方程式はどうなるのか？ この問いに答えるために，1電子のシュレディンガー方程式 (5.21) を，次の形に書き換えよう．

$$i\hbar c \partial_0 \Psi = \hat{P}_0 \Psi \quad \left(\hat{P}_0 \equiv -\frac{\hbar^2}{2m}\Delta + V\right)$$

∂_0 は，時間座標 ct に関する微分を略記したもの．$\hat{P}_0$ は，エネルギー演算子と呼ばれるもので，電子のエネルギー状態と関係し，波動関数に作用する．シュレディンガー方程式が相対論に適合しないように見えると言ったとき，時間微分と空間微分の階数の違いを指摘したが，実は，2つの微分は，その役割が全く異なるものなのである．

第4章 (4.26) 式で示したように，1粒子のエネルギーと運動量は，併せて4次元的なエネルギー・運動量のベクトルとなる．これと同様に，相対論的な量子力学におけるエネルギー演算子も，エネルギー・運動量を表す4元ベクトル演算子となる．これを $\hat{P}_\mu$ と書くと，シュレディンガー方程式は，次のようなテンソル式として表される．

$$i\hbar c \partial_\mu \Psi = \hat{P}_\mu \Psi$$

この式の形からわかるように，シュレディンガー方程式自体は，ローレンツ変換に対して共変であり，相対論に適合している（ただし，人間業では解くことができない）．

問題となるのは，場がどのような方程式に従うかだが，電子場に関しては，相対論的なディラック方程式が提案され，その正当性が実験によって検証されている．その結果，20世紀初頭に見られた場と粒子の二元論に基づく世界観は，相対論に適合する場の一元論に統一される方向に進んでいる．

§5-3-2 ディラック方程式と反粒子★

場の量子論では，電子とは電子場 ψ の励起状態が粒子のように振る舞っているものだと解釈される．それでは，電子場 ψ 自体は，どのような方程式に従うのだろうか？

簡単なケースとして，電子場が他の場と相互作用していない場合を考えよう．このような場は，相対論の要請に従うことが自明な方程式であるクライン＝ゴルドン方程式 (5.7) に従うと推測された．ところが，量子論の性質を調べるうち，電子場 ψ が従う最も基礎的な方程式は，時間や空間の座標に関して1階微分でないと具合の悪いことがわかってきた．それでは，その解がクライン＝ゴルドン方程式を必ず満たすような1階微分の方程式は，どのような形をしているのだろうか？ このような方程式を得る方法として，すぐに思いつくのが，クライン＝ゴルドン方程式の微分演算子を因数分解することである．

ただし，微分の添字がそのまま残ってしまうとローレンツ共変性が保たれないので，この添字を縮約するような係数が必要となる．この係数を γ^μ と書いて，次のように因数分解できると仮定してみよう．

$$\partial^\mu \partial_\mu - M^2 = \left(i\gamma^\beta \partial_\beta + M \right) \left(i\gamma^\alpha \partial_\alpha - M \right) \tag{5.24}$$

虚数単位 i は，他の文献と比較しやすくするために付けた．

ここでは，計算を簡単にするために，2次元ミンコフスキー時空で式を立てることにする．(5.24) 式の因数分解が成り立つために，2つの係数 γ^0 と γ^1 は，次の3つの式を同時に満たさなければならない．

$$\left(\gamma^0 \right)^2 = 1, \quad \left(\gamma^1 \right)^2 = -1, \quad \gamma^0 \gamma^1 + \gamma^1 \gamma^0 = 0 \tag{5.25}$$

γ^μ が単なる数ならば，明らかに，(5.25) 式を全て満たすことは不可能である．したがって，(5.24) 式の因数分解も不可能だと言いたくなるのだが，これを不可能だと考えなかったのが，ディラックである．彼は，γ^μ が行列ならば，(5.25) 式と同等の式を満たせることに気が付いた．2次元の場合は，次の2行2列の行列を考えれば良い．

$$\gamma^0 = \begin{pmatrix} 1 & 0 \\ 0 & -1 \end{pmatrix}, \quad \gamma^1 = \begin{pmatrix} 0 & 1 \\ -1 & 0 \end{pmatrix}$$

このとき，(5.25) 式の代わりに次の式が成り立つ．

$$\left(\gamma^0 \right)^2 = \begin{pmatrix} 1 & 0 \\ 0 & 1 \end{pmatrix}, \quad \left(\gamma^1 \right)^2 = -\begin{pmatrix} 1 & 0 \\ 0 & 1 \end{pmatrix}, \quad \gamma^0 \gamma^1 + \gamma^1 \gamma^0 = \begin{pmatrix} 0 & 0 \\ 0 & 0 \end{pmatrix} \tag{5.26}$$

(5.26) 式は，(5.25) 式における 1 を 2 行 2 列の単位行列に，0 を零行列（全ての成分が 0 の行列）に置き換えたものである．微分演算子が 2 行 2 列の行列になることを認めるならば，それが作用する電子場 ψ も 2 成分を持つはずである（これはかなり突飛な発想で，ディラックの論文を読んだ当時の物理学者は，誰しも驚愕しただろう）．この 2 成分をそれぞれ ξ, ζ とし，これらが満たす方程式として，(5.24) 式の因数のうちの後の項を使ったものを考える．

$$\left\{ i \begin{pmatrix} 1 & 0 \\ 0 & -1 \end{pmatrix} \frac{\partial}{\partial \tau} + i \begin{pmatrix} 0 & 1 \\ -1 & 0 \end{pmatrix} \frac{\partial}{\partial x} - M \right\} \begin{pmatrix} \xi \\ \zeta \end{pmatrix} = \begin{pmatrix} 0 \\ 0 \end{pmatrix} \tag{5.27}$$

(5.27) 式は，2 次元における相互作用しない電子場の方程式—ディラック方程式の簡易版—と見なすことができる．

(5.27) 式は，クライン＝ゴルドン方程式の微分演算子を因数分解して作ったものだが，この段階では，ローレンツ変換に対して共変になるかどうかはわからない．そこで，以下では共変性の証明を行い，ディラック方程式が相対論に適合することを示そう．

元の慣性系に対する相対速度が V の慣性系 K' の座標にダッシュを付けるというこれまでの表記法を用い，(5.27) 式の $\partial/\partial\tau$ と $\partial/\partial x$ を $\partial/\partial\tau'$ と $\partial/\partial x'$ で書き換えてみよう（変換則は (5.2) 式に与えてある）．微分演算子の係数を行列の中にまとめると，次式が得られる（ローレンツ因子 γ は，第 4 章 (4.1) 式に速度の関数として与えられたものだが，引数は常に V なので省略した）．

$$\left\{ i\gamma \begin{pmatrix} 1 & -\frac{V}{c} \\ +\frac{V}{c} & -1 \end{pmatrix} \frac{\partial}{\partial\tau'} + i\gamma \begin{pmatrix} -\frac{V}{c} & 1 \\ -1 & +\frac{V}{c} \end{pmatrix} \frac{\partial}{\partial x'} - M \right\} \begin{pmatrix} \xi \\ \zeta \end{pmatrix} = \begin{pmatrix} 0 \\ 0 \end{pmatrix}$$
(5.28)

ここで，次の関係式を満たす 2 行 2 列の行列 Ω を導入する（Ω が存在することは，【発展問題 7】で示す）．

$$\Omega\gamma \begin{pmatrix} 1 & -\frac{V}{c} \\ +\frac{V}{c} & -1 \end{pmatrix} = \begin{pmatrix} 1 & 0 \\ 0 & -1 \end{pmatrix} \Omega, \quad \Omega\gamma \begin{pmatrix} -\frac{V}{c} & 1 \\ -1 & +\frac{V}{c} \end{pmatrix} = \begin{pmatrix} 0 & 1 \\ -1 & 0 \end{pmatrix} \Omega$$
(5.29)

(5.28) 式の左から Ω を掛けると，(5.29) 式によって，

$$\left\{ i \begin{pmatrix} 1 & 0 \\ 0 & -1 \end{pmatrix} \frac{\partial}{\partial\tau'} + i \begin{pmatrix} 0 & 1 \\ -1 & 0 \end{pmatrix} \frac{\partial}{\partial x'} - M \right\} \Omega \begin{pmatrix} \xi \\ \zeta \end{pmatrix} = \begin{pmatrix} 0 \\ 0 \end{pmatrix}$$

を得る．したがって，K' 系での電子場を

$$\begin{pmatrix} \xi'(\tau', x') \\ \zeta'(\tau', x') \end{pmatrix} = \Omega \begin{pmatrix} \xi(\tau, x) \\ \zeta(\tau, x) \end{pmatrix}$$

と定義すれば，2 次元のディラック方程式 (5.27) は，K' 系でも同じ形式の方程式に変換されることになり，ローレンツ変換に対して共変であることがわかる．

Ω が実際に存在することは，次の発展問題で確認してほしい．

発展問題 ❼
Advanced Exercise 7

次式で与えられる Ω が (5.29) 式を満たすことを示せ.

$$\Omega = \frac{1}{\sqrt{2}} \begin{pmatrix} \sqrt{\gamma+1} & -\sqrt{\gamma-1} \\ -\sqrt{\gamma-1} & \sqrt{\gamma+1} \end{pmatrix}$$

解答のヒント
Solution Hints

(5.29) 式をそのまま計算するよりも,先に Ω の逆行列 Ω^{-1} を求めた方が見通しが良くなる.次の Ω^{-1} が Ω の逆行列であることは,簡単に確かめられるだろう.

$$\Omega^{-1} = \frac{1}{\sqrt{2}} \begin{pmatrix} \sqrt{\gamma+1} & \sqrt{\gamma-1} \\ \sqrt{\gamma-1} & \sqrt{\gamma+1} \end{pmatrix}$$

(5.29) 式第 1 式右辺において左から Ω^{-1} を乗じると,次式を得る.

$$\Omega^{-1} \begin{pmatrix} 1 & 0 \\ 0 & -1 \end{pmatrix} \Omega = \frac{1}{2} \begin{pmatrix} \sqrt{\gamma+1} & \sqrt{\gamma-1} \\ \sqrt{\gamma-1} & \sqrt{\gamma+1} \end{pmatrix} \begin{pmatrix} \sqrt{\gamma+1} & -\sqrt{\gamma-1} \\ \sqrt{\gamma-1} & -\sqrt{\gamma+1} \end{pmatrix}$$

ここで,第 4 章 (4.1) 式から得られる

$$\sqrt{\gamma^2 - 1} = \gamma \frac{V}{c}$$

という関係式を用いて整理すれば, (5.29) 式第 1 式が成り立つことは直ちにわかる.第 2 式についても,同じようにすれば良い.

なお,双曲線関数についての知識のある人は,

$$\cosh \omega \equiv \gamma$$

と置いて再計算してみてほしい. ω を使うと,ローレンツ変換の変換行列 $\Lambda(V)$ と Ω は,双曲線関数の倍角公式などを用いて,次のように書き直すことができる.

§5-3 相対論と量子論

$$\Lambda(V) = \begin{pmatrix} \cosh\omega & -\sinh\omega \\ -\sinh\omega & \cosh\omega \end{pmatrix}, \quad \Lambda(V)^{-1} = \begin{pmatrix} \cosh\omega & \sinh\omega \\ \sinh\omega & \cosh\omega \end{pmatrix}$$

$$\Omega = \begin{pmatrix} \cosh\frac{\omega}{2} & -\sinh\frac{\omega}{2} \\ -\sinh\frac{\omega}{2} & \cosh\frac{\omega}{2} \end{pmatrix}, \quad \Omega^{-1} = \begin{pmatrix} \cosh\frac{\omega}{2} & \sinh\frac{\omega}{2} \\ \sinh\frac{\omega}{2} & \cosh\frac{\omega}{2} \end{pmatrix}$$

ω は時空内部の回転（ブースト）の大きさを表すが，電子場 ψ の変換を与える行列が，通常のベクトルに対する変換行列の ω を $\omega/2$ で置き換えたものになることは，興味深い．

電子場が 2 成分になることの意味を正しく理解するには場の量子論の深い知識が必要になるが，ここでは，次の点を指摘することで，議論の方向性だけを示しておこう．電子は荷電粒子なので，電磁場との相互作用を行う．電磁場を電磁ポテンシャル A_μ で表すと，相対論の要請を満たすためには，γ^μ と A_μ との縮約によって添字を消さなければならない．電子場 ψ と電磁場 A_μ との相互作用があり，かつ，γ^μ と A_μ の縮約がある項として最も簡単なものは，

$$\gamma^\mu A_\mu \begin{pmatrix} \xi \\ \zeta \end{pmatrix} = \left\{ \begin{pmatrix} 1 & 0 \\ 0 & -1 \end{pmatrix} A_0 + \begin{pmatrix} 0 & 1 \\ -1 & 0 \end{pmatrix} A_1 \right\} \begin{pmatrix} \xi \\ \zeta \end{pmatrix}$$

という形になる．ここでは，実際にこの項を通じて，電子場と電磁場が相互作用するものと仮定しよう（理論的には，ゲージ対称性と呼ばれる原理によって，この形に限定されることが示される）．注目したいのは，A_0 の係数となる部分である．電子場の 2 成分 ξ と ζ のそれぞれに対して，相互作用するときの符号が逆になっている．(5.15) 式の前後で示したように，A_0 は，マクスウェル電磁気学でスカラーポテンシャル（電位）に相当する．相互作用する際の A_0 の係数の符号が ξ と ζ とで逆になることは，ξ と ζ が，逆符号の電荷を持つ素粒子に対応することを意味する．相互作用がないとき，ξ と ζ は同じクライン＝ゴルドン方程式を満たすので，質量などの自由粒子の運動にかかわる部分で両者に差はないと考えられる．したがって，電子場の 2 つの成分は，質量が等しく電荷が逆符号の素粒子を表すと考えられる．これが粒子と反粒子であり，電子の場合には，陽電子が電子の反粒子となる．

ディラックがディラック方程式を提唱したのは 1928 年，陽電子が宇宙線による素粒子反応を通じて発見されたのは 1932 年である．実験によって発見される以前に，相対論と量子論の要請だけに基づいて反粒子の存在を予言できたことは，理論の正当性を物理学者に強く印象付けることになった．

なお，4 次元になると，γ^μ は次の関係式を満たす 4 つの 4 行 4 列の行列となる．

$$\gamma^\mu \gamma^\nu + \gamma^\nu \gamma^\mu = -\eta^{\mu\nu}$$

γ^μ が 4 行 4 列になったことに対応して電子場も 4 成分となるが，これは，粒子・反粒子のそれぞれが，スピンと呼ばれる新たな 2 成分の内部自由度を持つことを意味する．

> コラム

朝永の超多時間理論

　朝永振一郎は，1965 年にシュウィンガー，ファインマンとともにノーベル物理学賞を受賞した．湯川秀樹に次ぐ，日本で 2 番目のノーベル賞受賞者だが，その業績が充分には紹介されていないように思われる．朝永の業績で最も有名な繰り込み理論に関して言えば，量子電磁気学における厳密な繰り込みの計算を最初に完遂したのはシュウィンガーであり（朝永グループの計算には一部に誤りがあった），また，現在の学生にも利用される直観的にわかりやすい計算手法を開発したのはファインマンなので，どうしてもこの 2 人の方が高く評価されがちである．しかし，朝永には，世界で最も早く，相対論的な場の量子論の形式を作り上げたという画期的な業績があることを忘れてはならない．それが，超多時間理論である．

　場の量子論の基礎的な枠組みは，1929 年にパウリとハイゼンベルクが提唱したが，時間を特別扱いする従来の手法を踏襲するもので，ローレンツ変換に対する共変性がはっきりしていなかった．特に問題となるのが，通常のローレンツ変換を行うと，遠方では変換前と変換後の座標の差がきわめて大きくなることである．粒子を対象とする量子論ならば，座標原点を粒子が存在する位置まで移動することができるので，困難は生じない．しかし，場の理論では，連続的に拡がった場を扱うため，そう簡単にはいかないのである．

　1940 年代前半に朝永が開発したのは，直線的な座標軸によって全時空における位置を指定するのではなく，曲線座標を利用する手法である．まず，その内部の任意の 2 点が空間的に隔たっているような領域を考えることにしよう．こうした領域は，4 次元時空内部で時間的な厚みのない 3 次元の拡がりを持ち，空間方向に無限に拡げていけば，4 次元時空を 2 つの領域に分ける境界となる．§3-2-1 で述べたように，相対論では，原点から見て光円錐の外側は未来でも過去でもなく「同時刻」と見なされるが，この境界は，任意の 2 点が互いに光円錐の外側にあるので，広い意味で同時刻を表す領域となる．直線座標系では，1 つの時計（例えば，空間座標の原点にいる観測者が持つ時計）が全空

間の時刻を指定するのに対して，「内部の 2 点が空間的に隔たる」という緩やかな条件で定めた同時刻領域は，場所ごとに時間の尺度が異なっており，直線座標系から見ると，場所によって時間が進んでいたり遅れていたりする（【図 5.1】）．このような同時刻領域の連なりによって時間を指定するのが，超多時間理論である．

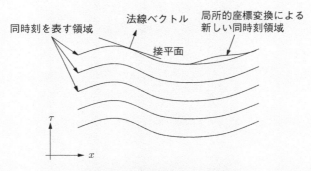

図 5.1 超多時間理論における時間

超多時間理論では，同時刻領域の接平面に直交する法線ベクトルが，直線座標系における時間の向きに相当する．この向きに沿って場の強度がどのように変化するかを考えながら，場の量子論の形式を構築したのが朝永である．粒子の量子論における波動関数 Ψ は，時間 t の関数として与えられたが，超多時間理論では，稠密に連なる同時刻領域ごとに波動関数が定義される．

超多時間理論における座標変換は，通常のローレンツ変換のように直線の座標軸を丸ごと回転させるのではなく，同時刻領域の微小な変形として与えられる．この微小な変形に対して基礎方程式が共変になるならば，変形を積み重ねていくことで，任意の座標変換に対する共変性が保証される（局所的な座標変換に対する共変性については，第 2 部の一般相対論に関する議論で，もう少し詳しく説明する）．実際には，量子論的な計算の途中で積分が発散するために取り扱いがきわめて複雑になるが，理論が相対論に適合することは明確になる．

1943 年に発表された超多時間理論に関する論文の英訳を戦争終結後に読んだダイソンは，回想録『宇宙をかき乱すべきか』の中で，「戦争の荒廃と混乱のさなかにある日本で，国際的には完全に孤立した状態にありながら，朝永はどうにかして理論物理研究集団を維持し，ある意味では世界のどこよりも進んだ活動を行っていた」と讃えた．さらに，朝永，シュウィンガー，ファインマ

ンの理論が実質的に同等であることを示した論文の脚注では，朝永らによる主要論文の多くが 1946 年末までに執筆されていたことを指摘し，「これら日本人研究者の孤立は理論物理学にとって疑いもなく深刻な損失だった」と記している．

第 6 章

相対論に対する誤解

§6-1 相対論のパラドクス

§6-1-1 尺度の相対性

　相対論に関しては，さまざまな誤解が蔓延している．最も頻繁に見られるのが，尺度の変化についての誤解である．ローレンツ短縮について考えてみよう．

　運動する物体の長さを測定すると，運動方向にローレンツ因子 γ（第 4 章 (4.1) 式）の割合で短くなることが知られている．第 2 章【図 2.5】では，運動する電荷が作る電場が扁平になった図を示したが，相対論の世界では，このような短縮があらゆる物体で起きるはずである．しかし，この現象をうかつに解釈すると，おかしな話になる．2 つの物体 A と B が相対的に運動している場合，A に固定された座標系では B が短くなっているのに，B に固定された座標系では A が短くなる．実際に短縮するのは，いったいどちらなのか？

　こうした混乱の原因は，ローレンツ短縮を物体が運動によって押し縮められる現象だと見なすことにある．実際には，物体が力学的に押し縮められるのではなく，座標軸の向きを回転させたことによって，長さの尺度が変化したと考えるべきである．座標軸を回転させると尺度が変わることは，2 つの物差しを傾けて重ねた場合を考えるとわかりやすい（【図 6.1】）．図に示したように，物差し B で物差し A の目盛りの間隔を測定すると，自分の目盛りよりも間隔が拡がっており，傾いた物差し A は長さが伸びたかのような結果が得られる．ところが，A で B を測った場合も，同じように間隔が拡がったという結果となる．これはもちろん，実際にどちらかの物差しが伸びたのではなく，相互に傾けたことが尺度の変化をもたらしただけである．ローレンツ短縮も，これと似たような現象である．ただし，2 つの物差しのケースでは空間内部で相互に回転させたのに対して，ローレンツ短縮では，時間と空間の双方にかかわるミンコフスキー時空内部での回転である点，および，長さの定義がユークリッド的ではなくミンコフスキー的であ

る点が異なっている．

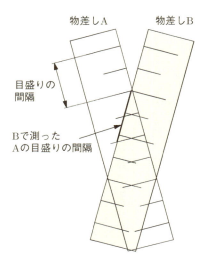

図 6.1 相互に傾いた物差し

§6-1-2　ギロチンのパラドクス

ローレンツ短縮の物理的な意味を理解するために，「ギロチンのパラドクス」とでも言うべき，ちょっと物騒な次の練習問題を考えていただきたい．

図 6.2 ギロチンのパラドクス

練習問題 ⑯
Exercise 16

不思議の国の女王はアリスに対して，平行な 2 つのギロチンを同時に落とし，宙で横になっているアリスの頭と足を切断するという刑を科した．ただし，刃が通過するとき，ギロチン台の狭間で身体を伸ばしたまま刃を避けられたら赦免するとも言った（【図 6.2】）．アリスの身長は 150 cm，ギロチン台の間隔は 90 cm である（刃の大きさは無視できるものとする）．そこでアリスは，自らを光速の 4/5 まで加速し，ローレンツ短縮によって身長を 90 cm に縮めることで刃を避け，赦免を勝ち取った．

ところで，この過程をアリスから見ると，ギロチン台の方が光速の 4/5 で動いているので，台の間隔はローレンツ短縮によってアリスの身長よりも短くなるはずである．にもかかわらず，アリスはなぜ刃を避けられたのだろうか？ 式を使って示せ．

解答
Solution

光速の 4/5 で動くときのローレンツ因子 γ は，

$$\gamma = \frac{1}{\sqrt{1-(4/5)^2}} = \frac{5}{3}$$

である（以下の計算式では，この γ を用いる）．長さ L の物体は，ローレンツ短縮によって進行方向の長さが $L/\gamma = 3L/5$ になり，運動するアリスの身長は 90cm に縮むので，タイミングを合わせれば，ギロチンの刃はアリスの頭上と足下すれすれの場所を通り過ぎる．

大地に対して静止している慣性系 K で，この過程を記述することにしよう．アリスの進行方向に x 軸，鉛直上向きに y 軸を取る．運動するアリスの先端を A，後端を B，ギロチンの刃を手前から順に C，D と名付け，B と C が一致する点を 4 次元座標の原点とする．A から D までの x および y 座標を時間 τ（$= ct$）の関数として表すと，次のようになる（【図 6.3】）．

$$x_A = \frac{V}{c}\tau + L', \quad y_A = 0$$
$$x_B = \frac{V}{c}\tau, \quad y_B = 0$$

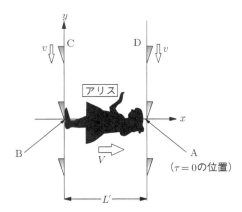

図 6.3 K 系で見たアリスと刃の位置

$$x_C = 0, \quad y_C = -\frac{v}{c}\tau \qquad (6.1)$$
$$x_D = L', \quad y_D = -\frac{v}{c}\tau$$

ただし，$L' = L/\gamma$=90cm で，もともと L（=150cm）だったアリスの身長がローレンツ短縮で縮んだときの値である．また，ギロチンの刃は落下の際に加速度運動をするはずだが，$y = 0$ 近傍での振る舞いだけを考えれば良いので，近似的に速度 v の等速度運動と見なした．

この過程を，アリスとともに運動し，K 系と 4 次元座標の原点を共有する K′ 系で記述することにしよう（K′ 系の座標にはダッシュを付けて表す）．そのためには，(6.1) 式に記した K 系の x,y,τ を，ローレンツ変換の標準形（第 2 章 (2.35) 式）を使って K′ 系の x',y',τ' で書き直せば良い．例えば，(6.1) 式に記した A の x 座標を K′ 系の座標で書き直すと，次式が得られる．

$$\gamma\left(x'_A + \frac{V}{c}\tau'\right) = \frac{V}{c}\gamma\left(\frac{V}{c}x'_A + \tau'\right) + L'$$

これより，

$$x'_A = \gamma L' = L$$

となる．同じようにして，B,C,D の x 座標を求めることができる．

$$x'_B = 0$$

$$x'_C = -\frac{V}{c}\tau'$$
$$x'_D = -\frac{V}{c}\tau' + \frac{L'}{\gamma}$$

これらの結果から，K′系でアリスの身長は本来の L （=150cm）になる一方で，ギロチン台の間隔は，L'/γ （=54cm）と狭くなることがわかる．

注意しなければならないのは，y 座標である．ローレンツ変換の標準形では $y' = y$ なので鉛直方向の運動に変化はないと錯覚しがちだが，y 座標の式に含まれる時間座標 τ が変換されるので，K 系と K′ 系で落下の仕方は異なったものとなる．実際，(6.1) 式における C と D の y 座標の式を書き換えると，次のようになる．

$$y'_C = -\frac{v}{c}\gamma\left(\frac{V}{c}x'_C + \tau'\right) = -\frac{v}{c\gamma}\tau'$$
$$y'_D = -\frac{v}{c}\gamma\left(\frac{V}{c}x'_D + \tau'\right) = -\frac{v}{c\gamma}\left(\tau' + \frac{V}{c}L\right)$$

この式から明らかなように，刃 D がアリスの頭をかすめる瞬間（$\tau' = -VL/c$）には，刃 C はまだアリスの体の直上にある．これは，慣性系によって「同時」の定義が変わるという相対論的な効果の現れである．刃 C は，速度 v/γ で落下するとともに x 軸負の向きに速度 V で動き，$\tau' = 0$ でアリスの体と同じ高さになったときには，足先の位置（$x'_C = 0$）まで移動しているため，アリスはギロチンの刃を避けられたのである． ■

K 系で考えると，アリスが刃を避けられたのは，ローレンツ短縮の効果のように感じられる．しかし，K′ 系では，アリスが時空の内部で身を傾けて刃をよけたと解釈することもできるだろう．【図 6.4】を眺めながら考えてほしい．

§6-1-3 双子のパラドクス

ローレンツ短縮と並んで相対論を理解しにくいものにしている尺度変化が，「運動する時計は遅れる」という現象である（§4-1-2）．これに関係するパラドクスとして知られているのが，有名な「双子のパラドクス」である．

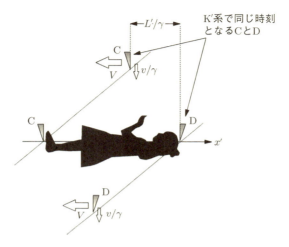

図 6.4 K' 系で見たアリスと刃の位置

練習問題 ⑰
Exercise 17

双子の兄がロケットに搭乗して，地球から 4 光年の距離にあるケンタウルス座アルファへの往復旅行を行った．ロケットは旅程のほぼ全てを光速の 4/5 の速さで飛行し，加速度運動する期間やアルファ星での滞在期間は無視できるほど短いものとする．地球時間で出発後 10 年経ってロケットは帰還し，兄は地球に残った弟と再会した．
(1) ロケットの出発から帰還まで，兄の固有時では何年が経過しているか？
(2) 兄弟が光学望遠鏡で相手の姿を見ていたとすると，相手側の"時間の流れ"はどのように見えるか？

地球から見ると，4 光年彼方のケンタウルス座アルファまで，光では 4 年，光速の 4/5 で飛行するロケットでは 5 年掛かる．アルファ星に到着した兄のもとに届く地球からの光は，地球時間でロケット出発後 1 年経ったときに放出されたもの，このとき兄から放出された光が地球に届くのは，地球時間でロケット出発後 9 年経ってからである（【図 6.5】）．

§6-1 相対論のパラドクス

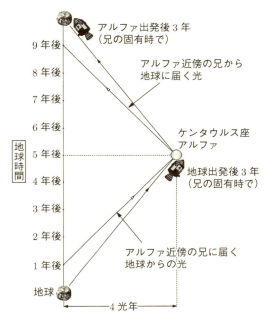

図 6.5 双子のパラドクス

(1) 速度 v で運動する物体の微小な固有時は，第 4 章 (4.10) 式に示してある．片道で考えると，地球時間で 5 年間にわたり光速の 4/5 で運動するのだから，その間に兄が体感する経過時間は，

$$\int_0^5 \sqrt{1-\left(\frac{4}{5}\right)^2}\,d\tau = 3[年]$$

となる．

［別解］兄から見ると，地球とアルファ星の双方が光速の 4/5 で運動しているので，ローレンツ短縮によって，両者の距離は，4 光年 $/\gamma$=2.4 光年に変化する（ローレンツ因子 γ は，【練習問題 16】と同じく 5/3）．この距離を光速の 4/5 で進むのに要する時間は，2.4/(4/5)=3[年] となる．

したがって，ロケットが地球に帰還するまでの時間は，地球にいた弟にとって 10 年なのに対して，兄には 6 年でしかない．

(2) 兄がアルファ星に到着したときの光景が地球に届くのは，ロケット出発後 9 年目である．地球にいる弟からすると，この 9 年の間にロケット内における

兄の 3 年分の姿が送られてくるので，兄の時間は地球時間に比べて 1/3 のスピードでゆっくりと流れるかのように見える．また，帰路における 3 年分の兄の姿は，ロケットが帰還するまでの 1 年間に地球に届くので，弟からすると，兄は自分の 3 倍のスピードでセカセカと動くことになる．

　一方，兄がアルファ星に到着したときに届く地球からの光は，地球時間でロケット出発して 1 年後に放出されたものである．兄は，弟の 1 年分の映像を往路の 3 年の間に受け取るので，弟の時間は自分よりも 1/3 のスピードで流れているように見える．逆に，地球に向かう 3 年間には 9 年分の姿を見ることになり，弟の動きは自分と比べて 3 倍にスピードアップされている．■

　双子のパラドクスで重要なのは，兄にとっては弟が，弟にとっては兄が運動しているので，望遠鏡で観察される相手側の時間の流れは，どちらから見ても同じように変化するという点である（【練習問題 17】の場合，往路では 1/3，帰路では 3 倍になる）．にもかかわらず，兄弟が再会したときには，それまでに経過した時間が（一方は 10 年，他方は 6 年というように）食い違う．この違いは，どこから生じたのだろうか？

　相対論の立場からすると，ロケットが巡航状態にある間，兄と弟の置かれた物理的な状況は（天体からの重力を無視する，あるいは，弟は太陽系近傍の無重力空間にいることにするならば）完全に同等で，どちらが静止しどちらが運動しているか区別できない．しかし，ロケットがアルファ星近傍で方向転換する過程では，加速度運動をする兄にだけ慣性力（減速する際には前に，加速する際には後ろに押されるような見かけの力）が作用するため，同等ではなくなる．【練習問題 17】における兄弟間の差は，この加速度運動によってもたらされたのである．

　誤解のないように言っておくが，加速している過程で兄の時間が弟に比べてゆっくり進んだ結果として，両者の経過時間に差が生じるわけではない．弟に固定された座標系から見て兄のロケットが加速している時間が τ_1 から τ_2 までだとし，その間に，ロケットの速度 v が（地球からアルファ星の方向をプラスとして）$+4c/5$ から $-4c/5$ に単調に変化したとする．兄の固有時は，第 4 章 (4.10) 式によって

$$\int_{\tau_1}^{\tau_2} \sqrt{1-(v/c)^2}\, d\tau$$

と与えられるが，加速している間に，この被積分関数は $0.6 \to 1 \to 0.6$ と変化するので，兄から見た加速期間は $0.6 \times |\tau_1 - \tau_2|$ から $|\tau_1 - \tau_2|$ の間となり，弟から見た加速期間 $|\tau_1 - \tau_2|$ と同程度となる．加速度が充分に大きければ，兄弟どちらにとっても，加速度運動している期間は巡航期間に比べて無視できる大きさとなる．

加速度運動している間，ロケットは慣性系ではない．しかし，（§4-1-2 で論じたように）加速度運動する各瞬間にロケットと同じ速度で運動する慣性系を定義し，それぞれの慣性系で同じ時刻となる領域を考えることはできる．【図 6.6】の右側には，ロケットの加速度運動を滑らかな曲線で描き，ある瞬間にロケットと同じ速度となる慣性系で同時刻となる領域を示した．【練習問題 17】では，こうした加速度運動を行う期間は充分に短いとされるので，実質的には，【図 6.6】の左側に描いたように，ロケットが向きを変える瞬間に同時刻となる領域が大きく移動することになる．これが，旅程の大半で兄と弟は物理的に見て同等の立場であるにもかかわらず，ロケットが帰還したときに兄に比べて弟が 4 歳も多く年を取っている理由である．

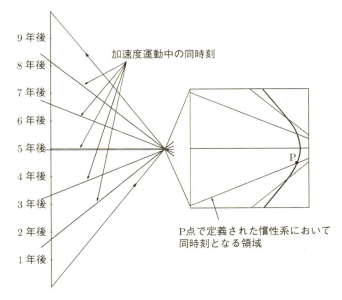

図 6.6 加速度運動中で同時刻を表す領域

§6-1-4 円筒状宇宙での双子のパラドクス

前節で取り上げた「双子のパラドクス」には，次のようなヴァリエーションを考えることができる．

通常，特殊相対論において，空間部分は無限に拡がった 3 次元ユークリッド空間として扱われる．しかし，空間の拡がりが無限ではなく，ある方向に進んでいくと，いつのまにか元の地点に戻ってしまうような幾何学を考えることも可能である．画用紙表面で

表される 2 次元世界の場合，こうした状況は，画用紙をクルクルと巻いて円筒状にすれば実現できる．このとき，画用紙の表面は平面を湾曲させただけであり，線や面などの図形を画用紙表面に沿って定義すれば，平面幾何学の諸定理はそのままの形で成り立つ（例えば，直線は"真っ直ぐな線"ではなく，2 点間を最短で結ぶ画用紙表面の線として定義する）．同じように，3 次元空間でも，時間方向および空間の y 軸・z 軸方向は無限に拡がっているが，x 軸方向に距離 L だけ進むと同じ地点に戻るような宇宙でも，局所的に見れば常にユークリッド幾何学が成り立っていることはあり得る．2 次元の例に倣って，こうした宇宙を円筒状宇宙と呼ぶことにしよう．

この宇宙で【練習問題 17】と同様の双子のパラドクスを考えてみよう．x 軸方向に 8 光年進むと元の地点に戻るような円筒状宇宙において，双子の弟は $x = 0$ にある地球に留まり，兄は地球から光速の 4/5 で x 軸正の向きに運動して宇宙空間を一周し，地球に戻るものとする．兄が 8 光年の行程を光速の 4/5 の速度で進む間，地球では 10 年が経過する．一方，兄の固有時によると，【練習問題 17】と同じ計算によって 6 年しか経過しないので，地球に帰還したときには弟より 4 歳若い．このケースでは，ロケットが加速度運動をする過程はない．それでは，2 人の年齢差はなぜ生じたのか？

ここで鍵となるのは，望遠鏡を x 軸のどちら側に向けるかによって，異なる光景が見える点である．弟が x 軸正の向きを見ると，時間の流れが 1/3 に遅くなったかのようにゆっくりした動作の兄が遠ざかっていく．しかし，兄が地球を出発して 8 年経ってから x 軸負の向きに望遠鏡を向けると，今度は，ちょうど地球を出発しようとする兄の姿が見える（そこには，8 年前の自分もいる）．その後の兄の動作は，時間の流れが 3 倍にスピードアップしたようで，兄にとっての 6 年間を 2 年で見ることになる．

地球を出発した直後の兄には，背後にゆっくりと動く弟の姿が見える一方，前方に地球時間で 8 年前の弟もいる．地球に到達するまでの期間は，自分には 6 年にしか感じられないが，望遠鏡の中の弟にとっては，地球出発前の 8 年と併せて 18 年の時間が経過しており，ロケットの中の自分に比べると時間の流れが 3 倍になっている．

このように，望遠鏡で見える相手側の時間の流れは，兄から見ても弟から見ても同じ割合で変化しているが，兄と弟では，何年前の自分が見えるかが異なっている．弟は，8 光年彼方にいる 8 年前の自分が見える．これに対して，兄は，x 軸のどちらを見るかによって異なり，前方に見えるのは，2.66…年前の船内にいる自分である（【図 6.7】を見て考えよ）．兄と弟の間に差が生じるのは，円筒状宇宙の構造がブーストに対して不変ではないからである．「x 軸方向に L だけ進むと元に戻る」という条件が x 軸を特別扱いしており，x 軸原点で静止する観測者と運動する観測者の間では，宇宙全体の構造が異なって見えることになる．

円筒状宇宙の例が示すのは，宇宙全体がミンコフスキー時空と同じ幾何学的構造を持っ

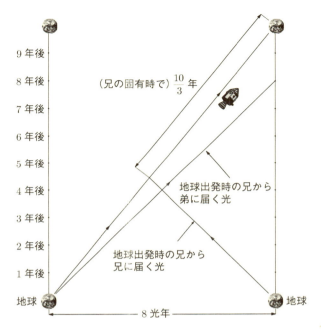

図 6.7 円筒状宇宙での双子のパラドクス

ていなくても，局所的にローレンツ変換に対する対称性があれば，その領域に特殊相対論を適用することが可能だという点である．円筒状宇宙にいる双子の兄弟に関しては，兄が宇宙空間を一周するために兄と弟の年齢に差が生じるという結果を招いたが，途中経過については，完全に特殊相対論の枠内であり，ローレンツ短縮や運動する時計の遅れなどについて相対論に基づく議論をすることができる．われわれの住む宇宙空間全体の幾何学的構造はいまだ明らかではないが，そのことが特殊相対論の適用を妨げるわけではない．

§6-2 量子効果は光速を超えられるか？

§6-2-1 量子論的な非局所相関★

20世紀物理学の2本柱である量子論と相対論を調和させられるかどうかは，量子論の内容に不明な点が残されているため，現在でも完全に意見の一致を見たわけではない．実際，量子論に見られる非局所相関（後述）が相対論に抵触すると主張する研究論文もある．こうした主張がしばしば過大に報じられるため，最新の研究によって相対論が揺ら

いでいると思い違いをする人がいるかもしれない．しかし，多くの物理学者は，非局所相関と抵触するのは相対論ではなく決定論ないし統計法則だと考えており，理論がローレンツ対称性を持つという相対論の基本原理に対する信頼性は，決して揺らいでいない．ここでは，量子論に関する専門的な知識をできる限り使わないようにしながら，この問題に関して簡単に説明をしておきたい．

重要なのは，**相互作用**と**相関**を峻別しなければならないという点である．相互作用とは，物理法則に従って相手に影響を及ぼすことで，エネルギーや情報などがやり取りされる．これに対して，相関とは，単に2つのデータに何らかの関連性が認められることを意味し，対象が直に影響を及ぼしあっているのか，同一原因から派生したことによるのかは，相関があるというだけでは明らかでない．例えば，当たりとはずれがペアになった籤（くじ）を1枚ずつ友人と分かち合い，互いに別れた後に中身を見て自分が選んだのがはずれだと判明した瞬間，友人の籤が当たりだとわかる．これは，友人のもとから籤の情報が超光速で飛んできたのではなく，単に，2枚の籤には一方がはずれならば他方が当たりという相関があるにすぎない．この相関は，籤を引き離したときにも持続し，非局所的な（すなわち，1つの場所にまとまっているのではない）相関となる．量子論的な非局所相関もこれと似ているが，相関が生じるメカニズムをうまく説明できないことが，問題をややこしくしている．

量子論的な非局所相関として，最もわかりやすい光子（電磁場の素粒子）の偏光を取り上げよう．光子の偏光には，直線偏光ならば垂直偏光と水平偏光というように2つの状態があり，軸が特定方向を向いた（理想的な）偏光板を通過するか否かで区分できる．実験条件をうまく設定すると，偏光状態が同じで反対方向に飛び出す2個の光子（平行偏光光子ペア）を発生させることができるので，こうした光子ペアを何度も発生させ，そのたびに互いに充分に離した後に，それぞれ偏光板を通過するかどうか調べる実験を行う（【図6.8】）．ただし，2つの偏光板の軸は必ずしも平行ではなく，両者がなす角度は一般的な値 θ ($0 \leq \theta \leq \pi/2$) を取れるものとする．偏光板を通過した場合は $+1$，通過しなかった場合は -1 という数値で表し，各光子の結果（それぞれ A, B とする）の積を多数のペアについて平均した値 $\langle AB \rangle$ を，角度 θ の関数として表した光子ペアの相関 $C(\theta)$ と定義しよう．この $C(\theta)$ が，量子論的な非局所相関の1例である．光子ペアの偏光状態が同じであることから，2つの偏光板の軸が平行ならば，一方の光子が通過すれば他方も通過し（$A = B = +1$），一方が通過しなければ他方も通過しない（$A = B = -1$）ので，相関 $C(0) = +1$ となる．また，偏光板の軸が直交するならば，一方の光子が通過すると他方は通過しない（$A = +1, B = -1$ または $A = -1, B = +1$）ので，$C(\pi/2) = -1$ である．

$\theta = 0$ および $\theta = \pi/2$ の相関だけならば，量子論でなくても説明することができる．

§6-2 量子効果は光速を超えられるか？

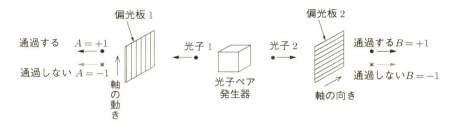

図 **6.8** 光子ペアの相関

現在の素粒子論では，光子には内部構造がないとされているが，仮に，内部で振動する何らかの機構があり，その振動の方向は，進行方向に直交する面内において，適当に決めた基準方向に対する角度 φ で指定されるものとする．この φ は，現在の理論では表に現れない「隠れた変数」である．隠れた変数を1つだけ用いた最も単純なモデルであることから，このモデルを「単純1変数モデル」と呼ぶことにしよう．平行偏光光子ペアの2つの光子はいずれも同じ φ を持ち，偏光板の軸と φ 方向のなす角度が $\pi/4$ 以下なら通過し，$\pi/4$ 以上ならば通過しないと仮定すれば，$\theta = 0$ および $\theta = \pi/2$ の相関は説明できる．

問題となるのは，θ が任意の値のときの相関 $C(\theta)$ である．$\theta < \pi/4$ の場合について考えよう．【図 6.9】には，2つの偏光板の軸を示し，単純1変数モデルでそれぞれの偏光板が通過できる $\pm\pi/4$ の範囲に影を付けた．2つの影が重なった（チェックの影の付いた）$\pi/2 - \theta$ の範囲に φ が入れば光子は2つとも偏光板を通過し（$A = +1, B = +1$），影のない $\pi/2 - \theta$ の範囲に入れば2つとも通過しない（$A = -1, B = -1$）．また，影が重なっていない 2θ の範囲ならば，一方の光子だけが通過する（$A = +1, B = -1$ ま

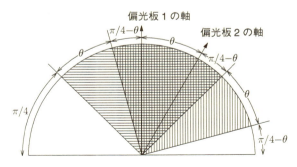

図 **6.9** 偏光板の軸の関係

たは $A=-1, B=+1$).　$\theta > \pi/4$ の場合も，同じように考えることができる．光子ペアにおける φ の分布が一様で偏りがなければ，単純1変数モデルにおける相関 $C(\theta)$ の値は，次のように計算できる．

$$C(\theta) = \frac{1}{\pi}\left\{(+1)(+1)\left(\frac{\pi}{2}-\theta\right) + (-1)(-1)\left(\frac{\pi}{2}-\theta\right) + (-1)(+1)(2\theta)\right\}$$
$$= 1 - \frac{4\theta}{\pi} \tag{6.2}$$

(6.2) 式が実験結果と一致すれば，単純1変数モデルの正当性が検証されることになるが，実際には，【図 6.10】に示したように，$\theta = 0, \pi/4, \pi/2$ 以外では一致しない．したがって，単純1変数モデルは，実験によって誤りだと判定される．一方，量子論による予想は，実験結果と完全に一致する．

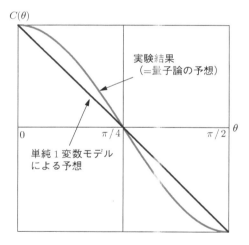

図 **6.10**　隠れた変数モデルと実験結果

このように，量子論的な非局所相関は，単純1変数モデルでは説明できない振る舞いを示す．もちろん，隠れた変数を用いたモデルは，これ以外にもいろいろと考案できるはずであり，その中には，実験結果を再現できるものがあると期待する人もいるかもしれない．しかし，1964年，隠れた変数を用いたモデルではどうしても再現できない非局所相関が存在することが示された．これが，有名な**ベルの不等式**に基づく議論である．

§6-2-2　ベルの不等式★

平行偏光光子ペアの偏光状態を調べる実験において，偏光板 1 は（光子の進行方向に

§6-2 量子効果は光速を超えられるか？

垂直な面内で）ベクトル a と a' の方向に，偏光板 2 は b と b' の方向に，それぞれ軸を切り替えられるものとする．この装置を使って，4 通りある軸の向きの組み合わせごとに偏光状態を調べる実験を繰り返し行い，相関 C を求めることを考えよう．このとき，隠れた変数を用いるモデルでは，いくつかの条件を仮定すれば，次の不等式が成り立つことが示される．

$$S(\theta) \equiv |C(\theta_{ab}) + C(\theta_{a'b}) + C(\theta_{ab'}) - C(\theta_{a'b'})| \leq 2 \tag{6.3}$$

θ の添字は，2 つの偏光板における軸の方向を表す．(6.3) 式がベルの不等式であり，右辺の 2 は**ベルの限界**と呼ばれる[17]．

ベルの不等式を導くのに必要な前提は，次のようなものである．

決定論の要請：物理的状態は，ある時空領域における隠れた変数（いくつあってもかまわない）によって完全に決定されており，実験結果は，その領域での隠れた変数の関数として与えられる．

因果律の要請：ある時空領域の物理的状態は，その領域より過去の状態によって定まり，未来の状態が影響することはない．

局所性の要請：ある時空領域の物理的状態は，同時刻に空間的に離れている領域から影響を受けることはない．

光子ペアの偏光状態を調べる実験では，決定論の要請より，光子ペア発生器から放出された時点での隠れた変数の値によって，どんな結果が出るかがあらかじめ決まっていたことになる．光子が到達する直前に偏光板の軸を切り替えることにすれば，因果律の要請から，放出時点での隠れた変数の値は軸の向きによらない．また，局所性の要請から，互いに離れた光子が連絡しあって相関を生み出すことはない．

ベルの不等式を適用するのは統計的な平均値に対してであり，1 回の実験で判定することはできない．このため，ベルの不等式を導く際には，統計的な事象に関する次の前提も使われる．

統計法則の要請：同じ条件で作り出した物理的状態の場合，隠れた変数が特定の範囲に入る確率は，正の定まった値を取る統計的な重み関数で与えられる．

---

[17] 正確に言えば，1964 年にベルが提案した不等式は (6.3) 式とは少し異なっており，(6.3) 式は，5 年後にクラウザーらがベルの議論の不完全な点を修正して提案したものである．ベルの不等式の導出法や詳しい解説は，物理学会誌 2014 年 12 月号に掲載された小特集「量子もつれ」の 3 つの論文に書かれている．また，本節で説明の際に用いた「実験の結果」なる表現は，必ずしもその通りの実験が行われたという意味ではなく，実質的に同等の実験が行われた際の結果を意味する．

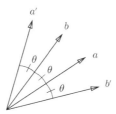

図 6.11 偏光板の軸

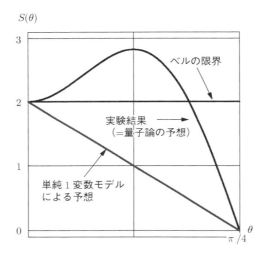

図 6.12 ベルの限界

実験結果がベルの不等式を満たしていれば，何らかの隠れた変数のモデルを使って，その結果を説明することができる可能性がある．しかし，実際の実験結果は，ベルの不等式を破るものだった．例として，

$$\theta_{ab} = \theta_{a'b} = \theta_{ab'} = \frac{1}{3}\theta_{a'b'} \equiv \theta$$

という関係式が満たされる場合（【図 6.11】）の実験結果を【図 6.12】に示す．

　実験結果のグラフを見ると，ある領域では確実にベルの限界を越えており，(6.3) 式に示したベルの不等式は満たされていない．4 つのの要請を前提とする隠れた変数のモデルからは (6.3) 式が導かれるので，このモデルによって実験結果を再現することはできない．

このように，量子論的な非局所相関を調べる実験では，決定論的・因果的・局所的な隠れた変数に基づくモデルでは説明の付かない結果が得られる．こうした相関の存在を最初に指摘したのは，アインシュタイン＝ポドルスキー＝ローゼンの連名による論文なので，このタイプの相関は，彼らの頭文字を取って **EPR 相関**と呼ばれる（EPR 相関の厳密な定義は専門的な文献に譲る）．

　ここで問題なのは，ベルの不等式を破る EPR 相関の存在が物理的に何を意味するかである．一部の人は，この結果は局所性の要請が成り立たないことを意味しており，光子ペアの偏光の相関を調べる実験では，一方の光子から他方の光子へ，偏光板の軸の向きに関する情報が超光速で伝えられて相関を生み出したと主張する．仮にこの主張が正しいとすると，相対論の正当性に重大な疑義が生じる．しかし，ベルの不等式の破れは，4 つの要請（あるいは，無自覚的に採用している他の要請）のどれかが成り立たないことを示唆するだけであり，具体的にどの要請が成り立たないかを特定するものではない．疑わしいのは決定論の要請と統計法則の要請だが，これらを否定して新たな理論を作ることはきわめて難しく，現時点では，物理学者の間で統一的な見解は得られていない．

§6-2-3　EPR 相関における因果律★

　EPR 相関に関して一般の人を混乱させているのが，市販の解説書に見られる杜撰な記述である．いくつかの解説書では，EPR 相関を示すペア（EPR ペア）の一方の状態を測定すると，その瞬間に他方の状態が変化すると書かれている．しかし，この記述はミスリーディングである．もし，実際にそうした変化が物理的な現象として起きるならば，この効果を利用して超光速で信号を送信できるはずである．例えば，光子ペアの偏光状態を測定する実験では，偏光板 1 の軸の向きが a のときが 0，a' のときが 1 と決めておけば，光子 1 が偏光板 1 に到達する直前に軸を切り替えて光子 2 の状態を変化させることで，1 ビットの情報を超光速で送れることになる．だが，こうした超光速通信は，今のところ不可能だと見なされている．

　EPR ペアの一方を測定することが原因となって他方の物理的状態が変化すると考えにくいのは，この原因－結果の過程が因果律を破るためである．ここまで取り上げてきた光子ペアの偏光状態ではなく，光速未満の速度で運動する電子ペアを使った実験を考えよう．電子は小さな磁石であり，磁石が逆向きになるように電子ペアを作り出す手法が開発されているので，光子ペアの場合と同じように，2 つの電子を充分に遠ざけた後にそれぞれの偏極状態を測定して相関を調べることが可能である．それでは，この実験において，一方の測定が原因となって他方の物理的状態が変化することが起こり得るのだろうか？　次の発展問題を考えていただきたい．

発展問題 ❽
Advanced Exercise 8

電子ペアを発生させ，2つの電子の重心が静止している慣性系（重心系）で見て同時刻に偏極状態を測定する実験を行ったとする．それぞれの電子が静止している慣性系で測定時刻の先後関係がどうなるかを調べ，それをもとに，「一方に対する測定が原因となって他方の状態を変化させる」とする解釈は因果律の破れを含意することを示せ．

解答のヒント
Solution Hints

まず，定性的に述べよう．

電子ペアが発生した瞬間に同じ時刻を指し，それ以降は，それぞれの電子と一緒に運動する2つの時計を想定する．各電子に対する測定は重心系で同時刻に行われるので，測定される電子と一緒に動く時計が指し示す測定時刻は，いずれの電子でも同じである．ところが，「運動する時計は遅れる」という性質があるため，一方の電子から見ると，他方の電子と一緒に動く時計は自分のものよりも遅れており，自分に固定された慣性系の時間座標を使うと，相手の電子に対する測定が行われる時刻は，自分に対する測定よりも後になる．したがって，「原因は結果に先立つ」という因果律を前提とすると，相手の測定が自分の状態の原因ではない．これは，2つの電子いずれに関しても同じように言えるので，因果律の破れを認めない限り，一方の測定が原因となって他方の状態を変化させたとは言えない．

次に，具体的に座標の式を書いて示したい．2電子の重心系を K_0 系，電子1，電子2とともに運動する慣性系をそれぞれ K_1 系，K_2 系とする（【図6.13】；3つの慣性系は原点を共有）．それぞれの慣性系の座標は，右下に添字 0, 1, 2 を記す．重心系における2つの電子の速さを V とすれば，K_0 系の座標に対する K_1 系と K_2 系の座標（運動方向を x 軸とし，x 座標と時間座標 τ だけを考える）の関係は，次のようになる．

$$x_1 = \gamma\left(x_0 + \frac{V}{c}\tau_0\right), \quad \tau_1 = \gamma\left(\tau_0 + \frac{V}{c}x_0\right)$$
$$x_2 = \gamma\left(x_0 - \frac{V}{c}\tau_0\right), \quad \tau_2 = \gamma\left(\tau_0 - \frac{V}{c}x_0\right)$$

§6-2 量子効果は光速を超えられるか？

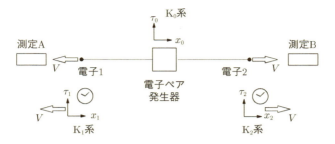

図 6.13 電子ペアの相関

$$\left(\gamma \equiv \frac{1}{\sqrt{1-(V/c)^2}}\right)$$

電子 1 の偏極状態を調べる測定 A は，重心系 K_0 の時間座標で表すと，$\tau_0 = T$ で行われるものとする．このとき，重心系での電子 1 の位置座標は，$-VT/c$ である．したがって，測定 A が行われる時刻を，K_1 系と K_2 系の時間座標で表すと，次のようになる．

$$\tau_1^A = \gamma\left\{T + \frac{V}{c}\left(-\frac{V}{c}T\right)\right\} = \frac{1}{\gamma}T$$
$$\tau_2^A = \gamma\left(T - \frac{V}{c}\left(-\frac{V}{c}T\right)\right) = \gamma\left\{1 + \left(\frac{V}{c}\right)^2\right\}T > \tau_1^A$$

重心系 K_0 で見て測定 B が測定 A と同じ時刻だとすると，2 つの測定が対称的なので，次の関係式が成り立つ．

$$\tau_1^B = \tau_2^A, \quad \tau_2^B = \tau_1^A$$

以上をまとめれば，K_1 系で見ると，電子 2 に対する測定 B は電子 1 に対する測定 A よりも後の時刻に，K_2 系で見ると，測定 A は測定 B よりも後の時刻になる．これより，定性的な議論で述べたのと同じ結論を得る．

上の主張は，重心系で見て 2 つの測定が同じ時刻に行われたという前提から導かれたが，厳密に同一時刻でなくても，それぞれの慣性系における測定時間の先後関係が保たれさえすれば，結論は変わらない．重心系 K_0 から見て，測定 B の時刻が T，A の時刻が $T + \Delta T$ であっても先後関係が変わらないためには，次式が成り立つ必要がある．

$$\tau_1^B = \gamma\left\{1+\left(\frac{V}{c}\right)^2\right\}T > \tau_1^A = \frac{1}{\gamma}(T+\Delta T)$$

これを書き直すと，測定が行われる時刻については，次の範囲のずれが許される．

$$\frac{\Delta T}{T} < 2\left(\frac{V}{c}\right)^2 + O\left(\left(\frac{V}{c}\right)^4\right)$$

この精度での実験はすでに行われており，量子論が予測する通りの相関が得られている． ■

EPR 相関に関して，一方で測定を行ったときの影響が超光速で他方に伝わって状態を変化させたと解釈するためには，因果律を否定しなければならない．逆に，因果律を認めるならば，測定される EPR ペアの間に相互作用があったとは主張できない．ただし，後者の場合は，「決定論的・因果的・局所的な隠れた変数のモデルでは説明の付かない相関が見られる」という謎が残る．

§6-2-4　量子テレポーテーション★

最近，科学分野の解説記事などに，量子テレポーテーションという語が登場することがある．最先端の物理学を知らない人は，量子効果を利用して物体を瞬間的に遠方に送る方法が考案されたのかと誤解するかもしれないが，そんな SF 的な技術が可能になったわけではない．

§6-2-1 で紹介した光子ペアの相関を調べる実験で，軸が垂直方向を向いた偏光板（垂直偏光板）の背後に置いた測定器に光子 1 が飛び込んできたとしよう．もう一方の光子 2 がどんな偏光状態か，光子 1 の測定が行われるまではわからなかったが，この測定が行われた瞬間に，垂直偏光板を通過するような状態だとわかる．しかも，そのことがわかった瞬間には，光子 1 は測定器内で吸収されて消えてしまう．つまり，垂直偏光板を通過する状態の光子が，一方で消えた瞬間に他方に存在することがわかる．これは，光子がテレポートしたことになるのだろうか？

もちろん，常識的に考えれば，これはテレポーテーションではないのだが，量子テレポーテーションと呼ばれる現象は，これと良く似たプロセスなのである．光子を用いた一般的な量子テレポーテーションのセットアップでは，EPR 相関を持つ光子ペアの片割れである光子 1 と別の光子 X の偏光状態が同じならば，その瞬間に，もう一方の光子 2 が光子 X と同じ偏光状態であることがわかるという形になっているが，この過程を「光子 X の状態がテレポートした」と SF 的に表現したにすぎない．もう少し手の込んだ

§6-3 相対論の原理は何か？

§6-3-1 最小作用の原理

相対論に関する最大の誤解は，この理論が光速不変性の原理をもとに構築されているという考えである．光速不変性は，ローレンツ変換の公式を最短で導ける便利な仮定なので，入門コースではこれを議論の出発点に据えることが多いが，あくまでローレンツ変換の式を得るまでの便宜的な仮定にすぎない．しかし，初学者の側からすると，どの慣性系でも光速は等しいというにわかには信じがたい前提を無理に押しつけられ，アドホックとも思える議論を積み重ねていくうちに，いつの間にか相対論的な運動方程式やエネルギー保存則の式が導かれるため，騙されたように感じてしまうだろう．

それでは，物理学的な観点から見たとき，相対論を原理から構築する際に何を出発点にするのが妥当なのだろうか？ 第3章で述べたように，相対論とはローレンツ対称性を前提とする理論の総称であり，物理法則を表す方程式がテンソル式になっていれば，その要請に適合する．しかし，テンソル式というだけでは条件があまりに緩く，理論を原理から構築していく方法論としては使い勝手が悪い．

実は，場の量子論のような基礎物理学を研究する物理学者が新理論を構築する際に出発点とするのは，多くの場合，方程式よりもむしろ**作用積分**（単に**作用**とも言う）と呼ばれる量 S である．理論物理学者にとっては，S を最小にするような物理現象が実現されるという**最小作用の原理**が，相対論を含むあらゆる物理学理論の指導原理なのである．数学的には，「作用積分を最小にする解」と「（作用積分から導かれる）方程式を満たす解」とは（いくつかの条件の下で）同一なので，作用積分と方程式のどちらを使っても同じ結果を得る．具体的な解の振る舞いを調べるには方程式を用いた方が便利だが，理論の対称性や保存則のような原理的な問題を論じるには，作用積分の方が扱いやすい．このため，相対論とはどのような理論かを考える場合は，作用積分を取り上げた方が議論がスムーズになる．ただし，作用積分を解析する際には，変分法と呼ばれる数学的手法を使うため，本書の読者にはやや難しいかもしれない．そこで，以下では，作用積分の入門編として，外力が加わっていない自由粒子を中心に話を進めることにする．自由粒子だけではトリヴィアルな議論しかできないが，それでも，最小作用の原理が何かをつかむきっかけくらいにはなるだろう．

§6-3-2　世界線の長さと作用積分

最小作用の原理について説明するための前段階として，ミンコフスキー時空（以下では，議論を簡単にするために，時間座標 $\tau(=ct)$，空間座標 x の 2 次元のケースに限定する）の内部で運動する粒子が描く世界線の長さを考えることから始めよう．

ある慣性系で静止した粒子が，時間軸上の点 P から点 Q に到達するまでに描く世界線を考える．空間方向に移動しないのだから，この世界線の長さは，PQ の時間間隔に等しい．次に，P と Q の中間の時刻（中間にあれば値は何でも良い）で，時間軸から離れている点 R を考える（【図 6.14】）．P と R を結ぶ線分は，P から R まで等速直線運動する粒子の世界線を表しており，その長さとなる固有時の経過時間は，第 4 章 (4.10) 式によって，この慣性系における P と R の時間間隔よりも短い．したがって，R と同じ時刻の時間軸上の点を R′ とすると，線分 PR の長さは PR′ よりも短い（ここで言う"長さ"はミンコフスキー時空で定義されたものであることを忘れないように）．同様に，線分 RQ の長さは R′Q よりも短い．したがって，次の三角不等式が成立する（ミンコフスキー時空内部の 2 点を結んだ線分の長さを，上にバーを付けて表す）．

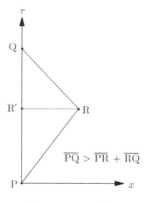

図 6.14　三角不等式

$$\overline{PQ} > \overline{PR} + \overline{RQ} \tag{6.4}$$

ここで，世界線の弧長はローレンツ変換に対する不変量であることを思い起こそう．初めに点 P と Q を時間軸上に設定したが，座標の並進やローレンツ変換を行えば，時間軸から離れ，空間座標が互いに異なる位置に移すことができる．したがって，互いに

§6-3 相対論の原理は何か？

時間的に離れており，時間的な順序が $P \to R \to Q$ の順になるという条件さえ満たしていれば，三角不等式 (6.4) は，常に成り立つ．

その上の任意の 2 点が常に時間的に離れているような世界線を，第 4 章【図 4.1】のように分割し線分で置き換えていくことを考えよう．分割して得られる線分に三角不等式 (6.4) を順次適用していけば，最終的に，端点が P と Q である世界線の長さは，世界線が直線である場合，すなわち，P から Q まで粒子が等速直線運動する場合に，最大になる．ミンコフスキー時空内部で時間的に離れた P から Q まで粒子を動かす場合，途中で粒子に加える力を調節することにより，さまざまな世界線を辿らせることができるが，力が働いていない自由粒子の場合は，こうした無数の世界線の中で最長のものが実際の軌道となるわけである．

ここで，両端が P (時刻 t_1) と Q (時刻 t_2) である世界線の 1 つ C に対して，次の (6.5) 式で定義される積分 S を考えよう．

$$S[\mathrm{C}] = -mc \int_{\mathrm{C}} d\sigma = -mc^2 \int_{t_1}^{t_2} \sqrt{1-(v/c)^2} dt \tag{6.5}$$

S は，世界線 C の弧長に $-mc$ を乗じた量になっている（mc という係数は，後の式を簡単にするためのもので，この段階では深い意味はない）．自由粒子の場合，運動の軌道として実現されるのは最も長い世界線なのだから，「実際の粒子が描くのは積分 $S[\mathrm{C}]$ が最小になる世界線」と言うこともできる．

この性質は，幾何光学におけるフェルマーの原理に似ている．フェルマーの原理によれば，光は，光学的距離が最小になるような経路を伝播する．自由粒子の場合には，光における光学的距離の代わりに S を最小にする世界線が運動の軌道として実現される．(6.5) 式の S が自由粒子の運動における作用積分であり，「作用積分を最小にする軌道が実現される」ことが最小作用の原理である（正確に言えば，実現される軌道に対して作用積分 S が取るのは最小値に限定されず，極値でありさえすれば良い）．

最小作用の原理は，自由粒子以外にも拡張することができる．このとき，(6.5) 式の代わりに，作用積分の被積分関数は，(2 次元ミンコフスキー時空の場合には) 次式で示すような位置 x と速度 v の一般的な関数となる．

$$S[\mathrm{C}] = \int_{\mathrm{C}} L'(x,v) d\sigma = \int_{t_1}^{t_2} L'(x,v) \sqrt{1-(v/c)^2} c dt \tag{6.6}$$

作用積分を用いた議論が物理学者に好まれるのは，理論の対称性が明確になるからである．作用積分 S がローレンツ変換に対して不変ならば，「S を最小にする軌道が実現される」という物理法則もローレンツ対称性を持つことになり，相対論の要請を満たす．

(6.6) 式における微小な弧長 $d\sigma$ はローレンツ変換で値を変えないので，作用積分 S によって定義される理論が相対論に適合するための要件は，**被積分関数 L' がスカラー量だ**ということになる．これが，相対論を原理から構築する際の出発点である．自由粒子の場合，L' は最も単純なスカラー量である定数 $(-mc)$ になる．

§6-3-3　運動方程式の導出★

最小作用の原理を使うと，具体的な力を仮定せずに粒子の運動方程式を導くことができる．時間 t の積分として表した S の被積分関数は，一般に（変分法を開発した数学者ラグランジュに因んで）**ラグランジアン**と呼ばれる．粒子の位置 x と速度 v の関数として表したラグランジアン $L(x, v)$ は，(6.6) 式の $L'(x, v)$ と次式で結ばれる．

$$L(x, v) = cL'(x, v) \sqrt{1 - (v/c)^2} \tag{6.7}$$

特に，自由粒子のラグランジアンは，次のようになる．

$$L(x, v) = -mc^2 \sqrt{1 - (v/c)^2} \tag{6.8}$$

実際の運動で粒子が描く世界線を C_0，ある時刻における粒子の位置座標が C_0 から δx だけずれた別の世界線を C とし，2 つの世界線に対する作用積分の差 δS を考えてみよう（【図 6.15】）．式で書くと，次のようになる（x と v には添字を付けていないが，粒子が実際に行う運動での位置と速度を表す）．

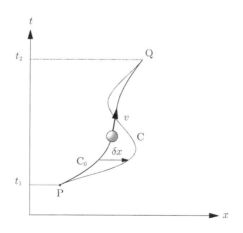

図 6.15　点 P から点 Q までの世界線

§6-3 相対論の原理は何か？

$$\delta S = S\left[\mathrm{C}\right] - S\left[\mathrm{C}_0\right] = \int_{t_1}^{t_2} L\left(x + \delta x, v + \frac{d\delta x}{dt}\right) dt - \int_{t_1}^{t_2} L\left(x, v\right) dt$$

右辺を δx で展開する．

$$\delta S = \int_{t_1}^{t_2} \left\{\frac{\partial L\left(x, v\right)}{\partial x}\delta x + \frac{\partial L\left(x, v\right)}{\partial v}\frac{d\delta x}{dt}\right\} dt + O\left((\delta x)^2\right)$$

右辺 { } 内の第 2 項を部分積分して，積分の両端で $\delta x = 0$ となる（【図 6.15】）ことを使うと，次式を得る．

$$\delta S = \int_{t_1}^{t_2} \left[\frac{\partial L\left(x, v\right)}{\partial x} - \frac{d}{dt}\left\{\frac{\partial L\left(x, v\right)}{\partial v}\right\}\right] \delta x dt + O\left((\delta x)^2\right) \tag{6.9}$$

最小作用の原理によれば，$S\left[\mathrm{C}_0\right]$ が世界線を変形させたときの最小値（正確に言えば極値）となるので，(6.9) 式の右辺に δx の 1 次項は現れないはずである．なぜなら，もし 1 次項が現れるならば，C_0 からのずれが δx ではなく $-\delta x$ の世界線を考えた場合，δS の符号が逆になるので，C_0 で S が最小になるという最小作用の原理に反するからである．δx の 1 次項が現れないことは，(6.9) 式の [ ] 内が 0 になることを意味する．すなわち，

$$\frac{d}{dt}\left\{\frac{\partial L\left(x, v\right)}{\partial v}\right\} = \frac{\partial L\left(x, v\right)}{\partial x} \tag{6.10}$$

でなければならない．(6.10) 式は**ラグランジュ方程式**と呼ばれ，粒子の運動では運動方程式に相当する．自由粒子の場合，(6.8) 式のラグランジアンを (6.10) 式に代入すれば，次の運動方程式を得る．

$$\frac{d}{dt}\left\{\frac{mv}{\sqrt{1 - (v/c)^2}}\right\} = 0$$

これだけならば，単に $v =$（一定），すなわち，自由粒子は等速度運動をするという当たり前の結果が導かれたにすぎないが，粒子に働く力の項をラグランジアンに付け加えると，より一般的な運動方程式が得られる．例として，自由粒子のラグランジアンに位置 x の関数 $-U(x)$ を加えた場合を考えよう．このとき，(6.10) 式は，

$$\frac{d}{dt}\left\{\frac{mv}{\sqrt{1 - (v/c)^2}}\right\} = -\frac{dU(x)}{dx}$$

となる．したがって，ニュートン力 f が $f = -dU/dx$ で与えられるとすれば，相対論的な運動方程式である第 4 章 (4.21) 式が再現できる（理論全体を相対論的にするためには，付け加える項をもう少し工夫する必要があるが，ここでは示さない）．

§6-3-4　エネルギー保存則★

物理法則は時間が経っても変化しない．ある物理実験を行ったときの結果は，（実験装置などに狂いがなければ）1 年後にも同じになるはずである．この性質は，最小作用の原理に基づく一般的な定式化では，ラグランジアンが時間にあらわに依存しないという形で現れる．運動方程式 (6.10) の解となる $x(t)$ と $v(t)$ をラグランジアン L に代入した場合，L の時間変化は，$x(t)$ と $v(t)$ の変化を通じてのみ現れる．したがって，次式が成立する．

$$\frac{dL(x,v)}{dt} = \frac{\partial L}{\partial x}\frac{dx}{dt} + \frac{\partial L}{\partial v}\frac{dv}{dt} \tag{6.11}$$

(6.11) 式に現れる x と v は運動方程式の解なので，(6.11) 式右辺の $\partial L/\partial x$ を (6.10) 式を使って書き換えることができる．さらに，速度の定義 $v = dx/dt$ を利用すれば，次式を得る．

$$\frac{dL(x,v)}{dt} = v\frac{d}{dt}\left(\frac{\partial L}{\partial v}\right) + \frac{\partial L}{\partial v}\frac{dv}{dt} = \frac{d}{dt}\left(v\frac{\partial L}{\partial v}\right) \tag{6.12}$$

ここで，エネルギー E を

$$E \equiv v\frac{\partial L}{\partial v} - L \tag{6.13}$$

と定義すれば，(6.12) 式より $dE/dt = 0$ となり，時間が経過してもエネルギーが変化しないというエネルギー保存則が得られる．自由粒子のラグランジアン (6.8) を使えば，エネルギー E として，

$$E = \frac{mc^2}{\sqrt{1-(v/c)^2}}$$

を得るが，これは，第 4 章 (4.24) 式と同じ形をしている．第 4 章では，粒子の速度が 0 となる極限でニュートンの運動方程式が厳密に成り立つという仮定からエネルギーの式を導いており，原子核や素粒子などニュートン力学が成り立たない対象でも同じ式が使えるかはっきりしていなかった．これに対して，(6.13) 式を用いたエネルギーの式は，ニュートン力学を前提としておらず，一般性が高い．しかも，この式が導かれる根拠になったのは，ラグランジアンが時間にあらわに依存せず，物理法則が時間の経過によっ

§6-3 相対論の原理は何か？　　　　　　　　　　　　163

て変わらないという原則であり，やみくもに式を変形して導いたものではない．

　「物理法則は時間経過によって変化しない」ことからエネルギー保存則が導かれたのと同じように，「物理法則は場所によらない」という原則をもとに式を変形していくと，運動量の保存則が導かれる．より一般的に，物理法則が（時間や空間の移動のような）連続変換に対して不変である—すなわち，連続変換に対する対称性がある—ならば，それに応じて保存則が導かれる．これが，理論物理学における最も重要な定理の1つとされる**ネーターの定理**である．

　相対論の入門書では，こうした論理の流れを明記しないまま式変形を積み重ねていくので，エネルギーや運動量の保存則がいかなる根拠に基づいて成り立つのか，どれほど一般性があるのかわかりにくいが，最小作用の原理を指導原理とする物理学者にとっては，ごく自然に導かれる保存則なのである．

コラム

超光速ニュートリノ騒動

　2011年9月，日本を含む11ヶ国の研究者からなる国際研究チームOPERAが，ニュートリノが超光速で運動することを示すデータを得たと発表，大きな話題となった．OPERAは，ニュートリノ振動と呼ばれる現象の解明を主な目的とする研究チームで，スイス・フランス国境にある欧州合同原子核研究所（CERN）で人工的に発生させたニュートリノを730km離れたイタリアのグランサッソ研究所で観測する実験を行っていた（ニュートリノは物質とほとんど相互作用しないので，何の障害もなく地中を通り抜けていく）．3年にわたる実験で集められた1万5000以上の事象データを解析したところ，ニュートリノの速度が光速より約0.002％—正確には，$(2.48 \pm 0.28 \text{（統計誤差）} \pm 0.30 \text{（系統誤差）}) \times 10^{-5}$—だけ速いという結果が得られたという．

　ニュートリノの速度は，発射地点と到達地点の間の距離を，発射時刻と到達時刻の差で割って求められた．GPSを利用して測定した2地点間の距離は，730534.61 ± 0.20 m．この距離を移動するのに光ならば2436801 ns（nsはナノ秒と読み，1 nsは10億分の1秒になる）だけかかるが，CERNとグランサッソに設置した原子時計によると，ニュートリノは，それよりも60 ± 10 nsだけ早く着いた．原子時計は1 ns以下の精度を持つので，この結果が原子時計の狂いのせいとは考えにくかった．

OPERAチームは，発表前に数ヶ月にわたって内部討論を繰り返したが，実験ミスは発見できず，「科学全般に与える潜在的な衝撃の大きさから，拙速な結論や物理的解釈をするべきものではない」とのコメントと併せて発表した.

　超光速ニュートリノのニュースは，さまざまな反響を引き起こしたが，その多くは批判的なものだった．批判の根拠となったのは，それ以前のデータとの不整合である．ニュートリノの速度は，1987年に大マゼラン雲に発生した超新星（SN1987A）から放出されたニュートリノが光とほぼ同時に到達したことから，10億分の2以下の精度で光速と一致すると見なされていた（第2章《コラム》参照）．大マゼラン雲は地球から16万光年離れているので，OPERAチームのデータのように，ニュートリノの速度が光より10万分の2も速いとなると，光より1年以上も前にニュートリノが飛来したはずである．もっとも，超新星からやってくるニュートリノのエネルギーは，今回のOPERA実験の1000分の1以下なので，エネルギーが小さいときには光速に近く，エネルギーが大きいほど速度が増すと解釈すれば，2つのデータが矛盾しているとまでは言えなかった．

　騒動の決着は，実にあっけなかった．OPERAチームが実験設備の再点検を行ったところ，グランサッソ研究所のケーブルに接続不良個所が見つかり，これが原因となって，CERNの時計よりも74ns遅れていたことが判明したのである．これ以外にも，15ns進む不具合が発見され，両者を併せると，「光より60±10ns早く着いた」というデータは，完全に消えてしまう．接続不良があったのは，GPS衛星からの信号を受信する地上施設と地下の時計を結ぶケーブルで，接続部が充分にねじ込まれておらず光ファイバーの端とフォトダイオードの間に1.5mmの隙間が生じたため，信号伝達に遅れが生じた．2006年と07年のチェックでは接続不良のないことが確認されており，それ以降，誰かが調整などのためにいったん接続をはずした後で，きちんと再接続しなかったらしい．このミスが発見されたことを受けて，OPERAチームは，2012年6月に超光速というデータを撤回した．

　超光速ニュートリノ騒動は「大山鳴動して…」という結果になったが，多くの物理学者は，この顛末を決して冷笑的に見たわけではないことを強調したい．一般の人は，最新機器を用いた実験は従前のものよりも正確だと考えがちだが，決してそうではない．素粒子の実験施設のように，複雑な精密機器を新たに設計・製造する場合は，どうしても予期せぬ不具合があちこちに生じてしまう．正規の実験を始める前に予備実験を繰り返し，実験装置の調整や測定の

キャリブレーション（較正）を行うのだが，特定の結果を得たいという思いが強すぎると，心理的バイアスによってキャリブレーションが偏り，望んだ通りの結果を誤って得てしまうおそれもある．今回のケースは，実験物理学者がどんな装置と格闘しているかを（理論物理学者を含む）多くの人々に知らせてくれたわけであり，それだけでも有意義な騒動だったと言えよう．

第 2 部
一般相対論

第 7 章

相対論と重力

§7-1 等価原理

§7-1-1 ニュートンの重力理論

　特殊相対論は，ニュートン力学とマクスウェル電磁気学に見られる「静止と運動を区別できない」という相対性をもとに組み立てられたものだが，いくつかの不完全な点が残されていた．最大の問題は，物体に働く力として相対論的に定式化されたのが電磁気的な力（ローレンツ力）だけで，重力が含まれていない点である．アインシュタインが特殊相対論を構築した 20 世紀初頭には，基本的な力は電磁気力と重力しか知られていなかったが，その後，原子核内部で作用する力が発見され，現在では，素粒子の標準模型に包括される 4 つの力があることが判明した．場の量子論を用いれば，このうち 3 つまでは電磁気力と良く似た手法で取り扱うことができ，特殊相対論の枠組みに収まるのに対して，重力だけは別枠で議論しなければならないことが知られている．

　特殊相対論について考える際には，周囲に何もない無重力空間に漂う複数の観測者をイメージするとわかりやすかった．このとき，どの観測者も物理的に見て対等で，誰が動き誰が静止しているかを判定できないことが，特殊相対論の出発点となる相対性原理である．ところが，周囲に天体が存在すると，状況は変わってしまう．天体に近い観測者は，より大きな重力加速度で落下することになり，観測者の間に差が生じるからである．宇宙空間には，どれほど天体から離れようと常に微弱な重力が作用しているので，特殊相対論がそのまま適用できる理想的な無重力状態は，現実には存在しないことになる．相対論を完全な体系にするためには，理論を拡張して重力を取り込む必要がある．

　しかし，重力を相対論に適合させるのは，きわめて難しい．電磁気学の場合，ローレンツ変換に対する電磁場の変換則さえ考案すれば，マクスウェル方程式の形を変更することなく特殊相対論に適合する理論を作り上げることができる（電磁場のテンソル $F_{\mu\nu}$ を用いた相対論的な電磁気学の定式化は，§5-2-2 で行った）．これに対して，重力と相

§7-1 等価原理

対論を調和させるためには，ニュートンの重力理論と特殊相対論の形式を両方とも改変しなければならない．

ニュートンの重力理論が相対論のアイデアと相容れないことは，容易に推察できる．2つの質点の間に働く重力としてニュートンが提案したのは，第1章 (1.12) 式である．しかし，この式には重力の伝播する過程が含まれておらず，重力源の位置が変化すると，その影響は，どんなに離れていようとも一瞬のうちに伝えられる．重力の大きさと向きは，質点同士の相対的な位置によって決まるので，【練習問題3】で示したように，重力だけが作用するときの運動方程式は，（ローレンツ変換ではなく）ガリレイ変換に対して共変となる．重力が時間に依存せず，空間的な位置関係だけに依存するという形式は，時間と空間を統一的に扱う相対論的な時空概念に違背する．

ニュートンの理論で重力の伝播が扱われないのは，きわめて速い伝播速度を無限大と見なしたせいだと考える科学者もいた．こうした観点から，18世紀以降，重力を場の理論として定式化し，場の変動が伝わる過程を含ませる試みがいくつも提案される．そこで使われるのが，重力ポテンシャルである．

ニュートンの理論では，重力は質点の間に作用する万有引力として定式化されていたが，重力ポテンシャルを用いると，重力源となる質点が周囲の重力ポテンシャルを変化させ，他の質点は，この重力ポテンシャルから重力の作用を受けるという形式になる．ニュートンの重力理論では，重力源となる質量 M の質点が位置ベクトル $\bm{r}'$ の地点に存在するとき，位置 $\bm{r}$ における重力ポテンシャル $\Phi(\bm{r})$ は，次式で与えられる．

$$\Phi(\bm{r}) = -G\frac{M}{|\bm{r}-\bm{r}'|} \tag{7.1}$$

より一般的に，任意の地点 $\bm{r}'$ における質量密度 ρ が，時刻 t に依存する関数 $\rho(t,\bm{r}')$ になる場合を考えると，重力ポテンシャルの値は，その瞬間における全ての地点からの寄与を加えあわせた次の式になる．

$$\Phi(t,\bm{r}) = -G\int\frac{\rho(t,\bm{r}')}{|\bm{r}-\bm{r}'|}dV' \tag{7.2}$$

位置 $\bm{r}$ に存在する質量 m の質点が，他の質量によって生じた重力ポテンシャル $\Phi(\bm{r})$ から受ける重力 $\bm{F}$ は，次式で与えられる．

$$\bm{F} = -m\nabla\Phi(t,\bm{r}) \equiv m\bm{g} \tag{7.3}$$

∇ は巻末付録Bで定義した微分演算子ナブラ，$\bm{g} \equiv -\nabla\Phi$ は，その地点における重力加速度である．(7.3) 式がニュートンによる第1章 (1.12) 式と一致することは，質量密

度が質点の存在するきわめて狭い範囲に集中していると仮定して (7.2) 式の $\boldsymbol{F}$ を微分すれば，容易に確かめられる．また，重力ポテンシャルに質量 m を乗じた $m\Phi$ は，質点が重力ポテンシャルの存在する領域に置かれたことによる位置エネルギーと見なすことができる．この立場からすると，(7.3) 式は，「位置エネルギーの傾きから保存力が導かれる」という力学の一般的な法則を表している．

ここまでは，重力ポテンシャル Φ を用いたからと言って新しい結果が出てくるわけではないが，(7.2) 式を用いて Φ が満たす方程式を考えると，少し事情が違ってくる．(7.2) 式の両辺にラプラス演算子

$$\Delta \equiv \frac{\partial^2}{\partial x^2} + \frac{\partial^2}{\partial y^2} + \frac{\partial^2}{\partial z^2}$$

を作用させると，次の微分方程式を得る（ここでは導き方を示すことはしないので，興味のある読者は，物理数学の参考書に当たっていただきたい）．

$$\Delta \Phi = 4\pi G\rho \tag{7.4}$$

(7.4) 式が，ニュートンの重力理論において重力ポテンシャルの満たす基礎方程式であり，重力が一瞬のうちに遠方まで届くという性質は，左辺の微分演算子に時間微分の項がないことに起因する．重力理論を改訂しようとした物理学者は，(7.4) 式左辺の微分演算子をラプラス演算子から§5-2-2 で導入したダランベール演算子（の符号を変えたもの）に変更するといった方法を試みたが，なかなかうまくいかなかった．アインシュタイン自身も，一時期，この方針で新たな重力理論を作ろうとして失敗している．(7.4) 式に代わる微分方程式がどのようになるかが一般相対論の核心であり，最終的にいかなる式が得られたかは，次の第 8 章で示す．

アインシュタインが一般相対論を構築する過程は，次の 3 つの段階に分けて考えるとわかりやすい．

1. 等価原理の提唱（1907 年）
2. リーマン計量の採用（1913 年；グロスマンとの共同研究）
3. アインシュタイン方程式の定式化（1915 年）

本章では，主に 1 の等価原理を解説し，さらに，2 に至る過程について，簡単に触れておきたい．

§7-1-2 アインシュタインの等価原理

アインシュタインが重力の本質を洞察するきっかけになったのは，「高いところから落下する際に人は重さを感じない」という経験的な事実だと伝えられる．この現象は，

§7-1 等価原理

ニュートン力学およびニュートンの重力理論の範囲でならば，式を使って簡単に示すことができる．

鉛直上向きに z 座標を取り，この方向の運動を考えることにしよう．質量 m の物体に，(7.3) 式で与えられる鉛直下向きの重力 mg（$= m|\nabla\Phi|$）と重力以外の鉛直方向の力 f' が作用する場合，ニュートンの運動方程式の z 成分は，次式で与えられる．

$$-mg + f' = m\frac{d^2 z}{dt^2} \tag{7.5}$$

ここで，（ニュートン力学の意味で）静止した直交座標系 (x, y, z) から鉛直方向に一定の加速度 a で運動する座標系 (x', y', z') に移ることを考える．良く知られているように，こうした座標系では，質量 m の物体に見かけの力である慣性力 $-ma$ が作用する．一般に，重力加速度 g は場所によって異なっており，一定値ではない．しかし，ごく狭い範囲に限ると，近似的に一定と見なせるケースが多い．例えば，衛星軌道上を周回するスペースシャトルは，半径 6700～6800km の円周上を秒速 8km 程度で動いているため，短時間ならば，外部から見たときのシャトル内部での重力加速度の向きと大きさは一定だと近似できる．この場合，原点での重力加速度 g と等しい加速度で鉛直下向きに運動する（座標軸を上向きに取っているので，$a = -g$ となる）座標系——これを，**自由落下する座標系**と呼ぶことにしよう——に移行すると，原点近傍の重力加速度が一定と見なせる範囲では，重力と慣性力が打ち消しあって，あたかも重力が消滅したように見える．これが，節の冒頭で述べた「高いところから落下する際に人は重さを感じない」という状況である．軌道上のスペースシャトルの場合，慣性力の一種である遠心力が重力と釣り合って，見かけ上の無重力状態を生み出している．

ニュートン力学の範囲に限れば，自由落下する座標系で運動方程式から重力の項が消えたように見えることは，古くから知られていた．しかし，アインシュタインは，この既知の経験則からさらに歩を進める．単に力学的な運動方程式で重力の項が打ち消されるだけではなく，あらゆる物理現象に関して重力の寄与がなくなる，あるいは，もっと明確に言えば，重力そのものが消滅すると仮定したのである．すなわち，

自由落下する座標系の原点近傍での物理現象は，無重力空間での物理現象と等しい．

この仮定を，**アインシュタインの等価原理**，あるいは，単に**等価原理**と呼ぶ．等価原理によれば，自由落下する座標系において，原点近傍は，特殊相対論が成立する無重力のミンコフスキー時空そのものと見なすことができる．このミンコフスキー時空を表す局所的な（原点近傍だけで使える）座標系は，**局所慣性系**と呼ばれる．

等価原理を逆に辿れば，無重力空間の慣性系に対して一定の加速度 g で運動する座標系から見たとき，運動の向きと逆向きに重力加速度 g の重力が存在することになる．ニュートン力学によれば，ここで重力と見なされるものは加速度運動したことに起因する慣性力のはずなので，等価原理を採用すると，重力と慣性力の区別が失われる．

等価原理に至るアインシュタインの思索は，経験則を原理的な一般法則に高める過程と見ることができる．この発想法は，特殊相対論を構築する際に，ニュートン力学やマクスウェル電磁気学が静止と運動を区別していないように見えるという経験則からあらゆる物理法則が静止と運動を区別しないという相対性原理を定立した方法論と似ており，何が本質的かを見極める直観力の凄さを物語っている．

アインシュタインの等価原理が正しい仮定と言えるかどうかは，この段階では，まだわからない．しかし，これを使うと，重力が光の伝播や時空の構造に与えるさまざまな影響が導かれ，それを手がかりに新たな重力理論を模索することができる．そこで，§3-4 で述べた仮説演繹法に従い，取りあえず等価原理を前提として話を進めていこう．

§7-1-3　重力赤方偏移

重力が光の伝播にどのような影響を与えるかを考えるために，次の【練習問題 18】を解いていただきたい．

【図 7.1】に示すように，床から天井までの高さが h のエレベータが無重力空間に存在する．天井には振動数 ν の光を放出する発信器が，床には受信器が設置されている．エレベータを床から天井の向きに一定の加速度 g で加速度運動させている途中で，天井から光が発射され床の受信器で受信された．

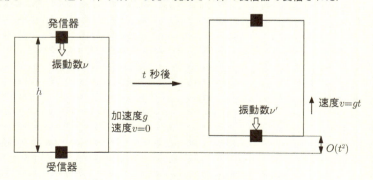

図 7.1　重力赤方偏移

(1) ドップラー効果の公式を用いて，受信された光の振動数を（h の 1 次までの近似で）求めよ．
(2) エレベータに固定した座標系から見ると，等価原理によって，重力加速度 g の重力場が存在する．エレベータで観測された振動数の変化が，重力ポテンシャルの差に起因する一般的な法則だと仮定して，重力場内部で光の振動数がどのように変化するかを与える公式を導け．

(解 答 Solution)

(1) エレベータに固定された座標系を K' 系，光が発射された瞬間に K' 系に対する相対速度が 0 の慣性系を K 系とする．K 系で見て，光が発信器から受信器に到達するまでの時間を t とした場合，この間の受信器の移動距離は（初速が 0 の等加速度運動なので）$O(t^2)$ となり，h の 1 次までの近似では $t = h/c$ と置いて良い（h の 1 次までの近似式では，等号を用いることにする）．受信機での振動数 ν' は，観測者の速度 v が $v = gt = gh/c$ のときのドップラー効果の公式（受信器が発信器に近づいているので，第 2 章 (2.43) 式の v の符号を変えたもの）を使って求められる．

$$\nu' = \nu\sqrt{\frac{1+v/c}{1-v/c}} = \nu\left(1 + \frac{v}{c}\right) = \nu\left(1 + \frac{gh}{c^2}\right) \tag{7.6}$$

(2) (7.6) 式は等加速度運動をする系について求めた関係式にすぎないが，等価原理を使うと，同じ現象が，光に対する重力の影響を表すものと解釈される．重力加速度 g が一定となるエレベータ内部で見た場合，床を基準として鉛直上向きに z 軸を取ったときの重力ポテンシャル Φ は，(7.3) 式より $\Phi(z) = gz$ となる．これより，(7.6) 式を，光の振動数が重力ポテンシャルによって変化する際の一般的な公式として書き換えることができる．

$$\nu\left(1 + \frac{\Phi}{c^2}\right) = （一定） \tag{7.7}$$

ただし，(7.7) 式の ν と Φ は，光が伝播する途中のある地点における振動数と重力ポテンシャルを表し，Φ の 1 次までの範囲で成り立つ近似である（$\Phi = 0$ となる基準点は，(7.7) 式を当てはめる経路上に取るものとする）．■

(7.7) 式を，§4-3-5 で紹介したアインシュタインの光量子仮説を結びつけてみよう．重力が存在しない場合，光量子仮説によれば，振動数 ν の光は，エネルギー $h\nu$ の塊である光子の集まりのように振る舞う（h はプランク定数）．(7.7) 式によれば，重力ポテンシャル Φ が存在する領域を光が伝播するとき，光子 1 個が持つエネルギー $h\nu$ は変化するが，これに $h\nu\Phi/c^2$ を加えた量は一定に保たれることになる．したがって，$h\nu\Phi/c^2$ を重力場内部に置かれた光子の位置エネルギーと解釈すれば，(7.7) 式に h を乗じた式は，光子 1 個が持つエネルギーと位置エネルギーの和が一定になるというエネルギー保存則を表す．光のエネルギー E を，個々の光子が持つ $h\nu$ というエネルギーの総和として定義すると，重力場内部における E の変化を表す次の式が得られる．

$$E\left(1 + \frac{\Phi}{c^2}\right) = （一定） \tag{7.8}$$

(7.7) 式が一般的に成り立つ公式だとすると，ここから，観測可能な現象が予想される．恒星表面で静止している原子から放出された振動数 ν の原子スペクトルを，充分に離れた観測点で捉える場合を考えよう．恒星の質量を M とすると，中心から距離 r の地点における重力ポテンシャル $\Phi(r)$ は，(7.1) 式で $r = |\boldsymbol{r} - \boldsymbol{r}'|$ と置いた式になるので，観測される振動数 ν' は，(7.7) 式より，

$$\nu' = \nu\left(1 - \frac{GM}{c^2 R}\right)$$

となる．ただし，R は恒星の半径であり，充分に離れているという条件から観測地点では $r = \infty$ と置いた．観測される振動数は，原子物理学から予想される値よりも小さくなる．この現象は，重力の影響で波長が長い側（可視光線で言えば赤の側）にずれることから，**重力赤方偏移**と呼ばれる．太陽の場合，

$$\frac{\Delta\nu}{\nu} \equiv \frac{|\nu - \nu'|}{\nu} = \frac{GM}{c^2 R} = 2 \times 10^{-6} \tag{7.9}$$

となる．これと同程度の振動数のずれは，太陽スペクトルの観測を通じてすでに 20 世紀初頭に見いだされており，アインシュタインはそれが重力赤方偏移の現れと推測したが，実際には，熱運動や対流によって太陽表面の原子は秒速数 km 程度で運動しており，これに起因するドップラー効果のせいで重力赤方偏移は覆い隠されてしまうはずなので，現在では，アインシュタインが参考にしたデータは単なる誤差だと考えられている．実際の重力赤方偏移が観測されるのは，20 世紀後半になってからである．

§7-1-4 重力質量とエネルギー

一般相対論について多少の知識を持っている読者は，ここまでの議論で，質量の定義

が曖昧だったことが気になったかもしれない．ニュートンの運動方程式 $f = ma$ に現れる質量 m は，力 f と加速度 a の比，すなわち，慣性の大きさ（加速されにくさ）を表す量であり，一般に**慣性質量**と呼ばれる．これに対して，(7.3) 式に現れる質量 m は，重力ポテンシャルが質点に及ぼす力を決定する量なので，**重力質量**と呼ばれる（(7.1) 式の質量 M は，質点が生み出す重力ポテンシャルの大きさを決定するもう 1 つの重力質量で，厳密に言えば，(7.3) 式の重力質量とは区別すべきものだが，ニュートンの重力理論の場合，2 つの質点が相互に及ぼしあう力が作用・反作用の法則によって等しいことから，2 種類の重力質量は同じものと見なしてかまわない）．等価原理を前提とすると，慣性力と重力が原理的に区別できないとされるので，慣性質量と重力質量は等しくなければならない．しかし，概念的に異なる 2 つの質量をいきなり同等と見なすことに，抵抗を感じる人もいるだろう．このわかりにくさを解消するのが，慣性質量にせよ重力質量にせよ，質量はエネルギーと等価だという見方である．

§4-3-2 で論じたように，特殊相対論によれば，ある物体の慣性質量に光速の 2 乗を掛けたものは，物体内部に閉じ込められたエネルギーの総量を表すと考えられる．この「質量とエネルギーの等価性」は，相対論的な運動方程式を仮定すれば理論的に導けるが，第 4 章【練習問題 12】とそれに続く部分で論じたように，運動方程式を仮定しない場合でも，アインシュタインの光量子仮説を使えば一般的に成り立つことが示せる．それでは，重力質量に関しても，同じようにエネルギーとの等価性が言えるだろうか？ この点に関して，アインシュタインが提案した思考実験を紹介しよう．

《《 **練習問題 ⑲** 》》
Exercise 19

一定の重力加速度 g が存在する領域に，準静的に上下させられる物体 P と，物体間で相互に光のやり取りを行える物体 Q および R が存在する．当初，P と Q は床から h の高さに，R は床上にあった．この状態から始めて，次の過程を実行する（【図 7.2】）．

176   第 7 章　相対論と重力

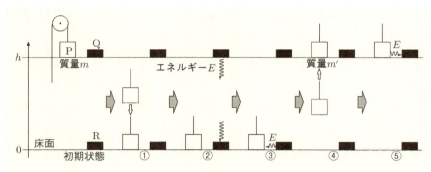

図 7.2　重力質量とエネルギー

① P を準静的に床の高さまで下降させる．
② 高さ h にある Q から放射されたエネルギー E（高さ h で測定される値）の光を，床に置かれた R に吸収させる．
③ R から放射されたエネルギー E の光を，同じ高さにある P に吸収させる．
④ P を高さ h まで上昇させる．
⑤ P から放射されたエネルギー E の光を，同じ高さにある Q に吸収させる．

ここで，重力ポテンシャル Φ があるときの光のエネルギー変化を表す (7.8) 式と，重力質量 m が持つ位置エネルギーの式 $m\Phi$ が使えるものとして，エネルギー保存則をもとに，物体 P に関する重力質量 m の変化とエネルギーの関係を求めよ．

$$\left(\begin{array}{c}\text{解 答}\\\text{Solution}\end{array}\right)$$

物体 P と Q が持つエネルギーは，最初と最後で等しい（どちらもエネルギー E の光を放出・吸収しており，P は準静的な昇降の後に同じ高さに戻っている）．一方，物体 R は，(7.8) 式に従ってエネルギーの大きさが E から変化した光を吸収．その後，エネルギー E の光を放出するので，差し引き，$\Delta E = Egh/c^2$ だけエネルギーが増えている．P,Q,R を併せた物体系では，この ΔE がエネルギーの増分になるが，エネルギー保存則を適用すると，ΔE は外部とやり取りしたエネルギーの収支と一致しなければならない．

§7-1 等価原理

　外部とのエネルギー収支は，物体 P を昇降させる際の仕事量 W に等しく，P の位置エネルギーの差として与えられる．最初の状態での P の重力質量を m，エネルギー E の光を吸収した後の重力質量を $m + \Delta m$ とすると，

$$W = -mgh + (m + \Delta m)\,gh$$

となる．エネルギー保存則 $W = \Delta E$ を使えば，エネルギー E を吸収したときの重力質量の増分として，

$$\Delta m = \Delta E / c^2 \tag{7.10}$$

を得る．■

　(7.8) 式を導く際に等価原理を使っているので，【練習問題 19】は，等価原理から重力質量とエネルギーの等価性（厳密に言えば，重力質量の増加と吸収されたエネルギー量の等価性）を表す (7.10) 式が得られることを意味する．この等価性は，単に重力質量と慣性質量が同じものであることを示すだけでなく，「重力は何に作用するか？」という問題に新たな見方を提供する．古典物理学の考え方では，質量とは「物質の量」のことであり，重力は質量を持つ物質に対して作用するとされていた．しかし，慣性質量と重力質量が等しいならば，質量 m の質点が重力ポテンシャル Φ の場所に静止しているときのエネルギー（質点内部に閉じ込められたエネルギーと位置エネルギーの和）が，

$$mc^2 \left(1 + \frac{\Phi}{c^2}\right)$$

と表され，光のエネルギーに関する (7.8) 式左辺と同じく，質点が持つ内部エネルギーに $(1 + \Phi/c^2)$ という因子を乗じた形式になることに注意していただきたい．このことは，重力ポテンシャル Φ と相互作用する——比喩的な表現を用いれば，Φ を"感じる"——のが，物質ではなく，光子や質点が持つエネルギーであることを強く示唆する．重力がエネルギーと相互作用するという考え方は，一般相対論を理論的に定式化することによって（重力場とエネルギー運動量テンソルが方程式を通じて結びつけられるという形で）正当化されるものの，今の段階では，あくまで推測にすぎない．しかし，「物質の量を表す質量には慣性質量と重力質量の 2 種類があり，両者はなぜか一致する」という理解困難な主張よりも，「物理現象の基本になる量はエネルギーであり，閉じ込められたエネルギーが運動における慣性や重力場との相互作用を決定する」と考える方が，はるかに受け容れやすいのではなかろうか．

§7-1-5 重力による時間の遅れと光速の変化

　光が伝播する際に (7.7) 式に従って振動数が変化することは，物理的に何を意味しているのだろうか？【練習問題 18】のエレベータ内部で何が起きているかを考えてみよう．光の振動数は，「電磁場が何回最大値を取るか」というピークの個数を表しており，エレベータの天井では 1 秒間のピークの個数が ν 個なのに，床に到達したときには，1 秒間で ν' 個に変化する．重力ポテンシャルが存在する領域を通過するだけで，ピークの数が増減するとは考えにくい．したがって，振動数の変化は，「同じ個数のピークが観測されるのは何秒の間か？」を決める時間の尺度が変化した結果だと推測できる．

　§4-1-2 で導入した固有時という概念を使うと，こうした事情を説明しやすくなる．第 4 章では，粒子とともに運動する時計が指し示す時刻を（その粒子にとっての時間という意味で）固有時と呼んだが，ここでは，重力ポテンシャル内部に置かれた時計の時刻を（その場所における時間という意味で）固有時と呼ぶことにしよう．(7.7) 式の振動数変化が固有時の違いによるものとすると，重力ポテンシャル Φ の地点での固有時の間隔 $d\sigma$ は，ポテンシャルがゼロの地点で定義した間隔 $d\tau\,(=cdt)$ に対して，

$$d\sigma = \left(1 + \Phi/c^2\right) d\tau \tag{7.11}$$

という関係にある（ただし，(7.11) 式は，(7.7) 式と同じく Φ の 1 次までの近似である）．天体の重力を考える場合，天体から充分に離れた地点を $\Phi = 0$ とするのが一般的なので，天体の近くでは $\Phi < 0$ となり，そこに置かれた時計は遠方にある時計に比べて遅れることになる．

　重力によって固有時が変化することから予想される現象が，天体の近くでの光の屈折である．天体の近くでは時間がゆっくり経過することから，光が伝播する速さも遅くなる．特殊相対論の範囲では光速は一定だとされていたが，重力を考慮すると，光速が場所によって変化するわけである．物理光学で知られているように，媒質の屈折率 n は，媒質中の光速と真空中の光速の比となるので，重力ポテンシャルが Φ の領域は，

$$n = 1 - \Phi/c^2$$

で与えられる屈折率 n を持つ媒質のように振る舞うと予想される（これまでと同様に，天体から充分に離れた地点をポテンシャル Φ の基準として，Φ の 1 次までの近似）．このアイデアに基づいて，アインシュタインは，1911 年の論文で，太陽の縁を通過する光が角度にして 0.83 秒だけ曲げられることを示した．実は，重力による光の屈折を論じるためには，時間の遅れだけではなく，空間のゆがみも考慮する必要があるため，アインシュタインが出した屈折角は，実際の値の半分でしかなかったが，媒質のない真空でも

光が屈折する可能性を論じた先駆的な研究として高く評価される．

(7.11) 式に示される時間の遅れは，重力の謎を解明する上で鍵となる．特殊相対論でも，運動する時計が遅れるという現象が見られるが，この遅れは，時間と空間の長さを別々に評価したことに起因する．相対運動する慣性系に座標変換することは，時間と空間を併せた時空での回転に相当しており，言うなれば (§6-1-1 の冒頭に示したように) 物差しを傾けたために尺度が変化したように見えるだけで，時空で定義される距離関数の値 (第 3 章 (3.7) 式) は変化しない．光は距離関数が 0 となる経路を進むため，どの慣性系でも光速は等しい．ところが，重力が存在すると物理的な長さそのものが変化し，その結果として光速が一定でなくなる．等価原理に基づく重力理論では，光速はもはや不変量ではない．

§7-2 等価原理の検証

ここまでの議論は，仮説演繹法に従って，正当性がはっきりしない等価原理を前提として進めており，仮説の上にさまざまなアイデアを積み重ねているので，かなり怪しげな議論と思われるかもしれない．そこで，一般相対性原理を採用する議論 (§7-1-1 の末尾に示した 3 つのステップのうちの 2) に移る前に，等価原理がどこまで検証されているかを述べておきたい．先回りして結論を言うと，等価原理は多くの検証実験によって高い精度で確認されているものの，必ずしも絶対的に正しい原理だと信じられているわけではない．

§7-2-1 自由落下の加速度

§7-1-2 でも述べたように，自由落下する座標系に移ると，ニュートン力学の範囲でも重力の影響を消せるが，その前提となるのが，慣性質量と重力質量が等しいことである．この 2 種類の質量の同等性は，自由落下する座標系が局所的に見て重力の存在しない慣性系と (電磁気現象など力学以外の現象も含めて) 物理的に同等であることを主張するアインシュタインの等価原理よりも限定的なので，一般に**弱い等価原理**[18]と呼ばれる．

弱い等価原理が成り立っていないと，重力が作用したときの加速度が，化学組成などによって異なるはずである．ある物体の慣性質量を m，重力質量を $(1+k)m$ と置くことにしよう．ただし，k は物質の種類に応じて定まる物質定数で，何らかの基準物質

---

[18] 「弱い等価原理」に対して，「強い等価原理」と呼ばれる原理もある．これは，物質の結合エネルギーのうち，重力エネルギーとそれ以外の (電磁気力や核力による) エネルギーの比率が異なる物質でも，通常の物質と同じ重力加速度で自由落下するという仮定で，この原理が成り立っていれば，同じ重力場内部では，重力エネルギーの比率が大きい中性子星でも，太陽のような主系列星と同じ運動をする．強い等価原理は，さまざまな重力理論の優劣を決定する上で歴史的には重要だったが，その内容がかなり専門的であること，何に対して「強い」のかわかりにくいことなどから，本書では扱わない．

で $k=0$ となるように重力加速度の値を定める．物体を自由落下させたときの加速度を a，基準物質によって測定された重力加速度を g とすると，$a=(1+k)g$ となるので，2種類の物質（添字の1と2で区別する）で自由落下の実験を行った場合，次式で定義される η が，弱い等価原理がどの程度まで成り立っているかを示す指標となる．

$$\eta \equiv \left|\frac{a_1-a_2}{g}\right| = |k_1-k_2|$$

17世紀以来繰り返し行われた実験によって，身の回りに存在する通常の物質を自由落下させた場合，$\eta < 10^{-9}$ になることがわかっている．素粒子には，（§5-3-2 で取り上げた陽電子のように）反粒子が存在することが知られているが，いくつかの反粒子に関しては，通常の物質と同じく重力加速度で落下することが確認されている．"反"粒子だからと言って，SFに登場する反重力物質のように振る舞うわけではない．物質の形態としては，この他にも，きわめて強い圧力で陽子・中性子が壊れて内部にあったクォークがばらばらに動き回っているクォーク物質や，クォークを含まずにグルーオンだけから成るグルーボールなどの存在が予想されており，これらがいかなる加速度で落下するか，今のところ実験で確認されていないが，多くの物理学者は，こうしたエキゾチックな物質も，通常の物質と同じように重力加速度で落下すると期待している．

§7-2-2 エトヴェシュ実験

弱い等価原理の検証として最も有名なのが，19世紀末から20世紀初頭に掛けてエトヴェシュが行ったねじり秤を用いる実験である．

§7-2-1 と同じく，重力質量が慣性質量の $(1+k)$ 倍になるとしよう．【図7.3】に示すように，地球上の物体には，地球からの重力（重力加速度 g）と，地球の自転による遠心力（加速度 a）が加わっており，この2つを合成したものが，見かけの重力となる（アインシュタインの等価原理を採用するならば，「見かけ」ではなく「真の」重力と言うべきである）．k が物質によって異なる場合には，見かけの重力も違う向きになる．異なる物質で作られた2つのおもりを取り付けたねじれ秤を用意すると，秤を吊る紐は，それぞれのおもりに作用する見かけの重力を合成した向き（見かけの鉛直方向）に吊り下がるが，おもりに作用する見かけの重力の向きが異なるため，さらにねじれ秤を回転させるようなトルクが働く．1回の実験でトルクの絶対値を測定するのは困難だが，装置全体を180°回転させるとトルクの向きが逆になるので，k が0でない場合は，最初の実験のときとねじれ秤の釣り合いの位置が変化する．この変化の大きさから，さまざまな物質における k の差を調べることができる．

エトヴェシュと共同研究者が行った実験では，ねじれ秤に取り付ける2つのおもりの素材として，獣脂－銅，硫酸銅－銅，アスベスト－銅，蛇木－プラチナなど9タイプの

§7-2 等価原理の検証

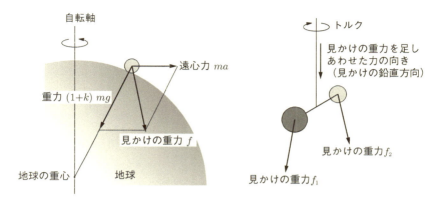

図 7.3 エトヴェシュの実験

ペアが用いられ，それぞれのペアでの k の差が，いずれも 1 億分の 1 以下になるという結果が示された．

言葉で説明すると実に単純な実験だが，気流の乱れや微かな振動によってデータが狂ってしまうため，実際に遂行するのは至難の業である．エトヴェシュは，慣性質量と重力質量が等しいことを調べる実験を 1889 年に開始し，まず，2000 万分の 1 の精度で両者が一致することを示した．さらに，等価性の検証に懸賞金がかけられたこともあって，1906 年から 09 年にわたって共同研究者と実験を行い，さまざまな誤差要因を慎重に取り除いて，前述の通り 1 億分の 1 の精度を実現した．1919 年にエトヴェシュが死んだ後は，彼の学生だったレナーが実験を引き継ぎ，1935 年には，20 億〜50 億分の 1 の精度で等価性を検証した．

最近では，ワシントン大学のグループがねじれ振り子を使った実験（Eöt-Wash 実験）を行っており，2001 年には，30 兆分の 1 という気の遠くなる精度に到達している．

§7-2-3 重力赤方偏移

重力赤方偏移に関する最初の精密実験は，1960 年にパウンドとレブカが行ったもので，塔の上部に置かれた線源が放射したガンマ線に関して，そこから $h = 22.6$m だけ下にある観測器で捉えられたときに振動数がどの程度変化するかが調べられた．(7.7) 式を使えば，振動数がずれる割合は次式で与えられる．

$$\frac{|\nu - \nu'|}{\nu} = \frac{gh}{c^2} = 2.46 \times 10^{-15}$$

右辺の値からわかるように，この種の実験では，きわめて高い精度が要求される．通常のガンマ線放出では，線源となる原子の反跳によってガンマ線のエネルギーが変化し

てしまうために，この精度は実現できない．パウンドとレブカは，線源として結晶内部で他の原子と強く結合して反跳しない鉄の同位体（^{57}Fe）を使うといったさまざまなテクニックを採用することで，$|\nu - \nu'|/\nu$ が理論値と 10 %の誤差で一致するという結果を得た．現在では，理論値と実験値は 1 万分の 1 以下の誤差で一致することが確認されている．

§7-1-3 の末尾で述べたように，太陽スペクトルの重力赤方偏移は，対流に起因するドップラー効果に覆い隠されて検出が難しく，20 世紀前半には，観測データの解釈も混乱していた（1923 年のアメリカ天文学会で，「観測されるシフトの見かけの傾向は，アインシュタイン効果と太陽大気の垂直速度場によるドップラー効果が併さったものとして説明できる」との見解が示されたが，この時点で，ドップラー効果の大きさがどの程度なのかは判明しておらず，単なる期待にすぎなかった）．現在では，太陽表面に見える粒状斑（グラニュール）の中心付近では上昇流が，境界付近では下降流があることが判明しており，この知見に基づいてドップラー効果の寄与を差し引くことで，理論値と数％程度の誤差で一致する結果を得ている．

白色矮星のように質量が大きく半径の小さい高密度星では，太陽よりも重力赤方偏移が観測しやすい．シリウス B（全天で最も明るい恒星シリウス A の伴星）は，観測データによって表面温度が高いのに光度が低いことがわかっており，きわめて半径の小さい高密度星だと推定された．1924 年，高密度星の研究を行っていたエディントンは，理論に基づいてシリウス B の半径や質量を求め，重力赤方偏移の予測値を導き出した．その 2 年後，今度はスペクトルのデータから，エディントンの予測値と見事に一致する振動数のずれが見いだされ，アインシュタインの理論を支持する結果として受け容れられた．ところが，数十年経ってから，理論値も観測値も大幅に誤っていたことが判明する．エディントンは，シリウス B の中心核が主に水素で構成されると考えたが，実際には水素は燃え尽きてヘリウム・炭素・酸素が主体になっていたため，半径の予測が大幅に違った．結局，シリウス B の半径は，エディントンが求めた太陽の 0.028 倍ではなく 0.0086 倍であり，質量の違いとも併せて，重力赤方偏移の予測値は正しい値の 1/4 程度になってしまった．一方，観測データも，（おそらくシリウス A の強い光に邪魔されて観測しにくかったせいで）同程度に誤っていた．現在では，シリウス B に関する重力赤方偏移の理論値と観測値はともに修正されており，両者は 10 %程度の誤差で一致する．

§7-2-4　重力による時計の遅れ

重力ポテンシャルの影響による時計の遅れに関しては，原子時計の精度が向上した（高精度のものは，10^{-15} 程度しか狂わない）ため，直接的な検証が可能になった．1970 年以来，航空機・ロケット・人工衛星に原子時計を搭載した実験が行われ，(7.11) 式と一致する結果が得られている．特に有名なのが 1976 年に行われた実験で，水素メーザー時

計をロケットに積み込んで高度 1 万 km まで打ち上げ，回収後に地上に置かれていた同型の時計と比較することによって，2×10^{-4} の精度で理論の正しさを確認した．日本では，2000〜02 年に，複数のセシウム原子時計を，高度（ジオイド面高）84 m の東京小金井から高度 710 m および 816 m の福島および佐賀の送信所に運搬，20 日間にわたって時計の進み方を基準時計と比較する実験が行われ，数％〜数十％の誤差で理論的な予測と一致した（1000 km 以上の距離を 2 日かけてトラックにより運搬したケースで誤差が大きかったが，これは，運搬中の振動や温度・湿度の変化が影響したと推測される）．

実用的なケースでは，GPS（全地球測位システム）において重力による時計の遅れが考慮されている．人工衛星に搭載された時計と地上の時計で進み方にどの程度の差が生じるか，練習問題として出題しよう．

練習問題 ⑳
Exercise 20

地球を質量 M，半径 R の静止した球と見なし，地球以外の天体は存在しないものとする．地上に置かれた時計が示す時間 t_0 を基準として，半径 r の円運動をする人工衛星に搭載された時計の示す時刻 t がどうなるかを調べよう．ある瞬間を計時の起点（$t = t_0 = 0$）とし，それ以降の経過時間について，$(t - t_0)/t_0$ を（符号を含めた）時間のずれと呼ぶことにする．
(1) 人工衛星の運動に起因する時間のずれを求めよ．
(2) 重力ポテンシャルに起因する時間のずれを求めよ．
(3) 2 つの効果を併せて，地上と人工衛星での時間のずれを r の関数として求めよ．

解答
Solution

地球の中心から r の距離における重力ポテンシャル $\Phi(r)$ は，無限遠を基準とすると，(7.1) 式の右辺の分母を r と置いた式で与えられる．また，人工衛星の質量を m とすると，運動方程式は，

$$G\frac{Mm}{r^2} = \frac{mv^2}{r}$$

となり，地球を周回する人工衛星の速度 v は，

$$v = \sqrt{\frac{GM}{r}}$$

と与えられる．これは，高度 $2000\,\mathrm{km}$ で秒速 $7\,\mathrm{km}$，高度 $4\,\mathrm{万}\,\mathrm{km}$ で秒速 $3\,\mathrm{km}$ となる速さである．一方，地球の自転による速さは赤道で秒速 $0.46\,\mathrm{km}$ 程度である．設問では地球は静止していると仮定したが，速度の効果は 2 乗で現れるので，わざわざ仮定しなくても無視できる大きさだった．

(1) 第 4 章 (4.10) 式で示したように，運動する時計の遅れは，ローレンツ因子で与えられる．地表の時計は静止していると見なされるので，

$$\left(\frac{t}{t_0}\right)_S = \sqrt{1 - \frac{v^2}{c^2}} = \sqrt{1 - \frac{GM}{rc^2}} \approx 1 - \frac{GM}{2rc^2}$$

となる．ただし，左辺に添字として付けた S は特殊相対論の効果であること，近似記号（$\approx$）は GM/rc^2 の 1 次の近似であることを表す．これより，人工衛星が運動することによる時間のずれ δ_S は，

$$\delta_S \approx -\frac{GM}{2rc^2}$$

と与えられる．

(2) (7.11) 式より，人工衛星と地表の時計の時間の進み方の差は，重力ポテンシャルの差として次式で与えられる（添字の G は，重力の効果であることを表す）．

$$\left(\frac{t}{t_0}\right)_G \approx 1 + \frac{GM}{Rc^2}\left(1 - \frac{R}{r}\right)$$

したがって，重力ポテンシャルに起因する時間のずれ δ_G は，

$$\delta_G \approx \frac{GM}{Rc^2}\left(1 - \frac{R}{r}\right)$$

となる．

(3) (1) と (2) で与えられたずれは，ともに GM/rc^2 の 1 次なので，2 種類の寄与が重なる場合，2 つのずれを単純に足し合わせれば良い．

$$\delta_{S+G} \approx +\frac{GM}{Rc^2}\left(1 - \frac{3R}{2r}\right)$$

高度 $300{\sim}400\,\mathrm{km}$ を飛行するスペースシャトルのように，低軌道を飛ぶ人工衛

星の場合は，ずれの値は負になり，人工衛星の時計は地表の時計に比べてゆっくり進む．一方，赤道上空 36000 km を周回する静止衛星に搭載された時計は，地表の時計よりも早く進むことになる．GPS のデータがカーナビなどで利用される際には，こうした時間のずれを補正して，正しい位置を指定できるようにしている．■

§7-2-5　等価原理は絶対か？

　ここまで述べてきたように，アインシュタインの等価原理は，かなり高い精度で検証されている．しかし，特殊相対論における相対性原理のように絶対的な信頼を獲得しているかと言うと，そこまではいかないというのが実状である．アインシュタインの等価原理が成り立たない重力理論は，これまでにいくつも提案されており，その正当性が真剣に検討されてきた．多くは，観測データと一致しないという理由で棄却されたが，現在なお検討対象になっている理論もある．

　等価原理を前提としない重力理論として特に注目されているのが，素粒子の分野で提案された超ひも理論である．この理論は，もともと素粒子の振る舞いを説明するために考案されたものだが，研究を進めていくうちに，重力理論を内包することがわかってきた．ただし，等価原理に基づいて作られたわけではなく，等価原理と矛盾するような現象が起きる可能性も指摘されている．観測者がブラックホール（その性質は，第9章で簡単に紹介する）に落下する場合，等価原理が成り立つならば，無重力状態のまま落ち込んでいくので，事象の地平面（それを過ぎると光すら逃げ出せなくなるというポイント・オブ・ノーリターン）を通り過ぎる際にも特別なことは起きないはずである．ところが，超ひも理論によれば，事象の地平面を通過しようとする観測者は，高温の壁にぶつかって破壊されるという予想がある．仮に，超ひも理論で等価原理が成り立っていないとすると，重力理論の体系全体をどのように作り替えなければならないのか，いまだ明らかになっていない．

　こうした問題は，ブラックホールに吸い込まれた情報は消失するか否かという謎とも絡んでおり，容易に決着が付けられない．本書では，これ以上は深入りしないが，等価原理が物理学者の間で無条件に受け容れられているわけではない点は，明確にしておきたい．

§7-3　等価原理から一般相対論へ

§7-3-1　加速度系と一般座標変換

　重力と加速度運動の間に密接な関係があるのだから，互いに等速度運動する慣性系に限定した特殊相対論のアイデアを拡張し，加速度運動する座標系をも包括する相対論（一

般相対論）を作ることができれば，ニュートン理論を超える新たな重力理論を構築できるのではないか——そう考えたアインシュタインは，等価原理を思いついた 1907 年から 12 年の前半まで，この方針に基づいて重力の研究を続ける．だが，重力赤方偏移や重力による光の屈折などの興味深い現象が予測できたものの，慣性系から加速度系への座標変換に関する公式を思いつけず，決定的な進展は得られなかった．慣性系同士の座標変換ならば，ローレンツ変換という比較的単純な 1 次変換で与えられる．しかし，（例えば，座標の 2 次の項まで含めることで）これを加速度系への変換に拡張できるかと言うと，そうはいかない．

　加速度系への座標変換が単純な式で表せないことは，次のようなケースを考えるとわかりやすいだろう．慣性系 K の x 軸上に等間隔に時計が置かれており，K 系における時間の原点（$t = 0$）で同じ時刻を指し示していたとする．ここから，全ての時計がいっせいに，K 系で見て同じ一定の加速度で運動し始めたとして，$t = 0$ で $x = 0$ にあった時計を空間座標の原点とするような加速度系 K′ が一意的に定義できるかどうか，考えていただきたい．

　【図 7.4】に示すように，これらの時計は，慣性系 K で互いに同時刻にある場合に同じ時刻を指し示す．特殊相対論では，慣性系内部で静止している一群の時計によって時間座標の目盛りを決定していた（§1-4）ので，これに習って加速度系 K′ でもそれぞれの時計が示す時刻によって時間座標を定義するならば，加速度系 K′ と慣性系 K の時間座標は同じものになる．しかし，時計とともに加速度運動する観測者からすると，この時間座標は適切な選び方とは思えないだろう．加速度系 K′ で静止している観測者は，【図 7.1】のエレベータ内部にいる観測者と同じく，重力の存在を感じる．この重力ポテンシャルの影響で，x 座標の値が大きい時計ほど他のものより早く進むので，K′ 系の空間座標の原点にいる観測者からすると，時計の時刻がずれている方が自然なのである．【図 7.4】には，原点にあった時計が地点 P に達したときに，この時計と同じ速度で運動する慣性系で同時刻となる直線を描き込んでいるが，この直線上の時計（例えば，図で地点 Q と記された場所の時計）は，異なった時刻を指し示している．さらに，地点 Q にある時計と同じ速度で運動する慣性系の同時刻は，地点 P の同時刻とは異なる傾きの線で表される．とすると，K′ 系で同時刻となる線は，少しずつ傾きの異なる曲線とすべきなのだろうか？ K′ 系における時間座標の取り方については，このようにさまざまな方法があり，慣性系のように全時空での時間を一意的に決定するということはできない．

　加速度系で座標が決定できないのは，座標軸がもはや直線ではなくなったからである．【図 7.4】で示されるように，加速度運動をする座標系 K′ の空間座標の原点は，慣性系から見ると曲線を描く．直線座標系ならば，座標軸はリジッド（硬直した，たわまない）であり，ローレンツ変換の際には，無限の彼方まで延びた座標軸が直線のまま回転する

§7-3 等価原理から一般相対論へ

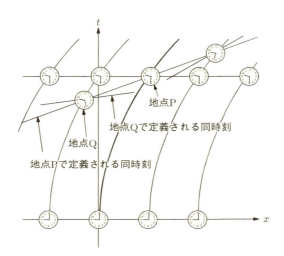

図 7.4 等加速度運動する時計

ようにイメージしてもかまわない．しかし，ひとたび直線という条件を外すと，座標軸はフレキシブルでグニャグニャに変形できることになり，ローレンツ変換のような単純な変換公式は存在しないのである．

以上の考察に基づくならば，座標変換に加速度系を含めるためには，簡単な変換則を採用することは諦めて，次のような**一般座標変換**を考えなければならない．

$$x'^{\mu} = f^{\mu}(x^{\nu}) \quad (\mu, \nu = 0, 1, 2, 3) \tag{7.12}$$

ここでは，§5-1-2 で用いた反変ベクトルの記法を用いて，時間・空間の 4 つの座標を，ダッシュのない座標系からダッシュの付いた座標系に変換する式を表した．また，f^{μ} は，滑らかな 1 対 1 写像だと仮定する（特異点の存在が許される場合もあるが，それについては，第 9 章で具体的なケースを紹介する）．

(7.12) 式は，文字通り一般的な座標変換を表す式で，これだけでは，（ローレンツ変換の公式からローレンツ短縮などを導いたように）物理的に意味のある帰結を引き出すのは困難である．しかし，座標の微小変化に関しては，偏微分の公式を使って，次の簡単な関係式が導ける．

$$dx'^{\mu} = \frac{\partial x'^{\mu}}{\partial x^{\nu}} dx^{\nu} \tag{7.13}$$

ただし，§5-1-2 で導入したアインシュタインの規約に基づいて，上下に同じ添字となっ

ている ν に関しては，0 から 3 まで足し上げるものとする．

重力について議論する場合，(7.12) 式で表されるグローバルな式は，あまり使い道がない．等価原理を適用する際には，局所慣性系（§7-1-2）の原点近傍のように狭い範囲での振る舞いだけを考えるので，座標の微小変化に注目する (7.13) 式で充分なのである．

§7-3-2　一般相対性原理とは

特殊相対論を構築する際には，正確な時計を用いて時間座標を定義することができ，座標の目盛りは物理的な時間の長さを表していた．しかし，等価原理に基づいて重力を扱う理論を構築しようとすると，座標の目盛りと物理的な長さは必ずしも結びつかなくなる．固有時を表す (7.11) 式を使って考えてみよう．

(7.11) 式の場合，左辺にある $d\sigma$ は時計が刻む時間を表しており，物理的な時間間隔と見なすことができる．これに対して，右辺に現れる間隔 $d\tau$ は，その地点に置かれた時計によって定義される物理的な時間ではない．例えば，太陽表面にいる観測者が地球上に置かれた時計からのシグナルを受信する場合，（地球から太陽まで光が到達するのに要する 8 分弱の時間差を別にして）自分の手元にある時計よりも (7.9) 式に与えた割合で早く進むはずである．この早く進む時計の時間を基準時として $d\tau$ を定めたとすると，(7.11) 式は，その地点における物理的な時間間隔 $d\sigma$ が，人為的に定めた基準時——座標として扱う時間——の間隔 $d\tau$ に，ある係数を掛けたものとして与えられることを意味する．何を基準時とするかには任意性があり，基準時を変更するとそれに応じて係数も変わる．

一般座標変換 (7.12) では，時間座標だけではなく，空間座標も含めた全ての目盛りの間隔に任意性が許される．目盛りの間隔が勝手に決められるという状況を実感するには，座標を設定するのに伸縮自在のゴム製の方眼紙を貼り付けるというイメージを使うとわかりやすい．話を簡単にするために，まず，2 次元ユークリッド幾何学が成り立つ平面に方眼紙を貼り付けることを考えよう．このとき，平面上にある点の位置座標は，方眼紙の縦横の線をもとに指定することができる．伸縮しない方眼紙ならば，平面に対して並進や回転のようなグローバルな変換しか行えない．しかし，自由に伸び縮みする方眼紙ならば，【図 7.5】に描いたように，部分的に方眼紙をひねったりゆがめたりすることも可能である．このように方眼紙を変形すると，伸縮のない方眼紙による座標系とは異なった座標系が定義される（第 5 章末尾の《コラム》で紹介した超多時間理論における座標系は，伸縮自在の方眼紙をミンコフスキー時空に貼り付けたものと考えればわかりやすいだろう）．このとき，f^μ が 1 対 1 写像になるという（(7.12) 式の下で述べた）条件は，方眼紙が折り重ならず穴も開いていないことに対応している（ゴムの伸縮は滑らかに行われるとすれば，f^μ が滑らかな写像だという条件は自動的に満たされる）．

方眼紙を伸び縮みさせて貼り付けても，元の平面はそのままなので，平面上に描かれ

§7-3 等価原理から一般相対論へ 189

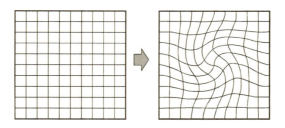

図 7.5 方眼紙の変形による座標変換

た図形の幾何学的な性質は変わらない．例えば，「直角三角形の斜辺を 1 辺とする正方形の面積は，直角を挟む各辺を 1 辺とする正方形の面積の和に等しい」というピタゴラスの定理は，そのまま成り立つ．方眼紙を変形させて作った新たな座標系を用いると，座標を用いた式の上ではピタゴラスの定理が成り立っていないように思えるかもしれない．しかし，これは座標間隔と幾何学的な長さが一致していないことによる見かけ上のことにすぎない．固有時と座標の関係式 (7.11) のように，平面上の幾何学で定義される距離と座標間隔の関係を表す式が与えられれば，微小距離を積分することで，元の平面上での長さが求められる．この長さを使えば，ピタゴラスの定理が成り立つ．

ここで論じたのは，幾何学的な性質が一般座標変換に対して変わらないことだが，もし，幾何学的な性質が物理法則を完全に規定しているならば，物理法則も，同じような振る舞いをするはずである．ローレンツ変換という特殊な座標変換に対して物理法則が変わらないというローレンツ対称性が特殊相対論の基本的な考え方だったのに対して，一般座標変換に対する物理法則の対称性が一般相対論の柱であり，**一般相対性原理**と呼ばれる．特殊相対論のときと同じく，強調して書くことにしよう．

一般相対論とは，物理法則に一般座標変換に対する対称性があると仮定する理論である．

特殊相対論の基礎方程式がローレンツ共変になるのと同じように，一般相対性原理が成り立つならば，物理学の基礎方程式は一般座標変換に対して共変になる．

ただし，今の段階では，まだわからないことだらけである．「幾何学的な性質が物理法則を規定する」と述べたが，この幾何学的な性質とはどのようなものなのか？ また，幾何学的な性質と物理法則との結びつきは，いかなる式で表されるのだろうか？ そもそも，一般相対性原理は現実に成り立っているのか？ 1912 年前半までのアインシュタインは，山積する難問に喘いでいた．

§7-3-3　重力が生み出す幾何学的構造

　本を読んでいるときにうっかり水をこぼし，ページを濡らしてしまった経験の持ち主は少なくないだろう．その際，すぐに水を拭き取らないと，波打つような皺が寄って部分的にページが浮き上がってしまう．この皺は，水を吸った部分で紙の線維が配置を変え，紙面上での2点間の長さが変化したことに起因する．これと同じような現象が，重力の存在する時空でも起きる．

　本章§7-2-4では，重力によって時間の長さが変わることを指摘したが，相対論では，時間と空間が一体化して時空を構成しているので，重力は空間の長さも変えると推測される．重力に起因する長さの変化は，ローレンツ短縮のような（光速を変えない）見かけの変化ではなく，天体周辺での光の屈折を引き起こす物理的な変化である．重力源が存在する場合，その周囲には一様ではない長さの変化が生じるので，水を吸った紙面が波打つのと同じように，時空も平坦ではいられなくなって湾曲する．こうして，重力によって時空に幾何学的な構造が生じることになる．

　平坦でない時空の座標系を考える場合，「伸縮自在の方眼紙」のイメージが役に立つ．前節では，ユークリッド幾何学が成り立つ平面にこの方眼紙を貼り付けたが，水を吸った紙面のように湾曲した場合でも，ゴム製の方眼紙を適当に伸縮させれば，ピタリと貼り付けられるはずである．こうして定義される座標系は，貼り付ける面が湾曲しているため，直線座標系ではあり得ず，必然的に曲線座標系となる．4次元ミンコフスキー時空で長さに一様でない変化が生じる場合にも，同じようなイメージを当てはめることができる．このとき，座標系における目盛りは，伸縮する方眼紙をもとに定義したので，物理的な長さを直接示すものではない．そこで，まず次の問いに答える必要がある．

　① 時空における物理的な長さ ds と，微小な座標間隔 $d\tau, dx, dy, dz$ の関係式はどのように表されるか？（固有時を表す (7.11) 式のように）座標間隔に係数を付けて長さを表したとすると，この係数は，一般座標変換に対していかなる変化を示すか？

　湾曲した面に伸縮自在の方眼紙を貼り付けて座標系を定義しても，面そのものは変わっていないので，湾曲に伴う幾何学的な性質は，一般座標変換に対する対称性を持つと期待されるが，本当にそうなるのか，確認する必要がある．

　② 長さの変化に起因する幾何学的な構造は，①の係数によって表されるか？ 表されるならば，その表式は一般座標変換に対して共変か？

　ここまでは幾何学的な議論だが，これを物理学に応用するには，幾何学的な構造と物理現象を結びつけ，物理法則に関して一般相対性原理が成り立つかどうかを検討しなけ

ればならない．

③ 幾何学的な構造と物理現象を結びつける方程式はどのようなものになるか？ この方程式は，近似としてニュートンの理論を再現できるか？

1913 年に発表したグロスマンとの共著論文で，アインシュタインは，リーマン幾何学の手法を採用することにより，① と ② に対して完全な解答を与え，③ についての方針を示すことができた．しかし，具体的な式の形を決定するのに手間取り，理論が完成するのは，1915 年秋になってからである．

> コラム

グロスマンの貢献度は？

アインシュタインが一般相対論を構築する際に決定的に重要なステップを踏み出すのは，1 年余り勤めたプラハ大学の教授職を辞し，チューリッヒ工科大学に赴任した 1912 年夏である．同年前半に執筆した重力に関する論文では，場所によって変化する光速 c を重力ポテンシャルと同一視するアイデアに固執しており，一般相対論に向かうような考察は全く見られない．「重力問題に没頭している」と記した親友ベッソー宛ての手紙でも，「光速が重力を完全に決定する」という見方を変えていない（3 月 26 日付）．5～6 月には，仲の良かった物理学者エーレンフェストと手紙を通じて重力問題を議論しているが，その内容は，加速度運動によって生じる重力への言及に留まっている（5 月 14 日／6 月 20 日付）．

ところが，8 月 16 日の手紙には，「重力の仕事はとてもうまくいっています．根本的に間違っているのでなければ，私は最も一般的な式を見つけました」とある（ルードヴィヒ・ホップ宛書簡）．それ以前の議論が加速度運動と重力の関係を論じただけで，「一般的な式」とは言えないものだけに，7～8 月の間に決定的な進展があったと考えられる．

史実として判明しているのは，この間に，チューリッヒ工科大学で数学教授の職にあった旧友グロスマンに再会し，彼にリーマン幾何学について教わったことである．しかし，グロスマンに再会する前にどこまで幾何学的な考えを進めていたか，良くわかっていない．この点に関して，アインシュタイン自身の言葉がいくつか残されているのをまとめよう．

① 京都講演[19]：1922 年末，日本を訪れたアインシュタインは，1 ヶ月半

にわたって各地で講演を行った．京都での講演は 12 月 14 日に行われたが，歓迎会が始まる直前に，通訳として同行していた物理学者の石原純が，「いかにして相対論を作り上げたか経緯を伺いたい」という（招聘のきっかけを作った）京大教授・西田幾太郎の希望を伝えたところ，快く応じたアインシュタインが即興でスピーチを行った．これを石原が記録したものがいわゆる「京都講演」である．元原稿がなく石原による（かなりの意訳と思われる）日本語訳しか残されていないので，科学史家は 2 次資料としてあまり重要視していないが，一般相対論のアイデアを得るまでの過程が実にリアルに描かれている．その前後の文章を，やや生硬な石原の訳のまま再録しよう．

「この問題（＝加速度系にまで相対性原理を拡張する問題）は私には 1912 年まで解けずに残されました．この年になって私はふとガウスの表面理論がこの神秘をひらく鍵として深い理由をもち得ることに思い当たりました．ガウスの表面座標を私はそのときほんとうに意味深いものの如くに自分に思い浮かべました．けれども私はそれまで，リーマンが幾何学の基礎をより深く論じたことを知らなかったのです．私はひょっと学生時代に数学教師ガイサーに幾何学を教わったなかにガウスの理論のあったことを思い出し，そこにこの思想を導き出し得たのです．そして幾何学の基礎が物理的意味をもつべきことに考え及んだのでした．

プラーグ（＝プラハ）からチューリッヒへ私が帰ってきたとき，そこに自分の親友であり数学者であるグロースマンがいました．彼は以前私がベルンの特許局にいた頃も，数学の文献に自分が多くの不便を感じていたのに対し，いろいろ便宜を与えてくれた人です．私はこのとき彼によってまず最初にリッチを教えられ，それから後でリーマンを聞き知りました．そこで私はこの友人に，私の問題が果たしてリーマンの理論で解けるかどうか，即ち曲線素の不変によって自分の見出そうとする係数が完全に決定されるかどうかを相談しました」

② パイスの回想[20]：科学史家アブラハム・パイスは，著書『神は老獪にして…』で，グロスマンとの共同研究がどのように始まったかという問いに対するアインシュタイン自身の返答を，言葉通りではないという但し書きを付けて回想している．

「彼（＝アインシュタイン）はグロスマンに自分の問題のことを話し，彼に，どうか図書館に出かけ，このような問題を扱うのに適切な幾何学があるか

---

[19] 石原純著『アインシュタイン講演録』（東京図書）p.78.
[20] アブラハム・パイス著『神は老獪にして…』（産業図書）p.278.

どうか調べてくれるようにたのんだ. 次の日グロスマンは戻って来て（とアインシュタインは私に話した），まさにそういう幾何学—リーマン幾何学がある，と言った」

③ グラスゴー講演[21]：「科学上の仕事について何か歴史的な話をするように」との求めに応じて，1933年にグラスゴー大学で行った講演．等価原理をもとに1908年から11年まで重力について研究，1912年になって，物理的意味があるのは座標そのものではなくリーマン計量（リーマン幾何学において長さと座標間隔を結びつける式の係数）だという解答に到達したことを，グロスマンへの言及を欠いたまま語っている．その上で，特殊相対論で与えられた場の法則をどのようにしてリーマン計量のケースに移行するか，リーマン計量を決定する方程式がどうなるか—という2つの問題が残されたことを挙げ，「1912年から14年までの間，私は私の友人であるグロスマンと協同してこれらの問題を研究しました」と言葉を続けた．

④ 自伝スケッチ[22]：死の3ヶ月前に書かれた「自伝スケッチ」には，（リーマン計量に相当する）重力場が満たす方程式を求めるという課題を抱いてグロスマンを訪ねたとある．

これらの資料を読むと，アインシュタインは，あらかじめ用意した発言では，一般相対論に対するグロスマンの貢献度をかなり低く語っていることがわかる．科学史家の中には，これを根拠に，グロスマンの寄与は小さいとする声も少なくない．しかし，京都講演やパイスの回想に見られる生き生きした語り口を信じるならば，一般相対論が完成する過程で，グロスマンの果たした役割は決定的なものだったように感じられる．

後年のグロスマンは，アインシュタインとあまり良好な関係になかったようで，多発性硬化症という難病に苦しみながら，大きな業績を残せず58歳で亡くなった．

---

[21] 『アインシュタイン選集3』（湯川秀樹監修，共立出版）p.341.
[22] 『未知への旅立ち アインシュタイン新自伝ノート』（金子務編訳，小学館）に収録.

第 8 章

重力場の方程式

§8-1 曲面と微分幾何学

　特殊相対論を構築する際には，正確な時計や物差しを使って時間・空間座標の目盛りを決めることができたが，重力を含む一般相対論になると，そうはいかない．相互に静止した時計であっても，作用する重力が異なれば進み方に差が生じるので，空間全域にわたる時間座標を 1 つの時計で指定することはできない．加速度系への変換を含む一般的な座標変換を扱うためには，座標はグニャグニャに変形できるフレキシブルなものであり，目盛りも場所によって適当に伸び縮みさせてかまわないと考えなければならない．座標変換にこのような自由度を許した上で，座標によらない性質を記述することは可能なのだろうか？

　実は，アインシュタインが重力を含む相対論を考え始める以前に，一般座標変換の自由度を持つ幾何学についての数学は完成していた．その嚆矢となったのが，19 世紀初頭にガウスが創始した微分幾何学であり，これを発展させたのがリーマンによるリーマン幾何学である．リーマン幾何学は 19 世紀半ばに完成されていたが，一部の数学者にしか注目されず，一般相対論の登場でようやく脚光を浴びることになった．

　本章では，まずリーマン幾何学の前段階となるガウスの曲面論を解説し，その後で，リーマン幾何学の要点だけを簡単に紹介する．

§8-1-1 ガウスの曲面論

　水を吸ったページは，紙面上の 2 点の間隔が変化した結果として，皺が寄り波打つように形を変える．このとき，どのように紙面が曲がっているかを表すのが，曲率と呼ばれる幾何学的な量である．

　曲線の曲率は，すでに §4-1-2 で取り上げた．弧長 σ の関数として曲線上の位置座標を表したとき，この座標を σ で 2 階微分して得られるベクトルの大きさが曲率である．半径 r の円の曲率は，§4-1-2 で示したように $1/r$ となる．

§8-1 曲面と微分幾何学

　曲面の曲率は，この考え方を拡張したものである．曲面上の点 P における法線（接平面に垂直な線）を含む平面を考え，この平面で曲面を切断すれば，その切り口は平面上の曲線になり，P における曲線の曲率が定まる．法線を軸として平面を回転させると，切り口となる曲線の形が変化し，それに応じて P における曲率の値も変わるが，滑らかな曲面ならば最大値と最小値が存在するはずである．この最大値と最小値を，点 P における曲面の主曲率という．半径 r の円柱面の場合，法線は円柱の軸と直交する直線で，法線を含む平面による円柱面の切り口は楕円になる（【図 8.1】）．曲率の最大値は平面が円柱軸に直交するときの $1/r$，最小値は平行になるときの 0 である．また，半径 r の球面の場合，法線は球の中心を通る直線で，法線を含む平面による球の切り口は常に大円になるので，主曲率は 2 つとも $1/r$ である．

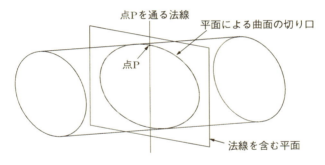

図 8.1 円柱側面の曲率

　こうした曲面の曲率に関する議論を，曲面上の座標を用いた解析学の手法によって行うのが，微分幾何学である．主曲率は座標を使わなくても定義できるので，曲面上の座標の選び方によらないことは明らかだが，具体的にどのような式で表されるかを考えていこう．

　3 次元ユークリッド空間内部に滑らかな曲面が存在し，その上で座標 u,v が与えられているものとする．この u,v は，§7-3-2 で導入した伸縮自在の方眼紙を曲面に貼り付けて定義したと考えて良い．このため，座標の選び方には任意性があるが，どの座標を選んでも，同じ曲面の形を再現できる式が必要である．

　ユークリッド空間の直交座標を X,Y,Z とすると，曲面上の点を指定する 3 元ベクトル $\boldsymbol{r}=(X,Y,Z)$ の各成分は u,v の関数として表されるので，$\boldsymbol{r}(u,v)$ と書くことにしよう．u,v 座標の値が $\Delta u, \Delta v$ だけ離れた曲面上の 2 点 $\boldsymbol{r}(u,v)$ と $\boldsymbol{r}(u+\Delta u, v+\Delta v)$ の間の（3 次元ユークリッド幾何学における）距離 Δs の 2 乗は，次の近似式で与えら

れる.

$$(\Delta s)^2 = |\boldsymbol{r}(u+\Delta u, v+\Delta v) - \boldsymbol{r}(u,v)|^2$$
$$\approx \left|\frac{\partial \boldsymbol{r}(u,v)}{\partial u}\Delta u + \frac{\partial \boldsymbol{r}(u,v)}{\partial v}\Delta v\right|^2$$
$$= \left(\frac{\partial \boldsymbol{r}}{\partial u}\right)^2 (\Delta u)^2 + 2\left(\frac{\partial \boldsymbol{r}}{\partial u}\right)\cdot\left(\frac{\partial \boldsymbol{r}}{\partial v}\right)\Delta u\Delta v + \left(\frac{\partial \boldsymbol{r}}{\partial v}\right)^2 (\Delta v)^2$$

ここで,Δu と Δv を無限小にする極限を考えると,ユークリッド空間での距離 Δs は,曲面に沿った微小な長さ ds と見なすことができる.微分の考え方に従って,両辺で微小量の次数を揃えると,ds の 2 乗は次式で表される.

$$ds^2 = Edu^2 + 2Fdudv + Gdv^2 \tag{8.1}$$

ただし,

$$E = \left(\frac{\partial \boldsymbol{r}}{\partial u}\right)^2, \quad F = \left(\frac{\partial \boldsymbol{r}}{\partial u}\right)\cdot\left(\frac{\partial \boldsymbol{r}}{\partial v}\right), \quad G = \left(\frac{\partial \boldsymbol{r}}{\partial v}\right)^2 \tag{8.2}$$

である.

ds の定義から明らかなように,曲面上の曲線に沿って ds を積分すると,曲線の長さが得られる.パラメータ τ(弧長とは限らない)を使って曲線上の点の座標を $u(\tau)$, $v(\tau)$ と表すと,曲線の長さ L は次式で与えられる.

$$L = \int ds = \int \sqrt{E\left(\frac{du}{d\tau}\right)^2 + 2F\left(\frac{du}{d\tau}\right)\left(\frac{dv}{d\tau}\right) + G\left(\frac{dv}{d\tau}\right)^2}\,d\tau \tag{8.3}$$

ds は曲面上の曲線の長さを与える微分量なので,(3 次元ユークリッド空間ではなく)2 次元曲面における線の長さ要素—**線素**—に相当する.

両端を固定したさまざまな曲線の長さも (8.3) 式で与えられるが,その中で最も短いものは**測地線**と呼ばれる(厳密に言えば,微分幾何学的に定義される測地線とは測地線方程式を満たすものであり,両端を固定して変形したときに長さが極値を取るような曲線である).球面上の 2 点を結ぶ測地線は大円の円弧であり,地球上で長距離飛行をする際には最短ルートとして利用される.

微分幾何学では,線素 ds を (8.1) 式の形で表したものを**第 1 基本形式**,係数となる E, F, G を**第 1 基本量**と呼ぶ.

(8.1) 式と (8.2) 式で定義される線素 ds は,曲面が埋め込まれた 3 次元ユークリッド空間の長さを使って表される量なので,曲面上の座標 u, v の選び方によらない.計算力

§8-1 曲面と微分幾何学

のある人は，次の【発展問題 9】を解いて確認するように．

発展問題❾
Advanced Exercise 9

(8.1) 式と (8.2) 式で定義される線素 ds が，曲面上の座標の選び方によらないことを示せ．

解答のヒント
Solution Hints

滑らかな関数によって u,v と相互に変換できる新たな座標を，u',v' とする．u',v' の関数となる諸量には，ダッシュを付けて表す．特に，曲面上の点を示す位置ベクトルは，

$$\boldsymbol{r}'\left(u',v'\right) \equiv \boldsymbol{r}\left(u\left(u',v'\right), v\left(u',v'\right)\right)$$

と記す．

ここで，u',v' の関数として与えられる第 1 基本量 E' を，u,v の関数である E,F,G を使って表そう．

$$\begin{aligned}E' &= \left(\frac{\partial \boldsymbol{r}'\left(u',v'\right)}{\partial u'}\right)^2 \\ &= \left(\frac{\partial \boldsymbol{r}\left(u,v\right)}{\partial u}\frac{\partial u}{\partial u'} + \frac{\partial \boldsymbol{r}\left(u,v\right)}{\partial v}\frac{\partial v}{\partial u'}\right)^2 \\ &= E\left(\frac{\partial u}{\partial u'}\right)^2 + 2F\left(\frac{\partial u}{\partial u'}\right)\left(\frac{\partial v}{\partial u'}\right) + G\left(\frac{\partial v}{\partial u'}\right)^2\end{aligned}$$

同様に，F' と G' も，E,F,G で表す．

$$\begin{aligned}F' &= E\left(\frac{\partial u}{\partial u'}\right)\left(\frac{\partial u}{\partial v'}\right) + F\left\{\left(\frac{\partial u}{\partial u'}\right)\left(\frac{\partial v}{\partial v'}\right) + \left(\frac{\partial v}{\partial u'}\right)\left(\frac{\partial u}{\partial u'}\right)\right\} \\ &\quad + G\left(\frac{\partial v}{\partial u'}\right)\left(\frac{\partial v}{\partial v'}\right) \\ G' &= E\left(\frac{\partial u}{\partial v'}\right)^2 + 2F\left(\frac{\partial u}{\partial v'}\right)\left(\frac{\partial v}{\partial v'}\right) + G\left(\frac{\partial v}{\partial v'}\right)^2\end{aligned}$$

行列の形で表すと，上の式は次のようにまとめられる．

$$\begin{pmatrix} E' & F' \\ F' & G' \end{pmatrix} = \begin{pmatrix} \left(\frac{\partial u}{\partial u'}\right) & \left(\frac{\partial v}{\partial u'}\right) \\ \left(\frac{\partial u}{\partial v'}\right) & \left(\frac{\partial v}{\partial v'}\right) \end{pmatrix} \begin{pmatrix} E & F \\ F & G \end{pmatrix} \begin{pmatrix} \left(\frac{\partial u}{\partial u'}\right) & \left(\frac{\partial u}{\partial v'}\right) \\ \left(\frac{\partial v}{\partial u'}\right) & \left(\frac{\partial v}{\partial v'}\right) \end{pmatrix} \tag{8.4}$$

ダッシュの付いた第 1 基本形式

$$ds'^2 = E'du'^2 + 2F'du'dv' + G'dv'^2$$

を E, F, G で書き換え，E を含む項を集めると，次のようになる．

$$E\left\{\left(\frac{\partial u}{\partial u'}\right)^2 du'^2 + 2\left(\frac{\partial u}{\partial u'}\right)\left(\frac{\partial u}{\partial v'}\right)du'dv' + \left(\frac{\partial u}{\partial v'}\right)^2 dv'^2\right\}$$
$$= E\left\{\left(\frac{\partial u}{\partial u'}\right)du' + \left(\frac{\partial u}{\partial v'}\right)dv'\right\}^2 = Edu^2$$

同じように，F を含む項を集めると $2Fdudv$，G を含む項を集めると Gdv^2 になるので，

$$ds'^2 = ds^2$$

が得られる． ■

曲面上の面積も，第 1 基本量を使って表すことができる．4 つの頂点が次の 4 点で与えられる曲面上の四辺形（各辺は曲面上の測地線とする）を考えよう．

$$\boldsymbol{r}(u,v), \quad \boldsymbol{r}(u+\Delta u, v), \quad \boldsymbol{r}(u, v+\Delta v), \quad \boldsymbol{r}(u+\Delta u, v+\Delta v)$$

Δu と Δv が充分に小さいとして，この四辺形の面積を，3 次元ユークリッド空間にはみ出した平行四辺形（各辺はユークリッド空間の直線）の面積で近似する．ユークリッド空間における平行四辺形の 2 辺は，

$$\boldsymbol{r}(u+\Delta u, v) - \boldsymbol{r}(u,v) \approx \frac{\partial \boldsymbol{r}}{\partial u}\Delta u$$
$$\boldsymbol{r}(u, v+\Delta v) - \boldsymbol{r}(u,v) \approx \frac{\partial \boldsymbol{r}}{\partial v}\Delta v$$

というベクトルで与えられ，その面積 ΔA は，

$$\Delta A = \left|\frac{\partial \boldsymbol{r}}{\partial u} \times \frac{\partial \boldsymbol{r}}{\partial v}\right|\Delta u \Delta v$$

§8-1 曲面と微分幾何学

となる．ただし，「×」は巻末付録 A-1 で定義したベクトルの外積を表す．付録で示したように，2 つのベクトル a と b がなす角度を θ とすると，次の恒等式が成り立つ．

$$|a \times b|^2 = |a|^2 |b|^2 - |a \cdot b|^2$$

これと (8.2) 式を組み合わせ，$\Delta u, \Delta v \to 0$ の極限を取れば，面積の微分量（面積素）dA として，

$$dA = \sqrt{EG - F^2} du dv \tag{8.5}$$

を得る．dA を積分すれば，曲面上の図形の面積が求められる．

長さと同じく面積も，第 1 基本量のみを使って表せた．それでは，曲面の曲がり方を表す曲率はどうなるのか？ この点について，次の節で論じよう．

§8-1-2　ガウス曲率と驚異の定理

3 次元ユークリッド空間内部に埋め込まれた曲面の曲率は，法線を含む平面で曲面を切断したときに切り口となる曲線の曲率を使って表された．微分幾何学では，単位法線ベクトルの変化をもとに第 2 基本量を定義し，第 1，第 2 基本量を使って 2 つの主曲率を表す．これは，曲面の外に出て曲率を定義したと言って良い．曲面がどのように湾曲しているかは，素朴に考えれば，外部から見て初めてわかるものなので，曲面の外に出なければ曲率が定義できないのは当然だと思われた．

ところが，ガウスは，曲率に関するさまざまな計算を行っているうちに，2 つの主曲率の積——この量は，一般に**ガウス曲率**と呼ばれる——を取ると，第 2 基本量の寄与が打ち消されて，第 1 基本量（曲面上の座標 u, v による 2 階までの微分を含む）だけが残ることを見いだした．この結果に驚いたガウスは，「ガウス曲率は第 1 基本量だけで表される」ことを**驚異の定理**と呼んだ．

これがなぜ驚くべき結果かと言うと，曲面の外部で定義される第 2 基本量とは異なり，第 1 基本量が，曲面内部だけで定義できるからである．(8.1) 式と (8.2) 式で線素 ds を定義する際には，いったん曲面の外に出て，3 次元ユークリッド空間の位置ベクトルを利用した．しかし，線素 ds は曲面上の曲線の長さ，du, dv は曲面上の目盛りの間隔をもとに与えられるものなので，これらを定義するのに，外部の 3 次元ユークリッド空間は必要ないはずである．仮に，曲面に束縛された "2 次元人" がいたとすると，長さの基準となる物差しを使えるならば，自分たちで自由に座標を決め物差しを使った測量を実施するだけで，2 次元曲面から出ることなく第 1 基本形式を書き下せる．したがって，驚異の定理によれば，2 次元人は，外部に拡がるユークリッド空間の存在を知らなくても，曲面上で精密な測量を繰り返すだけで，自分たちの住む世界が "曲がっている" こ

とに気が付き，ガウス曲率を求めることができる.

もちろん，ガウス曲率が幾何学的に何の意味もない量ならば，驚異の定理と言ってもさして利用価値はない．しかし，ガウス曲率が重要な幾何学的な意味を持つことは，次のようにして示される．

まず，曲面上の点 O を原点とし，O を通る接ベクトル（接平面内のベクトル）e を基準軸とする測地極座標を定義しよう．O の近傍にある点 P に関して，O から P に引いた測地線（O から P に至るさまざまな曲線のうち最短の線）の長さが r，この測地線の O における接線と e のなす角度が θ だとすると，測地極座標とは，P の位置を座標 (r, θ) で表す座標系である [23].

測地極座標において，$r =$ 一定の閉曲線は，半径 r の測地円，または，単に円と呼ばれる．平面上の円の場合，円周の長さは $2\pi r$，円に囲まれた部分の面積は πr^2 だが，一般的な曲面における（測地）円の円周 $L(r)$ と面積 $A(r)$ は，平面での値とは異なる（周の長さと面積は，それぞれ，(8.3) 式と (8.5) 式を使って与えられる）．原点 O におけるガウス曲率 K は，$L(r)$ または $A(r)$ を使って次のように表されることが知られている．

$$K = \lim_{r \to 0} \frac{3}{\pi} \left(\frac{2\pi r - L(r)}{r^3} \right) = \lim_{r \to 0} \frac{12}{\pi} \left(\frac{\pi r^2 - A(r)}{r^4} \right) \tag{8.6}$$

ここでは (8.6) 式の導き方は示さないが，特別なケースで成り立つことを確認していただきたい．

練習問題 ❷¹
Exercise 21

球面の場合に (8.6) 式が成り立つことを示せ．

解答
Solution

球の半径を R とする．地球の北極点に当たる地点を原点とし，測地極座標の θ は経度，$\phi = \pi/2 -$ 緯度 とすると $r = R\phi$ となる（【図 8.2】）．球面上

---

[23] 原点近傍の任意の点まで測地線が引けることは証明しなければならない性質だが，ここでは測地線の存在は仮定する．また，極座標 (r, θ) は，これまでの説明で用いた「伸縮自在の方眼紙を曲面に貼り付ける」という方法で定義される座標 (u, v) とは異質に思えるかもしれないが，$r = 0$ の特異性と θ の周期性を別にすれば，部分的に見る限り滑らかな関数を使って (u, v) と 1 対 1 対応させられるので，一般座標変換の枠内で扱える．

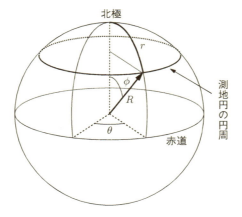

図 8.2 球面上の測地円

の測地円は，3 次元ユークリッド空間で見ると半径 $R\sin(r/R)$ の円になるので，その円周は次式で与えられる．

$$L(r) = 2\pi R \sin\left(\frac{r}{R}\right) = 2\pi r - \frac{\pi}{3}R\left(\frac{r}{R}\right)^3 + \cdots$$

一方，測地円の面積は，半径 $R\sin\phi$ の円周長に経線上の微小な長さ $Rd\phi$ を乗じたものを，$\phi = 0$ から r/R まで積分することで得られる．

$$\begin{aligned}A(r) &= \int_0^{r/R} 2\pi R^2 \sin\phi\, d\phi = 2\pi R^2 \left(1 - \cos\left(\frac{r}{R}\right)\right) \\ &= \pi r^2 - \frac{\pi}{12}R^2\left(\frac{r}{R}\right)^4 + \cdots\end{aligned}$$

$L(r)$ と $A(r)$ を (8.6) 式に代入すれば，円周・面積いずれの場合も，ガウス曲率 K として $1/R^2$ という値が得られる．半径 R の球の主曲率は（§8-1-1 の初めに述べたように）2 つとも $1/R$ なので，その積であるガウス曲率は $1/R^2$ である．したがって，球の場合，(8.6) 式はガウス曲率を正しく与えている． ∎

(8.6) 式は，ガウス曲率が何であるかを教えてくれる．平面における 2 点の間隔が場所によって変化すると面は平らではなくなり，その結果として，円周や円の面積の式がユークリッド幾何学の公式からずれてくるが，ガウス曲率は，そのずれがどの程度かを表している．

第 1 基本量を使って表したガウス曲率の式はかなり長く，その導出（驚異の定理の証明に相当する）は難しいので，本書では行わない．しかし，(8.3) 式と (8.5) 式で示したように，曲面上における曲線の長さや図形の面積は第 1 基本量だけで表されるので，仮に (8.6) 式が球面に限らず一般に成り立つとすれば，ガウス曲率が第 1 基本量だけで表されることは，（驚異ではあっても）不可解ではないだろう．

ガウス曲率で何を表すことができないかを考えるのも，有用である．すでに述べたように，半径 r の円柱面の主曲率は 0 と $1/r$ なので，両者の積として定義されるガウス曲率は至る所で 0 になり，平面の曲率と等しくなる．したがって，円柱面が 3 次元ユークリッド空間で見ると湾曲しているという状況は，ガウス曲率では示せない．しかし，画用紙に図形を描き筒状に丸めて円柱面にすることを考えればわかるように，円柱面上の幾何学は，直線を測地線で置き換えるなどの読み替えをすれば，平面の幾何学と同一になる．曲率としてガウス曲率だけを考えることは，平面と円柱面を区別しないという立場に相当する．

平面を丸めただけで作れるので，円柱面上では，2 点の間隔が場所によって変わることはない．曲率としてガウス曲率だけを考える立場は，円柱面のように間隔が変化しない面を平面と同一視し，間隔の変化に起因する（平面を丸めたものとは異なる）ゆがみだけを問題とすることに相当する[24]．驚異の定理は，こうしたゆがみだけを扱う場合，曲面の外側に 3 次元ユークリッド空間の拡がりがあると想定する必要はなく，2 次元曲面だけの世界を考えれば数学的に充分だということを意味する．

この考え方を敷衍して，外部を想定せずゆがんだ世界だけの幾何学を構築したのがリーマンであり，リーマン幾何学を物理の世界に持ち込んだのが，アインシュタインによる一般相対論である．

§8-2 リーマン幾何学

§8-2-1 リーマン幾何学の考え方

ガウスが微分幾何学の手法を用いて曲面論を展開した際には，3 次元ユークリッド空間の内部に 2 次元の曲面を埋め込むという前提の下で議論を進めた．このため，曲面の曲率を定義する際にも，「法線を含む平面で曲面を切る」といった曲面の外に出る方法論が使われていた．

しかし，驚異の定理が示すように，ガウス曲率に限れば，曲面の外に出なくても，曲面内部で決定できる量だけを使って幾何学的な議論ができる．この考え方をさらに進め

---

[24] ガウス曲率が至る所で 0 となる曲面には，円柱面などの柱面（平行な直線によって作られる曲面）の他，円錐面などの錐面（1 点を通る直線によって作られる曲面）と接線曲面があるが，接線曲面の説明が厄介なので，本書では円柱面しか触れないことにする．

§8-2 リーマン幾何学

て，外部に 3 次元ユークリッド空間が存在することを前提とせず，ゆがんだ 2 次元空間だけを議論の対象にするのが，リーマン幾何学の手法である．こうした 2 次元空間では，円周の長さは $2\pi r$ にはならないので，ユークリッド幾何学の定理が成り立たない非ユークリッド幾何学の世界となる．

リーマン幾何学は，2 次元に限らず任意の次元で定式化できるが，ここでは，まず，ガウスの曲面論を書き換えて 2 次元リーマン幾何学のフォーマリズムを紹介することから始めよう．(8.1) 式で表される第 1 基本形式は，ガウスの曲面論では，曲面が埋め込まれた 3 次元ユークリッド空間での長さを使って導かれるが，リーマン幾何学の立場からすると，外部のユークリッド空間は存在しないので，(8.1) 式は，導かれるものではなく線素の定義として議論の出発点となる．曲面上の位置を指定するのに使われる u, v は，ガウスの曲面論では，ユークリッド空間での X, Y, Z 座標を補助する便宜的な変数という扱いだったのに対して，リーマン幾何学では，空間座標そのものである．

リーマン幾何学を一般の次元に拡張しやすいように，座標 u, v と第 1 基本量 E, F, G を，次のように表すことにしよう．

$$x^1 \equiv u, \quad x^2 \equiv v, \quad g_{11} \equiv E, \quad g_{12} = g_{21} \equiv F, \quad g_{22} \equiv G$$

g_{12} と g_{21} が等しくなる積極的な根拠はないが，両者の差は ds に寄与せず，これ以降の議論で差が表に出ることはないので，等しいと仮定する．この g_{ij} ($i, j = 1, 2$) を使うと，第 1 基本形式 (8.1) は，次式で表される．

$$ds^2 = \sum_{i,j=1}^{2} g_{ij} dx^i dx^j$$

同じ添字が上と下に現れる場合は全ての次元にわたって和を取るという（§5-1-2 で導入した）アインシュタインの規約を採用すれば，次の形に簡略化できる．

$$ds^2 = g_{ij} dx^i dx^j \tag{8.7}$$

(8.7) 式がリーマン幾何学において線素を定義する基本式であり，係数の g_{ij} は，長さを決める量であることから，**リーマン計量**と呼ばれる（リーマン計量は添字について対称，すなわち，$g_{ij} = g_{ji}$ だと仮定する）．リーマン計量が与えられた数学的な空間を**リーマン空間**と言う．i, j の範囲を 1 から n にまで拡げたリーマン計量 g_{ij} を与えれば，n 次元のリーマン空間が定義される．

(8.5) 式の面積素も，第 1 基本量の代わりにリーマン計量で表せる．

$$dA = \sqrt{g_{11}g_{22} - g_{12}^2}\, dx^1 dx^2$$

根号内部は，リーマン計量を行列と見なしたときの行列式の値なので，2次元以上にも拡張できる次の形に書き換えておくと，体積積分を考えるときに便利である（2次元に限定される面積素 dA の代わりに，次元によらずに使える体積素の記号 dV を用いた）．

$$dV = \sqrt{|\det g|}\prod_i dx^i$$

§8-2-2　リーマン幾何学におけるテンソル

　2次元のリーマン幾何学における座標は，曲面に伸縮自在の方眼紙を貼り付けたものと見なせるので，一般に曲線座標であり，座標変換を行う場合も，第7章(7.12)式のような一般座標変換を考えなければならない．一般座標変換の場合，座標そのものについての変換則に一般的な公式はないが，座標の微分量に関しては，第7章(7.13)式の変換則がある．この式に現れる $\partial x'/\partial x$（添字は省略する）を，座標の微分量に対する変換行列と見なすことにしよう．この変換行列は，特殊相対論の説明で用いたローレンツ変換の変換行列 Λ（2次元の場合は，第4章(4.13)式で与えられる）とは異なり，成分が定数ではなく場所の関数となるが，さまざまな量の座標変換に対する変換則を与えるという点で，類比的に考えることができる．

　特殊相対論のときと同じように，座標の微分量と同じ変換行列（$\partial x'/\partial x$）で変換される量を**反変ベクトル**と呼び，上付きの添字で成分を表すことにする．また，x' と x を入れ替えた変換行列（$\partial x/\partial x'$）で変換されるものを**共変ベクトル**と呼び，下付きの添字で表す．変換則を式で書くと，次の通り（以下の式では，座標変換後の量にダッシュを付け，上下の添字に同じものが使われたときには，アインシュタインの規約に従って和を取っている）．

$$A'_k = A_j \frac{\partial x^j}{\partial x'^k}, \quad B'^k = \frac{\partial x'^k}{\partial x^i} B^i \tag{8.8}$$

　反変ベクトルと共変ベクトルの内積（添字が同じ成分の積を全次元にわたって足しあわせたもの）は，座標変換に対する不変量（スカラー量）になる．この性質は，(8.8)式と偏微分における変数変換の公式を使えば，次のようにして容易に確かめることができる．

$$A'_k B'^k = A_j \left(\frac{\partial x^j}{\partial x'^k}\frac{\partial x'^k}{\partial x^i}\right) B^i = A_j \left(\frac{\partial x^j}{\partial x^i}\right) B^i = A_j B^j$$

　特殊相対論の場合と同じく，複数の添字を持ち変換行列が $\partial x'/\partial x$ または $\partial x/\partial x'$ と

なる量をテンソル，添字の個数を階数と言う．各添字に対する変換行列が全て $\partial x'/\partial x$ のときは**反変テンソル**，全て $\partial x/\partial x'$ のときは**共変テンソル**，2つの変換行列が混じっているときは**混合テンソル**である．

§8-2-3　計量テンソル

(8.7) 式の線素 ds が座標によらないという要請を式で表すと，次のようになる．

$$g'_{kl} dx'^k dx'^l = g_{ij} dx^i dx^j$$

ここで微分演算を遂行すると，座標変換に対するリーマン計量の変換則として，次式が得られる．

$$g'_{kl} = g_{ij} \frac{\partial x^i}{\partial x'^k} \frac{\partial x^j}{\partial x'^l} \tag{8.9}$$

(8.9) 式は，リーマン計量が2階共変テンソルであることを示している．このため，リーマン計量という名称の代わりに，**計量テンソル**（あるいは，**基本テンソル**）という言い方も良く使われる．

リーマン計量を行列と見なしたとき，その逆行列は反変テンソルになるので，g の添字を上付きにしたもので表す（反変テンソルになることは，【発展問題 10】で示す）．逆行列という条件から，次式が成り立つ（δ_{ij} は，すでに何度か用いたクロネッカーのデルタで，i と j が等しい場合は 1，異なる場合は 0 に等しい）．

$$g^{ij} g_{jk} = \delta^i_k \tag{8.10}$$

添字が下付きと上付きの g を言葉の上で区別する必要がある場合には，それぞれ共変計量テンソル・反変計量テンソルと呼ぶが，通常は，単に計量テンソルとだけ言って，添字が下か上かで共変・反変を区別する．

発展問題⑩
Advanced Exercise 10

リーマン計量の逆行列が反変テンソルになることを示せ．

解答のヒント
Solution Hints

逆行列であるための (8.10) 式の条件は，座標変換を行っても成り立っていなければならない．したがって，

$$g'^{ij}g'_{jk} = g'^{ij}\left(g_{lm}\frac{\partial x^l}{\partial x'^j}\frac{\partial x^m}{\partial x'^k}\right) = \delta^i_k \tag{8.11}$$

となる．(8.11) 式の両辺に右から

$$\frac{\partial x'^k}{\partial x^n}\frac{\partial x'^o}{\partial x^h}g^{nh}$$

を乗じて k について和を取ると，左辺は，次のように変形される．

$$g'^{ij}\left(g_{lm}\frac{\partial x^l}{\partial x'^j}\right)\left(\frac{\partial x^m}{\partial x'^k}\frac{\partial x'^k}{\partial x^n}\right)\left(\frac{\partial x'^o}{\partial x^h}g^{nh}\right) = g'^{ij}g_{ln}g^{nh}\left(\frac{\partial x^l}{\partial x'^j}\frac{\partial x'^o}{\partial x^h}\right)$$
$$= g'^{ij}\left(\frac{\partial x^h}{\partial x'^j}\frac{\partial x'^o}{\partial x^h}\right)$$
$$= g'^{io}$$

これより，

$$g'^{io} = \frac{\partial x'^i}{\partial x^n}\frac{\partial x'^o}{\partial x^h}g^{nh}$$

となるが，これは，反変テンソルの変換則に等しい．■

共変ないし反変計量テンソルの添字を他のテンソルの添字と縮約した結果を，元のテンソルの添字を上げ下げすることで表す．ベクトルの場合，添字の上げ下げは，共変・反変の間の変換となる．

$$A^k \equiv g^{kj}A_j, \quad B_k \equiv g_{kj}B^j$$

こうした添字の上げ下げは，特殊相対論では，ミンコフスキー計量 $\eta_{\mu\nu}$ を用いて行ったものだが，一般相対論では，リーマン計量を使う．特殊相対論の場合，添字の上げ下げによって変わるのは時間成分の符号だけだったが，一般相対論になると，リーマン計量が座標の関数になるので，変換によって各成分の関数形そのものが変わる．

一般相対論を構築する際にアインシュタインが辿った最初のステップ (§7-3-3 の ①) は，計量テンソルの性質を表す (8.7) 式と (8.9) 式を見いだすことだった．

§8-2-4　ベクトル場の変動と共変微分

　リーマン幾何学を物理学に応用するためには，場の変動を与える演算が必要になる．ここでは，後で示すようにスカラー場では議論がトリヴィアルになるので，ベクトル場の微分について考えよう（ここから §8-2 の終わりまでは，かなり厄介な数学的議論が続くので，数学の苦手な人は，せめて話の流れだけでもつかむようにしてほしい）．議論を簡単にするために，2 次元曲面上で定義される 2 元ベクトル場に限定し，ベクトルは，この曲面を埋め込んだ 3 次元ユークリッド空間から見たとき，向きと大きさを持った矢印で表せるものとしよう（この議論を 3 次元以上のリーマン空間に拡張することは可能だが，話が難しくなるので本書では扱わない）．

　まず，（曲面ではなく）平面上に，曲線座標 u,v と反変ベクトル場 $A^i(u,v)$ $(i=1,2)$ が与えられている場合を取り上げる．ベクトル場が場所によってどのように変動するかを考えるのに，通常，次式で定義される微分が利用される（ベクトル場の $i=1$ の成分を座標 u で微分する場合の式を記す）．

$$\frac{\partial A^1(u,v)}{\partial u} \equiv \lim_{\Delta u \to 0} \frac{A^1(u+\Delta u, v) - A^1(u,v)}{\Delta u}$$

しかし，曲線座標の場合，この微分が場の変動を与えるとは言えない．なぜなら，座標が曲がっていると，ベクトルを座標方向に分解したときの u 成分・v 成分が同じであっても，座標上の位置が変われば，矢印で表したときのベクトルは異なったものになるからである．点 $P(u,v)$ と点 $Q(u+\Delta u, v)$ の間でベクトル場がどのように変動しているかを調べる場合，点 P での場の値 $A^1(u,v)$ と差を取るべきは，点 Q での成分をそのまま点 P まで持ってきた $A^1(u+\Delta u, v)$ ではなく，点 Q において矢印で表したベクトルを（3 次元ユークリッド空間から見たときの向きと大きさを変えずに）点 P まで平行移動してから成分分解したものでなければならない（【図 8.3】）．後者を $A^1_\parallel (u+\Delta u, v)$ と書くことにすると，補正すべき $A^1_\parallel (u+\Delta u, v)$ と $A^1(u+\Delta u, v)$ の差は，【図 8.3】でベクトルの成分を 2 倍にすると補正に必要な部分も 2 倍になることから明らかなように）A の成分の大きさに比例する．したがって，Δu が充分に小さい場合は，曲線座標の曲がり方によって決まる未知の量 Γ_i を使って，次のように表すことができる．

$$A^1_\parallel (u+\Delta u, v) = A^1(u+\Delta u, v) + \Gamma_i A^i(u,v) \Delta u + O\left((\Delta u)^2\right)$$

　ベクトル場の変動は，微小距離だけ離れた地点から平行移動したベクトル $A^1_\parallel (u+\Delta u, v)$ と点 P での場の値 $A^1(u,v)$ の差を取ったものであり，Δu が無限小になる極限では，次式で微小変位に対するベクトル場の変動率を定義することができる．

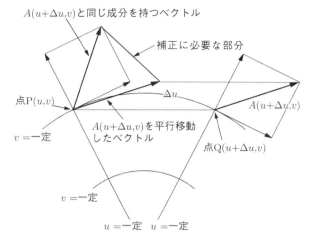

図 8.3 ベクトルの移動

$$\lim_{\Delta u \to 0} \frac{A_\parallel^1(u+\Delta u, v) - A^1(u,v)}{\Delta u} = \frac{\partial A^1(u,v)}{\partial u} + \Gamma_i A^i(u,v)$$

この式は，ベクトル場の u 成分（添字 1 の成分）が座標 u の変化に伴ってどのように変動するかを示すものだが，未知の量 Γ_i に添字を追加すれば，全ての成分のあらゆる方向に対する変動率が表せる．この（添字を増やした Γ によって表される）変動率を，**共変微分**と言う．本書では，k 方向（$k=1,2$）の変動を示す共変微分を，ナブラ記号に添字を付けた ∇_k を使って表すことにする [25]．

$$\nabla_k A^j = \partial_k A^j + \Gamma_{ik}^j A^i \tag{8.12}$$

この式に現れる Γ は，テンソルに似ているがテンソルの変換則には従わない量であり，**クリストッフェル記号**（または，アフィン係数）と呼ばれる．

ここまでの議論は平面上に曲線座標を描いた場合のものだが，曲面上では座標は必然的に曲線になるので，上の議論と同様に，ベクトル場の変動率は，単なる微分ではなく，座標が曲がっていることに応じた補正を含む式で与えられる．湾曲した曲面では，平面の場合と異なり，ベクトルの平行移動をどう定義すべきかに関して厄介な問題が生じるが，その議論は §8-2-5 で行うことにして，ここでは，(8.12) 式と同じ形で反変ベクト

---

[25] 微分と共変微分の記法にはいくつかの流儀がある．代表的なものは，「微分：$\partial_k A, A_{,k}, A_{|k}$」，「共変微分：$\nabla_k A, A_{;k}, A_{||k}$」など．

ル場に対する共変微分が与えられるものとする.

反変ベクトルに限らない一般的な共変微分は,スカラー場,ベクトル場,テンソル場の変動を表す微分演算を,リーマン幾何学に即して拡張したものとなる.詳しい解説は微分幾何学の教科書に譲ることにして,ここでは,一般的な共変微分に関する性質を,証明抜きで列挙する.

1. 共変微分の添字は,共変ベクトルの変換則を満たす.例えば,(8.12) 式左辺は,反変と共変の添字を 1 つずつ持つ混合テンソルとなる.一般に,テンソル場に共変微分を作用させると,階数が 1 つ上がったテンソル場となる.
2. スカラーの共変微分は,単なる微分となる(これは,スカラーが成分を持たず,座標の曲がりに起因する成分分解の変化がないことを考えれば,当然の性質である).

$$\nabla_k S = \partial_k S$$

3. 積に対する共変微分では,次のような分配則が成り立つ(2 つの反変ベクトルの積に対する式で代表させる).

$$\nabla_k \left(A^j B^l\right) = \left(\nabla_k A^j\right) B^l + A^j \left(\nabla_k B^l\right)$$

4. 共変ベクトルの共変微分は,次式に従う(この式は,反変ベクトルと共変ベクトルの内積に対して 3 の分配則を適用すれば,簡単に導くことができる).

$$\nabla_k B_l = \partial_k B_l - \Gamma^i_{kl} B_i$$

5. 添字が 2 つ以上あるテンソルの共変微分は,添字の数だけクリストッフェル記号を含む項を付け加える必要がある.ここでは,2 階反変テンソルの式を示す(この式は,2 階反変テンソルが 2 つの反変ベクトルの積として表されるならば,3 の分配則から導かれる).

$$\nabla_k T^{jl} = \partial_k T^{jl} + \Gamma^j_{ik} T^{il} + \Gamma^l_{ik} T^{ji}$$

共変微分の性質の中で特に重要なものは,次の性質である.

6. 計量テンソルの共変微分は 0 である.

$$\nabla_k g_{ij} = 0 \tag{8.13}$$

6 の性質は,ここまでの議論からは導けない.ここまで,ベクトルの平行移動を定義

する際に，3次元ユークリッド空間から見て矢印の向きと大きさが変わらないという論法を用いたが，これは，曲面が埋め込まれたユークリッド空間での長さの定義を借用したことに相当するので，外部の存在を前提としないリーマン幾何学の立場からは許されない一種の"反則技"である．実際にリーマン幾何学の議論で用いられるのは，ベクトル A^i の大きさ $|A|$ を計量テンソルによって

$$|A| \equiv \sqrt{g_{ij}A^iA^j} \left(= \sqrt{A_iA^i}\right)$$

のように定義し，平行移動で $|A|$ は変わらないとする論法である．この制限によって，計量テンソルとクリストッフェル記号の間に関係式が与えられ，そこから，6 の性質が導かれる．

具体的な計算は他の文献に譲るが，(8.13) 式をクリストッフェル記号を使って表し，添字を付け替えて足したり引いたりすると，計量テンソルによってクリストッフェル記号を表すことができる [26]．

$$\Gamma^j_{ik} = \frac{1}{2}g^{jl}\left(\partial_i g_{lk} + \partial_k g_{il} - \partial_l g_{ik}\right) \tag{8.14}$$

この式は，一般相対論で具体的な計算を行う際に，たびたび用いられる．

§8-2-5 曲面上におけるベクトルの平行移動

平面上でのベクトルの平行移動は，直交座標を使ったときに成分が変わらない移動として定義することができる．しかし，曲面になると，事態ははるかに厄介になる．座標が u,v で与えられる 2 次元曲面上の 2 元ベクトルの場合，その成分は u 方向と v 方向の 2 つしかないので，矢印で表したベクトルは，曲面の接線となる．ベクトルを平行移動する際には，湾曲した面に沿って動かさなければならず，曲面が埋め込まれている 3 次元ユークリッド空間から見ると，接線の向きが変わるとともに，ベクトルの向きも変化することになる．

詳しい議論は省略するが，ここでは，測地線に沿ってベクトルを平行移動する場合，測地線の接線方向とそれに直交する方向に成分分解し，それぞれの成分を変えないように移動すれば良いとだけ言っておく．

これだけではわかりにくいので，例として，球面上でのベクトルの平行移動を考えてみよう．赤道上東経 $0°$ の地点にあり，経線方向の成分だけを持つベクトルを，北極点まで次の 2 つのルートに沿って移動する（【図 8.4】）．

---

[26] 厳密に言えば，(8.12) 式に現れる Γ はアフィン係数と呼ばれる量であり，下 2 つの添字を入れ替えても値が変わらない対称アフィン係数の場合に限って，(8.14) 式で定義されるクリストッフェル記号と一致する．対称でないアフィン係数は，統一場理論などで使われることもあるが，通常の一般相対論では，ほとんどの場合，対称アフィン係数しか考えないので，多くの物理学者は，アフィン係数とクリストッフェル記号を同一視している．

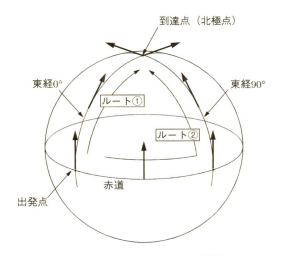

図 8.4 球面上でのベクトルの平行移動

ルート ①：出発点と北極点を結ぶ測地線である東経 0° 度の経線に沿って移動する．この場合，移動するベクトルは経線方向の成分しか持たないため，北極点に到達したときのベクトルも東経 0° の経線方向成分だけを持つことになる．

ルート ②：まず，赤道に沿って東経 90° の地点まで平行移動し，そこから東経 90° の経線に沿って北極点まで移動する．このとき，東経 90° まで移動したときの経線成分は東経 0° のときと同じであり，そこから東経 90° の経線に沿って移動するので，北極点に到達したときには，東経 90° 方向の成分のみを持つベクトルとなる．

【図 8.4】を見ると一目瞭然だが，ルート ① とルート ② では，北極点に到達したベクトルの向きが 90° 異なる．

このように，ベクトルを平行移動させるとき，途中の経路によって平行移動した結果が異なるというのが，球面のようにゆがんだ曲面の特徴である（湾曲していても，円柱面のようにガウス曲率が 0 の曲面では，こうした性質は見られない）．この性質を微小な平行移動に適用すると，ある地点でのゆがみを表すテンソル量を見いだすことができる．

§8-2-6 曲率テンソル

ガウス曲率は，曲面上の座標とは無関係に幾何学的に定義できる量なので，座標変換しても変わらないスカラー量だが，曲面の幾何学を物理学に応用する場合，スカラー量だけを使っていたのでは，空間のゆがみに起因する物理現象を記述することは困難である．運動方程式にせよ場の方程式にせよ，物理学の基礎方程式は，座標を用いて式を立

てる．質点の運動方程式の場合，質点の座標が変わるにつれて時空のゆがみがどんな影響を与えるかを逐次的に記述できなければならない．そのためには，どの方向にどれだけ移動すると時空のゆがみがどうなるかを示す必要がある．したがって，曲率を表す量（いくつか種類がある）の中で物理学の基礎方程式に利用されるのは，スカラー量ではなく，方向を表す添字を持ったテンソル量である．

曲率を表すテンソル量は，共変微分の積を使って導くことができる．曲面上での座標を u, v とし，u 方向の共変微分 ∇_1 と v 方向の共変微分 ∇_2 の順序を変えて，ベクトル場 A^j に作用させることを考える．

$$(\nabla_2 \nabla_1 - \nabla_1 \nabla_2) A^j$$

ベクトル場の変動を考える場合，異なる地点でベクトルの成分を比較しようとしても，座標が曲がっていると適切な比較が行えないので，ベクトルを同じ地点まで平行移動する必要がある．共変微分の積 $\nabla_2 \nabla_1$ では，【図 8.5】において，まず，点 Q $(u + \Delta u, v + \Delta v)$ のベクトルを点 $\text{R}_1 (u, v + \Delta v)$ に，点 $\text{R}_2 (u + \Delta u, v)$ のベクトルを点 P (u, v) に平行移動してそれぞれ同じ地点のベクトルと差を取り，それから，点 R_1 に集められたベクトルを点 P に平行移動して再び差を取る．これに対して，積の順序を入れ替えた $\nabla_1 \nabla_2$ の場合，点 Q のベクトルは最初に点 R_2 に移動される．したがって，$\nabla_2 \nabla_1$ と $\nabla_1 \nabla_2$ では，点 Q のベクトルの平行移動のルートが，Q $\to \text{R}_1 \to$ P と Q $\to \text{R}_2 \to$ P のどちらになるかという違いがある．空間がゆがんでいる場合，ルートの違いによって平行移動したベクトルが変わるのだから，共変微分の積の順序を入れ替えた演算結果は，異なったものになる．平行移動のルートによる違いは，(8.12) 式のクリストッフェル記号を含む部分から出てくるので，共変微分を作用させるベクトル A^j に比例する．したがって，曲面のゆがみに依存する未知の量 R^j_i を使って，次のように表すことができる．

$$(\nabla_2 \nabla_1 - \nabla_1 \nabla_2) A^j = R^j_i A^i$$

共変微分の積による演算はテンソルの変換則を満たしているので，右辺は，共変微分の添字と同じ添字を持つテンソルのはずである．したがって，一般的に，次のように表すことができる．

$$(\nabla_k \nabla_l - \nabla_l \nabla_k) A^j = R^j_{ikl} A^i \tag{8.15}$$

左辺は 3 階テンソルなので，右辺に現れる 4 つの添字を持つ R は 4 階テンソルであり，しかも，空間に球面のようなゆがみがある場合にだけ値を持つ．このことから，4 つの

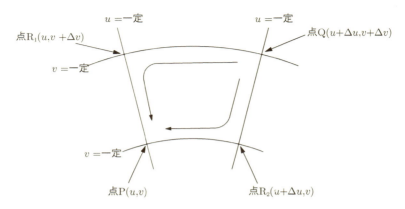

図 8.5 2階共変微分の取り方

添字を持つ R を**曲率テンソル**と呼ぶ．

(8.15) 式が任意のベクトルに対して成り立つことを使えば，曲率テンソルの表式が求められる．この計算はかなり煩雑だが，(8.15) 式の形から，クリストッフェル記号の1階微分だけの項と2つのクリストッフェル記号の積の項から成ることは，容易に推測できるだろう．実際に計算すると，次式を得る（添字の入れ替えに対してさまざまな対称性があるので，文献によって添字の付け方が異なることもある）．

$$R^j_{ikl} = \partial_k \Gamma^j_{il} - \partial_l \Gamma^j_{ik} + \Gamma^j_{hk}\Gamma^h_{il} - \Gamma^j_{hl}\Gamma^h_{ik} \tag{8.16}$$

クリストッフェル記号として (8.14) 式を使うと，(8.16) 式から得られる曲率テンソルの性質として，計量テンソルのたかだか2階微分までしか含まないこと，計量テンソルの2階微分に関しては線形である（2階微分同士の積は現れない）ことがわかる．

曲率テンソルの上下の添字を次のように縮約して得られる2階共変テンソルを**リッチ・テンソル** R_{ik}，リッチテンソルの添字を縮約して得られるスカラーを**スカラー曲率** R という．

リッチ・テンソル $R_{ik} \equiv R^l_{ilk}$

スカラー曲率 $R \equiv g^{ik} R_{ik}$ (8.17)

証明は省略するが，スカラー曲率 R は，ガウス曲率 K と $K = -R/2$ という関係式で結ばれている（右辺の負号は，曲面がどのように曲がったときに負にするかという定義と関係しており，深い意味はない）．

計量テンソルの導入に続いてアインシュタインが辿ったステップ（§7-3-3 の ②）は，空間の幾何学的構造を与える量を求めることだが，曲率テンソルは正にこの量に相当する．

§8-3 物理学への応用

§8-3-1 時空への拡張

アインシュタインの考えによれば，重力場が存在すると物理的な長さが変化し，その結果として時間の伸縮や空間のゆがみが生じる．ある場所における物理的な時間である固有時に関しては，等価原理から第 7 章 (7.11) 式が導かれたが，相対論では，時間と空間が一体化した時空を構成しているので，1 次元の時間だけに注目した (7.11) 式を，1 次元時間・3 次元空間から成る 4 次元時空へと拡張しなければならない．

リーマン幾何学で線素を計量テンソルによって表した (8.7) 式において，添字の取る範囲を 4 次元に増やすことは容易である．しかし，それだけでは，数学的な 4 次元空間の幾何学が得られるだけであって，時間 1 次元・空間 3 次元となる物理的な 4 次元時空に対応してはいない．リーマン幾何学を物理学に応用するためには，線素が座標変換に対する不変量になるという基本的な考え方を維持しながら，時空を扱えるように理論を修正する必要がある．

まず，特殊相対論を記述するための枠組みとなる 4 次元ミンコフスキー時空との関係を見ておきたい．

§3-3-1 でミンコフスキー時空におけるベクトルを取り上げたが，その際，(3.14) 式で定義されるテンソル $\eta_{\mu\nu}$ を計量テンソルと呼び，ベクトルの内積を (3.15) 式で与えた．この計量テンソルという呼称がリーマン幾何学での用語法と共通していることは，(3.15) 式におけるミンコフスキー時空のベクトル $\boldsymbol{X}, \boldsymbol{Y}$ を微小間隔 $d\boldsymbol{x}$ で置き換えると，

$$d\boldsymbol{x} \cdot d\boldsymbol{x} = \eta_{\mu\nu} dx^\mu dx^\nu$$

となることから明らかだろう．

$\eta_{\mu\nu}$ は，いくつかの点で幾何学で用いられるリーマン計量と異なっているが，最も重要な違いは，η_{00} が負になる点である．幾何学的なリーマン計量の場合，対角成分のどれか，例えば g_{11} が負だとすると，x_1 方向だけに値を持つ微分量を考えたとき，

$$ds^2 = g_{11} \left(dx^1\right)^2 < 0?$$

となってしまう．リーマン幾何学の出発点ではリーマン空間をユークリッド空間に埋め込んで考えていたが，その考え方を維持しようとすると，ds はユークリッド空間における距離であり ds^2 は決して負にならないはずだから，幾何学的なリーマン計量の対角成

分が負になることはあり得ない．

特殊相対論で η_{00} が負になるのは，座標の第 0 成分が時間に対応しており，符号の違いが時間と空間の差異を表すからである．したがって，一般相対論で時間を扱おうとするならば，リーマン計量の対角成分が負になるケースまで含むように，幾何学的なリーマン空間の概念を修正しなければならない．

等価原理を取り上げた §7-1-2 で述べたように，自由落下する座標系（局所慣性系）に座標変換すると，原点の近傍では重力が完全になくなって無重力状態となり，ミンコフスキー時空として扱えるので，原点での計量テンソルは $\eta_{\mu\nu}$ と等しくなる．したがって，(8.9) 式を時間と空間を含む形に拡張することにより，任意の計量テンソルは，次式によってミンコフスキー計量と結びつく（局所慣性系の座標は大文字で表す）．

$$g_{\mu\nu}dx^\mu dx^\nu = \eta_{\alpha\beta}dX^\alpha dX^\beta \tag{8.18}$$

ただし，ギリシャ文字 (μ,ν,α,β) は 0 から 3 までの値を取り，局所慣性系では，第 0 成分が時間座標を，第 1 から第 3 成分が空間座標を表すものとする．

(8.18) 式の意味を把握しやすくするために，特に，$g_{\mu\nu}$ が対角項だけを持つ場合を考えよう（第 9 章 (9.31) 式のシュヴァルツシルト解や，第 10 章 (10.18) 式のフリードマン・モデルでは，対角項だけを持つ計量テンソルが使われる）．これは，原点で座標軸が直交することを意味する．このとき，(原点近傍のみという制限の下で) 4 つの座標を

$$dx^0 \to dx'^0 \equiv \sqrt{|g_{00}|}dx^0$$

のようにリスケールすれば，$g_{\mu\nu}$ の対角項は，$+1$ か -1 のいずれかに変換される．ミンコフスキー時空の座標軸の向きには任意性があるため，(8.18) 式右辺で座標軸の回転を行い，左辺の座標軸と重なるようにすると，等式が成り立つ条件として，元の計量テンソル $g_{\mu\nu}$ の 4 つの対角項のうち，1 つが負で 3 つが正でなければならないことがわかる．1 次元時間・3 次元空間という現実的な時空を扱う場合には，リーマン計量がこうした符号を持つことが要請される[27]．本書では，時間と空間の成分を併せ持つリーマン空間を**リーマン時空**と呼ぶことにする（この呼称は，数学者が使う「空間」という語が物理学における時間と対義語の「空間」と紛らわしいために便宜的に用いたもので，数学では「擬リーマン空間」などと呼ばれる）．

---

[27] 物理的な時空の次元数が，時間 1 次元・空間 3 次元に限られるという根拠はなく，多次元時空の理論がいろいろと提案されているが，その場合でも，時間 n 次元・空間 m 次元ならば，計量テンソルを対角化したとき，n 個がマイナス符号，m 個がプラス符号を持つ．ただし，時間が 2 次元以上だとする理論は少なく，多次元理論の大多数は，時間が 1 次元，空間が 4 次元以上というものであり，第 0 成分を時間に対応させるという方式は共通する．

一般相対論に使われる計量テンソルは，時間と空間を一体化した時空の長さを与える量であり，第 0 成分を時間，第 1〜3 成分を空間とすると，座標変換によって対角化したときの対角成分の符号が $(-,+,+,+)$ になる[28]．この計量テンソルを使うと，線素は次のように表される．

$$ds^2 = g_{\mu\nu}dx^\mu dx^\nu$$

ただし，アインシュタインの規約に従って，上下で同じ添字が現れるときは，0 から 3 まで足しあわせるものとする．また，ds^2 は場合によっては負となるが，このとき，ds が純虚数になると考えるのではなく，ds^2 を $-d\sigma^2$ などに置き換えなければならない．

4 次元時空の計量テンソルは，4 行 4 列の行列の形をしており，全部で $4\times 4 = 16$ 個の成分があるが，(§8-2-1 で注意したように) 添字についての対称性 ($g_{\mu\nu} = g_{\nu\mu}$) があるので，独立な成分は ($i=1,2,3$ として，$g_{00}, g_{ii}, g_{0i} = g_{i0}$, および，$g_{12} = g_{21}, g_{23} = g_{32}, g_{31} = g_{13}$ の) 10 個である．固有時と時間座標の関係を表す第 7 章 (7.11) 式では，時間座標の微分量 $d\tau$ の係数に重力ポテンシャル Φ が含まれていたが，4 次元時空に拡張すると，線素を表す式の係数となる計量テンソル $g_{\mu\nu}$ が重力ポテンシャルに相当する物理量となるので，一般相対論の重力ポテンシャルは，全部で 10 個の成分を持つことになる．一般相対論がいかに面倒な理論であるかがわかるだろう．

§8-3-2 線素の物理的な意味

すでに述べたように，リーマン時空の ds^2 は，埋め込まれたユークリッド空間の長さを使って定義されるのではなく，座標変換に対する不変量であることが要請されるだけなので，それが何であるかは必ずしも明らかではない．しかし，リーマン幾何学が物理学に応用された場合には，ds^2 の意味ははっきりしている．ds^2 は，物理法則によって決定される長さの基準をもとに計られる量である．

物理法則による空間的・時間的な長さの基準として使われるものには，原子半径 (例えば，プランク定数・光速・微細構造定数・電子の質量を使って定義され，基底状態にある水素原子の半径を与えるボーア半径)，原子振動や原子スペクトルの周期 (国際的な 1 秒の基準は，セシウム 133 の励起状態から放出されるマイクロ波の周期によって定められている) などがある．何種類かあるこれらの基準が共通の物理定数から導けるかどうかは，まだわかっていないが，多くの物理学者は，プランク定数 h・光速 c・万有引力定数 G を組み合わせて与えられるプランク長 L_P が，あらゆる物理的な長さの起源になると推測している．

---

[28] ミンコフスキー時空の計量テンソルと同じく，一般相対論でも，計量テンソルの符号として $(+,-,-,-)$ を使う流儀がある．著者によって採用する流儀が異なるので，一般相対論の解説書を読む場合は，符号に注意しなければならない．

$$L_P \equiv \sqrt{\frac{hG}{2\pi c^3}} = 1.616229 \times 10^{-35}\,[\text{m}]$$

この考えが正しければ，線素 ds を積分して得られる長さ s は，プランク長の何倍かを表す量となる．第 10 章で取り上げる宇宙空間の膨張に関して，空間が膨張するのだから原子半径も一緒に膨張して，結局，何も変わらないのではないかと誤解する人がいるが，一般相対論の線素は，暗黙裏にプランク長のような物理的な長さを基準としているので，物質の大きさは変わらずに宇宙空間だけが膨張することになる．

§8-3-3 重力場の方程式

　ニュートンの重力理論で重力と相互作用するのは質量を持つ物質に限られていたが，等価原理によれば，（第 7 章で示したように）重力と相互作用するのは物質ではなくエネルギーである．さらに，（粒子に関して第 4 章で示したように）運動量はエネルギーと一体化した物理量なので，運動量も重力と相互作用することになる．こうして，エネルギーや運動量を担うあらゆる物理現象は，重力を生み出す重力源となり，それとともに，重力から作用を受けて変動する．等価原理に基づいて重力理論を構築する場合，エネルギーや運動量と重力を結びつける関係式を見いだすことが，最も重要な課題となる．

　重力は，リーマン時空の計量テンソル $g_{\mu\nu}$ によって表され，重力の作用は，2 点の間隔が変化することによって生じる時空のゆがみを通じて，あらゆる物理現象に及ぼされる．物理現象は，時空のゆがみという幾何学的な構造に支配されており，どのようにゆがんでいるかを記述するために使われる座標は，曲面の上に貼り付けたゴム製方眼紙のように，便宜的に導入されたにものにすぎない．物理現象そのものは座標の選び方に依存せず，座標を使って物理現象を記述する方程式は，座標変換に対して共変になるはずである．これが，§7-3-2 で説明した一般相対性原理である．アインシュタインの重力理論は，等価原理と一般相対性原理という 2 つの原理の上に作られていると言って良いだろう．エネルギーや運動量と計量テンソルを結びつける式は，一般相対性原理を満たす共変性が自明であることから，両辺の添字が揃うテンソル式だと予想される（ディラック方程式のようにテンソル式に限られない可能性もあるが）．

　もっとも，これだけでは，方程式の形を決めることはできない．そこで，近似的にニュートンの重力理論を再現できるという条件を付け加える．重力ポテンシャル Φ と質量密度 ρ を結びつけるニュートン理論の基礎方程式（第 7 章 (7.4) 式）を改めて書いておこう．

$$\Delta \Phi = 4\pi G \rho \tag{7.4}$$

ニュートン理論では重力源として質量密度が使われたが，アインシュタインの重力理論で重力と結びつけられるのは，（物質に関しては質量密度を c^2 倍した）エネルギー密度の

はずである．また，重力場内部の固有時と無重力空間で定義した時間座標の関係式（第7章 (7.11) 式）を，

$$ds^2 = -d\sigma^2 \approx -\left(1+\frac{\Phi}{c^2}\right)^2 d\tau^2 \approx -\left(1+\frac{2\Phi}{c^2}\right) dx^0 dx^0$$

と書き換えると，計量テンソル g_{00} の近似式として，

$$g_{00} \approx -1 - \frac{2\Phi}{c^2} \tag{8.19}$$

が得られる．したがって，(7.4) 式は，計量テンソル g_{00} にラプラス演算子 Δ を作用させたものが，近似的にエネルギー密度に比例するという式になる．これが，一般相対論において計量テンソルとエネルギー・運動量を結びつけるテンソル式の近似だとすれば，左辺の Δg_{00} と右辺のエネルギー密度は，それぞれ，あるテンソルの成分のはずである．

次章で詳しく述べるが，エネルギー密度は，2階共変テンソルであるエネルギー運動量テンソル $T_{\mu\nu}$ の成分 T_{00} だと考えられる．したがって，(7.4) 式左辺も，右辺と同じように2階共変テンソルになるだろう．このテンソルが何であるかはまだわからないが，間隔が変化することによって生じる幾何学的構造を表す量と結びつくと予想される．このテンソルを $G_{\mu\nu}$，$G_{\mu\nu}$ と $T_{\mu\nu}$ の間の比例係数を κ と書けば，重力場の方程式は，次の形になる．

$$G_{\mu\nu} = \kappa T_{\mu\nu} \tag{8.20}$$

これが，重力場の基礎方程式——いわゆる**アインシュタイン方程式**——であり，$G_{\mu\nu}$ は**アインシュタイン・テンソル**と呼ばれる．．

次章では，アインシュタイン・テンソルが具体的にどのような形になるかを解説し，その上で，アインシュタイン方程式が近似的にニュートン理論を再現することを示す．

> コラム

カントのアンチノミー論

18世紀の哲学者カントは，「時間に始まりはあるのか」「空間に果てはあるのか」といった問題について頭を悩ませ，最終的に，人間はどんなに理性的に思索を巡らせても，こうした問題に結論を出せないと主張した．彼によれば，人間は物自体を直接把握することができず，人間固有の認識形式に基づいて世

§8-3 物理学への応用

界を理解しようとする．ところが，こうした認識形式は完備ではないため，「時間や空間に限界がある」と考えても「限界がない」と考えても，思索を進めるうちに必ず自己矛盾（アンチノミー）に陥らざるを得ない．これが，カントが主著『純粋理性批判』の中で展開した純粋理性のアンチノミー論である．

ところが，（第10章で詳しく述べるように）一般相対論を使うと，時間や空間の限界について，矛盾のない明確な議論をすることができる．例えば，第10章で紹介する球面状宇宙空間は，果てがないのに体積が有限となる幾何学的構造を持つ．人間理性では自己矛盾を避けられないとしたカントの主張は，どこが間違っていたのだろうか？

人間は物自体を直接把握できないという考え方は，基本的に正しい．リーマン時空や量子場について，直観的にイメージすることは不可能である．しかし，物理学では，認識形式に制限されない数学的手法を考案することで，直接把握できない対象についても明確な記述が可能である．しかも，こうした数学的手法を用いて思索を重ねていくと，いつしか，イメージできなかった対象をかなり具体的に思い描けるようになってくる．例えば，リーマン空間に関しては，まず，ユークリッド空間に埋め込まれた曲面のイメージから出発し，その後で外部のユークリッド空間を概念的に捨象すれば，曲がった世界だけを思索対象にすることが可能になる．そもそも，人間の認識形式は，決して確定されたものではない．カントは，一様に流れる時間やユークリッド的な空間の概念が，経験に依存しない一般的なものだと考えたが，発達心理学者のピアジェは，幼児が経験を通じて量の保存や因果関係といった基本的な認識形式を柔軟に変更しており，ユークリッド空間の概念は必ずしも普遍的でないことを見いだした．この柔軟性があるからこそ，数学の助けを借りながらも，数式だけではなく具体的なイメージを伴った物理世界を考察できるのである．

現代科学は，すでに，カントが主張した4つのアンチノミーのうちの最初の3つ―時間・空間に限界はあるか，世界は要素に還元できるか，自然法則は確定的か自由が許されるか―に対して，自己矛盾に陥らずに議論する方法論を開発している．もっとも，「神は存在するか」という第4アンチノミーについては，科学的方法論の前提にかかわるため，現代科学をもってしても議論するのは不可能だと言わざるを得ないが．

第9章

ニュートン理論との比較

§9-1 アインシュタイン方程式

§9-1-1 エネルギー運動量テンソル

アインシュタイン方程式 (8.20) の右辺は，エネルギー密度を成分として含むテンソルになるはずである．こうしたテンソルとして，どのようなものがあるかを具体的に考えてみよう．

§4-3 で述べたように，特殊相対論において，粒子が持つエネルギーは，運動量と併せて4元ベクトルを構成する．したがって，エネルギー密度も，運動量密度とセットにすべき量のはずである．ただし，1つの粒子を考える場合，運動量は粒子の運動方向と同じ向きになるので3つの成分を持ち，エネルギーと併せて4元ベクトルとして定義されるが，拡がった対象が持つ運動量やエネルギーとなると，そう簡単ではない．例えば，銀河内部に存在するガス雲が作る重力場を求めようとすると，ガスを構成する分子は場所ごとにさまざまな方向に運動しているので，運動量の向きは単一ではない．このようなケースでは，エネルギー密度を含む物理量をどのように構成すれば良いのだろうか？

話を簡単にするために，特殊相対論の範囲で，無数の粒子が相互作用せず，近傍の粒子同士がほとんど等しい速度を保ちながら運動する場合を考えることにする（より一般的な場合は，本節末尾でごく簡単に紹介する）．粒子の大きさが無視できるほど小さく，その個数密度が充分に大きいならば，このシステムは，連続流体と見なすことができるが，運動状態がこうした条件を満たす場合は，圧力を無視できる流体となる．この流体の流速を表す4元ベクトルを時間・空間座標の関数 u^μ とし，次式によって2階反変テンソル $T^{\mu\nu}$ を定義する．

$$T^{\mu\nu} \equiv \rho c^2 u^\mu u^\nu \tag{9.1}$$

ただし，ρc^2 は，ある地点で流体と同じ速度で運動する慣性系で見たときのエネルギー

§9-1 アインシュタイン方程式

密度である.具体的には,この慣性系における微小体積 ΔV の領域に含まれる内部エネルギー Δmc^2 を ΔV で割り,(粒子の集団ではなく)連続体と見なしたまま ΔV を 0 にする極限を取ることによって定義される.

$$\rho c^2 \equiv \lim_{\Delta V \to 0} \frac{\Delta mc^2}{\Delta V}$$

「固有時」などと同じく「物体が静止する座標系で定義した」という意味で「固有」という語を用いるならば,ρc^2 は流体の固有エネルギー密度,ρ は(構成粒子の運動エネルギーや結合エネルギーの寄与も含む)固有質量密度となる.このようにして定義された ρ の値は,流体の運動を記述する座標系によらない.第 4 章 (4.11) 式で示したように,4 元速度 u^μ は,ベクトルを時間成分と空間成分に分けて,$(\gamma, \gamma \boldsymbol{v}/c)$ と書くことができる.ただし,$\boldsymbol{v}$ は空間座標を時間座標で微分して得られる 3 元ベクトルの速度,γ は速さ $v\,(=|\boldsymbol{v}|)$ に対するローレンツ因子(第 4 章 (4.1) 式で定義されるもの)である.これを使えば,(9.1) 式のテンソル $T^{\mu\nu}$ の各成分は,速度 $\boldsymbol{v}$ を使って表すことができる.特に,$\mu = \nu = 0$ の成分(00 成分)は

$$T^{00} = \rho c^2 \gamma^2 \tag{9.2}$$

となる.ある地点の流速が 0 ならば,$\gamma = 1$ なので,T^{00} は流速 0 の地点でのエネルギー密度(= 固有エネルギー密度)に等しい.流速が 0 でない場合は,その地点で流速が 0 となる座標系に移り,そこで体積が ΔV の微小領域を考える.この座標系で領域内に含まれる質量は $\rho \Delta V$ なので,流速 $\boldsymbol{v}$ となる元の座標系でのエネルギーは,第 4 章 (4.24) 式に従って $\rho c^2 \Delta V \gamma$ と与えられる.ところが,流速 $\boldsymbol{v}$ で運動する領域は,ローレンツ短縮によって体積が $\Delta V / \gamma$ に変化するので,エネルギーを体積で割ったエネルギー密度は,$\rho c^2 \gamma^2$ となる.したがって,(9.2) 式で表される T^{00} は,流速が 0 でない領域も含めたエネルギー密度となる.

さらに,

$$T^{0i} = \rho c \gamma^2 v^i \quad (i = 1, 2, 3)$$

となるが,質量 $\rho \Delta V$(ΔV は流速が 0 の座標系で計った体積)の領域が流速 $\boldsymbol{v}$ で動くときの運動量は $\rho \Delta V \gamma \boldsymbol{v}$(第 4 章 (4.22) 式)なので,$T^{0i}$ は,この運動量をローレンツ短縮を受けた体積 $\Delta V / \gamma$ で割り,さらに c 倍したものになっており,運動量密度と見なすことができる(c 倍したのは,第 4 章 (4.25) 式に示されるように,エネルギーと単位を合わせるため).

以上の考察より，テンソル $T^{\mu\nu}$ は，圧力が無視できるとき，エネルギー密度や運動量密度を成分とするテンソルであることがわかる．粒子の運動の場合には，運動量の向きが1つに決まるので，エネルギーと運動量を併せて4元ベクトルとなるが，連続的に拡がった対象の場合は，エネルギーの伝播がさまざまな向きで生じるので，ベクトルではなく2階テンソルの成分として，エネルギー密度と運動量密度が表されるのである．

(9.1) 式の $T^{\mu\nu}$ は，（反変テンソルとして定義した）**エネルギー運動量テンソル**である．相互作用の小さい天体集団によって作られる重力場を考える場合，アインシュタイン方程式の右辺に現れるのは，このテンソルである．

粒子の相対論的力学では，エネルギーや運動量の保存則が導かれたが，流体の場合も，これと類比的な保存則を導くことができる．ここでは，非相対論近似の範囲で保存則が成り立つことを示そう（厳密な保存則は，§6-3-4 で紹介したネーターの定理に基づいて証明できるが，その詳細は，より本格的な相対論の参考書に譲る）．

まず，エネルギー運動量テンソルの発散 $\partial_\nu T^{\mu\nu}$ を計算する．

$$\begin{aligned}
\partial_\nu T^{0\nu} &= c\left\{\frac{\partial \rho'}{\partial t} + \nabla\cdot(\rho'\boldsymbol{v})\right\} \\
\partial_\nu T^{i\nu} &= \frac{\partial(\rho' v^i)}{\partial t} + \sum_{k=1}^{3}\partial_k\left(\rho' v^i v^k\right) \\
&= v^i\left\{\frac{\partial \rho'}{\partial t} + \nabla\cdot(\rho'\boldsymbol{v})\right\} + \rho'\left(\frac{\partial v^i}{\partial t} + \boldsymbol{v}\cdot\nabla v^i\right)
\end{aligned} \quad (9.3)$$

ただし，

$$\rho' \equiv \rho\gamma^2$$

である．流速 v が光速 c に比べて充分に小さいときは，非相対論的な近似として $\gamma \approx 1$ となるので $\rho' \approx \rho$ と置ける．非相対論的な流体力学の基礎方程式は，ニュートンの運動方程式を流体力学の形式に書き直したオイラー方程式

$$\rho\left(\frac{\partial \boldsymbol{v}}{\partial t} + \boldsymbol{v}\cdot\nabla\boldsymbol{v}\right) = -\nabla P$$

（P は流体の圧力で，ここでは仮定により $P=0$）と，質量保存の法則を表す連続方程式

$$\frac{\partial \rho}{\partial t} + \nabla\cdot(\rho\boldsymbol{v}) = 0$$

である．これと (9.3) 式を見比べれば，非相対論近似の範囲で $\partial_\nu T^{\mu\nu} \approx 0$ となること

がわかる．ここでは説明しないが，特殊相対論における流体力学の方程式を使えば，近似ではなく，エネルギー運動量テンソルの発散が厳密に 0 になることが示せる．

$$\partial_\nu T^{\mu\nu} = 0 \tag{9.4}$$

これが，流体や場のように連続的に拡がった対象に関するエネルギー・運動量の保存則に相当する式である．

圧力が存在する場合には，多数の粒子から構成される流体のエネルギー運動量テンソルは，次式で与えられる．

$$T^{\mu\nu} = \left(\rho c^2 + P\right) u^\mu u^\nu + P \eta^{\mu\nu} \tag{9.5}$$

このときも，(9.4) 式で表されるエネルギー・運動量保存則が成立する．

一般相対論になると，(9.4) 式に現れる通常の偏微分は，共変微分に置き換えなければならない．

$$\nabla_\nu T^{\mu\nu} = 0 \tag{9.6}$$

アインシュタイン方程式の右辺に現れるエネルギー運動量テンソルは，(9.6) 式の保存則を満たすことが知られている．

§9-1-2　アインシュタイン・テンソルの具体的な形

等価原理によれば，重力場を表すのは計量テンソル（リーマン計量）の各成分である．重力は，場所によって計量テンソルが変動し 2 点の間隔が変わるために生じる時空のゆがみに起因しており，計量テンソルを変動させる重力源となるのは，エネルギー運動量テンソルである．時空のゆがみがどの程度かを表すのが曲率テンソルなので，アインシュタイン方程式の左辺に現れるアインシュタイン・テンソル $G_{\mu\nu}$ は，曲率テンソルと計量テンソルを組み合わせて作られるテンソルだと予想される．

しかし，曲率テンソルや計量テンソルから作られる 2 階テンソルは，無数に存在する．例えば，スカラー曲率 R の任意関数 $f(R)$ と計量テンソル $g_{\mu\nu}$ の積も，その 1 つである．何らかの方法で $G_{\mu\nu}$ の形を制限しなければ，重力場の基礎方程式を確立することはできない．こうした制限として何を選ぶべきかは，いまだはっきりしていない．

アインシュタインは，次の仮定を置くことによって方程式の左辺を決定した．

① 重力場の基礎方程式に，計量テンソルの微分はたかだか 2 階までしか現れない．
② 2 階微分の項は線形である（すなわち，2 階微分同士の積などは存在しない）．

曲率テンソルには，（第 8 章 (8.14) 式と (8.16) 式から明らかなように）計量テンソルの

2階微分が含まれるので，① と ② の条件は，アインシュタイン方程式が曲率テンソルの（2次以上の）高次項や共変微分を含まないことを意味する．

アインシュタインが置いた2つの仮定は，一般相対論以前の物理学の基礎方程式と共通するものである．例えば，ニュートンの運動方程式 $f = ma$ は，位置座標の2階微分である加速度の項に関して線形であり，加速度の2乗や時間微分（加加速度）は含まれない．また，マクスウェル方程式は，電場や磁場で考えると1階微分の方程式だが，(§5-2-2 で導入した) 電磁ポテンシャル A_μ を使うと，2階微分の1次項だけが現れる方程式となる．ほとんどの物理学者は，電場や磁場（あるいは，これらを $F_{\mu\nu}$ の形にまとめた電磁場）よりも，電磁ポテンシャルの方が基本的な物理量だと考えているので，「基礎方程式には基本的な物理量に関して2階微分の1次項しか含まれない」というアインシュタインの仮定と同じことになる．

アインシュタインの2つの仮定が物理学的に正当かどうかは，わからない．しかし，現時点で観測可能な物理現象（重力が支配的となる天文現象だけでなく，素粒子実験などを含む全ての現象）に関して言えば，重力場の急激な変動はなく曲率テンソルやその微分は小さな値になるので，たとえ重力場の基礎方程式に曲率テンソルの高次項や共変微分が存在したとしても，その影響は充分に小さい．また，これらの項が存在すると，ただでさえ難しい一般相対論の計算が絶望的なほど複雑になり，見通しがひどく悪くなる．こうしたことから，今の段階では，曲率テンソルの高次項や共変微分がないと仮定するのが実用的だと考えられている．

この仮定を認め，曲率テンソルの高次項が含まれないとすると，曲率テンソルと計量テンソルを組み合わせて作るアインシュタイン・テンソルにおいて，4階テンソルである曲率テンソルの添字の数を減らすには，（曲率テンソル自身との内積ではなく）計量テンソルを使って縮約するしかない．この縮約によって作られるのは，2階テンソルであるリッチ・テンソル $R_{\mu\nu}$ と，スカラーであるスカラー曲率 R だけである．したがって，アインシュタイン・テンソル $G_{\mu\nu}$ は，次の形になるはずである．

$$G_{\mu\nu} = aR_{\mu\nu} + bRg_{\mu\nu} + \Lambda g_{\mu\nu}$$

右辺第3項（計量テンソルに比例する項）は**宇宙項**，係数 Λ は**宇宙定数**と呼ばれるもので，宇宙論を議論する際には重要になるが，その話は第10章に回すことにして，ここでは $\Lambda = 0$ と置くことにしよう．

係数 a と b を決定するためには，エネルギーおよび運動量の保存則を使う必要がある．共変テンソルの形で表したエネルギー運動量テンソル $T_{\mu\nu}$ に共変微分を作用させて添字の和を取ると，(第8章 (8.13) 式より) 計量テンソルは共変微分に対して定数のように振る舞うので，

§9-1 アインシュタイン方程式

$$\nabla^\nu T_{\mu\nu} = \nabla^\nu \left(g_{\alpha\mu} g_{\beta\nu} T^{\alpha\beta} \right) = g_{\alpha\mu} g_{\beta\nu} \nabla^\nu T^{\alpha\beta} = g_{\alpha\mu} \nabla_\beta T^{\alpha\beta}$$

となり，(9.6) 式（証明していないが，正しいものと仮定する）から

$$\nabla^\nu T_{\mu\nu} = 0 \tag{9.7}$$

が得られる．

一方，リッチ・テンソルとスカラー曲率の微分の間には，次の関係式があることが知られている（ここでは，導き方は示さない）．

$$\nabla^\nu R_{\mu\nu} = \frac{1}{2} \nabla_\mu R \tag{9.8}$$

したがって，アインシュタイン・テンソル $G_{\mu\nu}$ とエネルギー運動量テンソル $T_{\mu\nu}$ の間にアインシュタイン方程式 $G_{\mu\nu} = \kappa T_{\mu\nu}$ が成り立つならば，(9.7)，(9.8) 式より，

$$\nabla^\nu G_{\mu\nu} = a \nabla^\nu R_{\mu\nu} + b g_{\mu\nu} \nabla^\nu R = \left(\frac{a}{2} + b \right) \nabla_\mu R = 0$$

となるので，$b = -a/2$ でなければならない．$1/a = -\kappa$ と置けば，次の形の方程式を得る．

$$R_{\mu\nu} - \frac{1}{2} R g_{\mu\nu} = -\kappa T_{\mu\nu} \tag{9.9}$$

これが，第 8 章末尾で述べたアインシュタイン方程式の具体的な形である[29]．

リッチ・テンソルやスカラー曲率を計量テンソルによって表す式は，第 8 章で示した．ただし，§8-1 と §8-2 では，時間成分のないリーマン空間での式を書いたので，改めて，添字が時間成分の 0 と空間成分の 1 から 3 までの値を取る 4 次元リーマン時空の式として，クリストッフェル記号とリッチ・テンソルを書いておこう（ギリシャ文字は，0 から 3 までの数を表す）．

$$\Gamma^\lambda_{\mu\nu} = \frac{1}{2} g^{\lambda\beta} \left(\partial_\mu g_{\beta\nu} + \partial_\nu g_{\mu\beta} - \partial_\beta g_{\mu\nu} \right) \tag{9.10}$$

$$R_{\mu\nu} (= R_{\nu\mu}) = \partial_\nu \Gamma^\alpha_{\mu\alpha} - \partial_\alpha \Gamma^\alpha_{\mu\nu} + \Gamma^\beta_{\alpha\nu} \Gamma^\alpha_{\mu\beta} - \Gamma^\alpha_{\beta\alpha} \Gamma^\beta_{\mu\nu} \tag{9.11}$$

また，次節におけるニュートン近似の計算を簡単にするために，(9.9) 式を少し変形しておく．添字を縮約すると，(9.9) 式の左辺は，

---

[29] 右辺に負号が付くかどうかは，リッチ・テンソルやエネルギー運動量テンソルの符号に関する流儀に依存する．

$$g^{\mu\nu}\left(R_{\mu\nu} - \frac{1}{2}Rg_{\mu\nu}\right) = R - 2R = -R$$

と書き換えられるので，T^{μ}_{μ} を T と置けば，$R = \kappa T$ となる．これより，(9.9) 式と等価な方程式として，

$$R_{\mu\nu} = -\kappa\left(T_{\mu\nu} - \frac{1}{2}g_{\mu\nu}T\right) \tag{9.12}$$

が得られる．

§9-2　重力場のニュートン近似

§9-2-1　物体の周りの重力場

　一般相対論が適用されるのは，主に，重力が支配的になる天体物理学や宇宙論の分野である．このうち，大質量星が核燃料を消費した後に示す進化の最終段階や，宇宙論で扱われる宇宙全体の振る舞いに関しては，一般相対論でなければ解明できない現象もあるが，太陽系・銀河系で見られる天体の運動になると，一般相対論は，ニュートンの重力理論とほとんど同じ結果を与える．ここでは，一般相対論がニュートン理論とほとんど同じであることを示す近似を，**ニュートン近似**と呼ぶ．

　まず，一般相対論から求められる単一物体の周りの重力場が，近似的にニュートン理論と同じになることを示そう．そのために，ニュートン近似の 1 要件として，次の仮定を置く（他の要件は，§9-3-3 で説明する）．

1. 時空のゆがみは小さいとして，ミンコフスキー時空に対する計量テンソルのずれは，1 次まで考慮すれば充分である．

　重力源として単一物体を考えているので，この物体が静止している座標系で考えることにすれば，重力場は時間によらない．ここで，計量テンソル $g_{\mu\nu}$ を，バックグラウンドとなるミンコフスキー計量 $\eta_{\mu\nu}$（(3.14) 式）と，そこからのずれ $h_{\mu\nu}$ に分けよう．

$$g_{\mu\nu} = \eta_{\mu\nu} + h_{\mu\nu} \tag{9.13}$$

$h_{\mu\nu}$ は時間によらず空間座標だけに依存する量である．1 の条件があるので，$h_{\mu\nu}$ の各成分の大きさは 1 より充分に小さく，計算は $h_{\mu\nu}$ の 1 次まで行えば良い．

　共変計量テンソルの逆行列となる反変計量テンソルは，この近似の範囲で直ちに求めることができる（以下の式では，近似記号（≈）を使ってニュートン近似であることを示す）．

§9-2 重力場のニュートン近似

$$g^{\alpha\beta} \approx \eta^{\alpha\beta} - h^{\alpha\beta}$$
$$h^{\alpha\beta} = g^{\alpha\mu}g^{\beta\nu}h_{\mu\nu} \approx \eta^{\alpha\mu}\eta^{\beta\nu}h_{\mu\nu} \tag{9.14}$$

反変エネルギー運動量テンソルは (9.1) 式で与えられるが，ここでは，重力源となる物体が静止している場合を考えているので，次のように書ける．

$$T^{00} \approx \rho c^2, \quad \text{それ以外の } T^{\mu\nu} \approx 0$$

ニュートン近似の範囲ならば，これを共変テンソルに変換するのは容易である．

$$T_{\mu\nu} = g_{\mu\alpha}g_{\nu\beta}T^{\alpha\beta} \approx \eta_{\mu\alpha}\eta_{\nu\beta}T^{\alpha\beta}$$

直ちにわかるように，共変エネルギー運動量テンソルの成分は，反変エネルギー運動量テンソルと同じになる．目で見てわかりやすいように，行列の形で書いておこう．

$$T^{\mu\nu} \approx T_{\mu\nu} \approx \begin{pmatrix} \rho c^2 & 0 & 0 & 0 \\ 0 & 0 & 0 & 0 \\ 0 & 0 & 0 & 0 \\ 0 & 0 & 0 & 0 \end{pmatrix} \tag{9.15}$$

この式で $\rho \neq 0$ となるのは，重力源となる物体の内側だけ（質点と見なされる場合は，物体が存在する地点だけ）である．物体の外側では $\rho = 0$ になるので，エネルギー運動量テンソルの全成分が 0 となる．

§9-2-2 重力ポテンシャルの方程式

ここまでくれば，ニュートン近似の範囲で重力場（計量テンソル）を計算することができる．(9.13), (9.14) 式を (9.10) 式に代入すれば，クリストッフェル記号が $h_{\mu\nu}$ を使って表される．これを (9.11) 式に代入して得られるリッチ・テンソルと，(9.15) 式のエネルギー運動量テンソルとを，アインシュタイン方程式と等価な (9.12) 式に当てはめれば，重力場の方程式が得られ，その 00 成分（添字が 2 つとも 0 の成分）は，重力ポテンシャル Φ の満たす方程式（第 7 章 (7.4) 式）と一致することが示せる．

この計算は，膨大な式と格闘せずにアインシュタイン方程式を（近似的にでも）解くことのできるほとんど唯一のケースである．【練習問題 22】として出題するので，読者は，解答を見る前に，自力で挑戦してみてほしい．

練習問題 ㉒
Exercise 22

ニュートン近似の下で，(9.12) 式の 00 成分 ($\mu = \nu = 0$ となる成分) が，ニュートン理論で重力ポテンシャルの満たす方程式と同じ形になることを示せ．

(解答 / Solution)

まず，クリストッフェル記号を計算しよう．$h_{\mu\nu}$ の 1 次近似では，次のように書き換えられる．

$$\Gamma^{\alpha}_{\mu\nu} \approx \frac{1}{2}\eta^{\alpha\beta}\left(\partial_{\mu}h_{\beta\nu} + \partial_{\nu}h_{\mu\beta} - \partial_{\beta}h_{\mu\nu}\right) \tag{9.16}$$

クリストッフェル記号は $O(h_{\mu\nu})$ になるため，(9.11) 式を使ったリッチ・テンソルの計算で，Γ の 2 次の項は落とすことができる．さらに，計量テンソルは時間に依存しないという仮定があるので，R_{00} の計算において，時間微分は 0 と置ける．これらを念頭に置いて計算すれば，次式を得る．

$$R_{00} \approx -\sum_{k=1}^{3}\partial_{k}\Gamma^{k}_{00} \tag{9.17}$$

(9.16) 式で時間微分が 0 と置けることに注意すれば，

$$\Gamma^{k}_{00} \approx -\frac{1}{2}\partial_{k}h_{00} \tag{9.18}$$

となるので，リッチ・テンソルの 00 成分は，

$$R_{00} \approx +\frac{1}{2}\Delta h_{00} \quad \left(\Delta \equiv \sum_{k=1}^{3}\partial_{k}^{2}\right)$$

と求められる．

一方，エネルギー運動量テンソルの表式 (9.15) を使えば，(9.12) 式右辺 ( ) 内の 00 成分は，次のように書き換えられる（ $h_{00} = h^{00} = -1$ に注意）．

$$T_{00} - \frac{1}{2}g_{00}T \approx T_{00} - \frac{1}{2}\eta_{00}\left(\eta^{00}T_{00}\right) = \frac{1}{2}T_{00} \approx \frac{1}{2}\rho c^{2}$$

これをアインシュタイン方程式と等価な (9.12) 式に当てはめれば，h_{00} が満たす方程式として次式を得る．

$$+\frac{1}{2}\Delta h_{00} \approx -\frac{1}{2}\kappa\rho c^2 \tag{9.19}$$

計量テンソルの 00 成分と重力ポテンシャル Φ の関係を表す (8.19) 式を使えば，

$$h_{00} \approx -2\Phi/c^2 \tag{9.20}$$

が得られる（この結果は，等価原理を論じる際に行った「Φ の 1 次まで取る」という近似が，ニュートン近似に相当することを意味する）．(9.19) 式と (9.20) 式より，重力ポテンシャル Φ が満たす次の方程式が得られる．

$$\Delta\Phi \approx \frac{1}{2}\kappa\rho c^4$$

この式は，

$$\kappa = 8\pi G/c^4$$

と置けば，ニュートン理論における重力ポテンシャルの式（第 7 章 (7.4) 式）と一致するので，ニュートン近似の範囲で，アインシュタイン方程式からニュートンの重力ポテンシャルが導けたことになる．■

§9-3 粒子の運動方程式

§9-3-1 重力場内部での運動方程式

重力だけが作用する場合の運動方程式は，等価原理から直接的に導くことができる．等価原理によれば，局所慣性系（自由落下する座標系）では，原点近傍の重力が消えて近似的にミンコフスキー時空になるので，原点付近に存在する粒子は，力が作用していないときの特殊相対論の運動方程式に従う．この運動方程式を座標変換によって元の座標系で表せば，一般相対論における運動方程式が得られる．

局所慣性系での粒子の座標を X^λ，元の座標系での座標を x^μ で表すことにしよう．原点付近の運動方程式は，力が作用しないことより，（§4-2 で示したように）座標を固有時 σ で 2 階微分した相対論的加速度が 0 に等しいという式になる．

$$\frac{d^2 X^\lambda}{d\sigma^2} = 0 \tag{9.21}$$

元の座標系と局所慣性系の座標は，座標変換の不変量である線素 ds を通じて，次の関係式で結ばれる．

$$ds^2 = \eta_{\lambda\rho}dX^\lambda dX^\rho = g_{\mu\nu}dx^\mu dx^\nu \tag{9.22}$$

したがって，

$$g_{\mu\nu} = \eta_{\lambda\rho}\frac{\partial X^\lambda}{\partial x^\mu}\frac{\partial X^\rho}{\partial x^\nu}, \quad g^{\mu\nu} = \eta^{\lambda\rho}\frac{\partial x^\mu}{\partial X^\lambda}\frac{\partial x^\nu}{\partial X^\rho} \tag{9.23}$$

となる（第1式は (9.22) 式から直ちに得られるが，第2式を導くには若干の手間が必要なので，気になる読者は，共変計量テンソルの逆行列になっていることを確かめてほしい）．

この関係式を使って，局所慣性系での運動方程式 (9.21) を一般の座標の式に書き直すと，クリストッフェル記号を含む次式を得る（この式の導き方は，計算の得意な人のために，次の §9-3-2 で説明する）．

$$\frac{d^2 x^\rho}{d\sigma^2} + \Gamma^\rho_{\mu\nu}\frac{dx^\mu}{d\sigma}\frac{dx^\nu}{d\sigma} = 0 \tag{9.24}$$

(9.21) 式は局所慣性系の原点近傍だけで成り立つ式だが，世界線上のどの地点でも，その地点を原点とする局所慣性系を考えることができるので，結局，(9.24) 式はあらゆる地点で成り立つ一般的な運動方程式となる．

§9-3-2 運動方程式の導き方★

(9.24) 式の導き方を示そう．局所慣性系の座標 X^λ は x^μ の関数となるので，固有時 σ による1階微分は，次のように書き直される（アインシュタインの規約に従って，μ についての和を取っている）．

$$\frac{dX^\lambda}{d\sigma} = \frac{\partial X^\lambda}{\partial x^\mu}\frac{dx^\mu}{d\sigma}$$

もう1度 σ で微分して (9.21) 式を使えば，次式を得る．

$$0 = \frac{d^2 X^\lambda}{d\sigma^2} = \frac{d}{d\sigma}\left(\frac{\partial X^\lambda}{\partial x^\mu}\frac{dx^\mu}{d\sigma}\right) = \frac{\partial X^\lambda}{\partial x^\mu}\frac{d^2 x^\mu}{d\sigma^2} + \frac{\partial^2 X^\lambda}{\partial x^\mu \partial x^\nu}\frac{dx^\mu}{d\sigma}\frac{dx^\nu}{d\sigma} \tag{9.25}$$

(9.25) 式の両端の辺に dx^ρ/dX^λ を掛けて λ についての和を取り，恒等式

$$\frac{\partial x^\rho}{\partial X^\lambda}\frac{\partial X^\lambda}{\partial x^\mu} = \delta^\rho_\mu$$

を使えば,

$$0 = \frac{d^2 x^\rho}{d\sigma^2} + \left(\frac{\partial x^\rho}{\partial X^\lambda} \frac{\partial^2 X^\lambda}{\partial x^\mu \partial x^\nu} \right) \frac{dx^\mu}{d\sigma} \frac{dx^\nu}{d\sigma} \tag{9.26}$$

が得られる.そこで,次の目標は,(9.26) 式右辺の ( ) 内をクリストッフェル記号で表すことになる.

ここで,変換行列 $\partial X/\partial x$ において,ミンコフスキー時空の計量テンソルを使って局所慣性系の座標だけ添字の上げ下げを行うことにしよう.例えば,

$$X_\rho \equiv \eta_{\rho\lambda} X^\lambda$$

とする.【練習問題 14】で示したように,変換行列はテンソルではないので,本来,テンソルと同じような添字の上げ下げを行うべきではない(相互に変換される 2 つの座標系のどちらの計量テンソルを使ったかわかりにくいため).しかし,いちいち $\eta_{\mu\nu}$ と書いて和を取ると添字が多くなりすぎて混乱してしまうので,ここでは,X^λ が局所慣性系の座標でミンコフスキー時空の計量と結びついていることを念頭に置いて,例外的に添字の上げ下げを行うことにする.さらに,x^μ についての微分を ∂_μ と記せば,(9.23) 式は次のように表される.

$$g_{\mu\nu} = \partial_\mu X_\rho \partial_\nu X^\rho$$

この略記法を使って,(9.10) 式を変形していこう.

$$\begin{aligned}
\Gamma^\lambda_{\mu\nu} &= \frac{1}{2} g^{\lambda\beta} \left(\partial_\mu g_{\beta\nu} + \partial_\nu g_{\mu\beta} - \partial_\beta g_{\mu\nu} \right) \\
&= \frac{1}{2} g^{\lambda\beta} \{ \partial_\mu (\partial_\beta X_\rho \partial_\nu X^\rho) + \partial_\nu (\partial_\mu X_\rho \partial_\beta X^\rho) - \partial_\beta (\partial_\mu X_\rho \partial_\nu X^\rho) \} \\
&= \frac{1}{2} g^{\lambda\beta} \{ (\partial_\mu \partial_\beta X_\rho)(\partial_\nu X^\rho) + (\partial_\mu \partial_\nu X_\rho)(\partial_\beta X^\rho) + (\partial_\nu \partial_\mu X_\rho)(\partial_\beta X^\rho) \\
&\quad + (\partial_\nu \partial_\beta X_\rho)(\partial_\mu X^\rho) - (\partial_\beta \partial_\mu X_\rho)(\partial_\nu X^\rho) - (\partial_\beta \partial_\nu X_\rho)(\partial_\mu X^\rho) \} \\
&= g^{\lambda\beta} (\partial_\mu \partial_\nu X_\rho)(\partial_\beta X^\rho) \\
&= \left(\frac{\partial x^\lambda}{\partial X_\kappa} \frac{\partial x^\beta}{\partial X^\kappa} \right) \left(\frac{\partial X^\rho}{\partial x^\beta} \right) (\partial_\mu \partial_\nu X_\rho) \\
&= \frac{\partial x^\lambda}{\partial X^\rho} \frac{\partial^2 X^\rho}{\partial x^\mu \partial x^\nu}
\end{aligned}$$

これにより,(9.26) 式右辺の ( ) 内はクリストッフェル記号と一致することがわかるので,運動方程式 (9.24) を得る.

§9-3-3 ニュートン理論との比較

§9-2 では，ニュートン近似の下で，一般相対論からニュートンの重力ポテンシャルが導かれることを示したが，これだけでは，「一般相対論がニュートンの重力理論とほとんど同じ」とは言えない．重力場内部で運動する粒子が近似的にニュートンの運動方程式に従うことを示す必要がある．

物体の運動に関するニュートン近似として，§9-2-1 の要件 1 に続くものとして次の 2 つの要件を仮定する．

2. 物体の運動速度 v は光速 c に比べて充分に小さく，v/c の高次項は無視できる．
3. 運動物体に及ぼされる重力以外の力は，無視できる．

ニュートン近似では，重力場が弱い（ミンコフスキー時空からのずれが小さい）という仮定から，一般相対論でも特殊相対論の関係式である第 4 章 (4.11) 式が適用できる．さらに，$|\boldsymbol{v}|/c$ の 2 次の項を無視すれば，(9.24) 式で次の近似式が使える．

$$\frac{dx^0}{d\sigma} \approx \frac{1}{\sqrt{1-(\boldsymbol{v}/c)^2}} \approx 1, \quad \frac{d^2 x^0}{d\sigma^2} \approx 0$$

$$\frac{dx^k}{d\sigma} \approx \frac{1}{c} v^k \frac{1}{\sqrt{1-(\boldsymbol{v}/c)^2}} \approx \frac{v^k}{c} \ll 1 \quad (k=1,2,3), \quad \frac{d^2 x^k}{d\sigma^2} \approx \frac{1}{c^2} \frac{dx^k}{dt^2}$$

(9.24) 式左辺第 2 項で，クリストッフェル記号が $O(h_{\mu\nu})$ の微小量となるため，$\mu = \nu = 0$ となる成分だけを考えれば良い．したがって，(9.24) 式は，次のように近似される．

$$\frac{1}{c^2}\frac{d^2 x^k}{dt^2} + \Gamma^k_{00} \approx 0 \quad (k=1,2,3) \tag{9.27}$$

(9.18) 式と (9.20) 式から，

$$\Gamma^k_{00} \approx -\frac{1}{2}\partial_k h_{00} \approx \frac{1}{c^2}\partial_k \Phi$$

が得られるので，これを (9.27) 式に代入すれば，重力ポテンシャル Φ が存在するときのニュートン理論による運動方程式（第 7 章 (7.3) 式）と同じものが得られる．

以上より，一般相対論は，ニュートン近似の範囲で，ニュートン理論（ニュートンの重力理論および重力だけが作用するときの運動方程式）と一致することがわかる．

§9-3-4 リーマン時空での世界線

重力だけが作用する粒子の運動方程式 (9.24) には，質量が含まれていない．ニュートン理論では，慣性質量と重力質量がなぜか一致するために運動方程式から質量が消去さ

§9-3 粒子の運動方程式

れるとしか言いようがなかったが，一般相対論で初めて，その理由が明確になった．局所慣性系の原点近傍で見ると，光を含むあらゆる物体は等速直線運動をする．しかし，直線になるのはあくまで局所的に見た場合であり，大局的には，時空のゆがみに応じて曲がった世界線になる．時空のゆがみは，物体の性質ではなく時空の幾何学に由来するものなので，全ての物体が，質量によらずに同じ幾何学的性質を持つ世界線を描くのである．

運動方程式 (9.24) は，時空を統一的に扱う相対論的な観点からすると，時空内部の曲線を表す幾何学的な方程式である．詳しくは説明しないが，(9.24) 式が表すのは，§8-1 でも簡単に触れた測地線である．測地線とは，リーマン幾何学における直線に相当する線である．素朴な言い方をすると，光も物体も，測地線に沿って真っ直ぐ進もうとするのだが，時空がゆがんでいるために曲がってしまうのである．

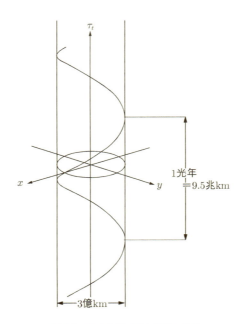

図 **9.1** 時空内部で見た地球の公転

地球の公転を例に取ろう．地球は，近似的に，太陽を中心とする直径 3 億 km，周期 1 年の円軌道を描く．円軌道だけを見ると，どこが測地線かと不審に思われるかもしれない．しかし，円というのは 3 次元空間で見たときの幾何学的な形状であり，相対論で

は，時空に拡がった世界線を考えなければならない．地球の公転軌道を軌道面上の2つの空間軸と時間軸のグラフとして描くと，【図 9.1】のようならせん軌道となる．このとき，1周期である1年は，光速を乗じて空間の長さと同じ単位で表すと1光年，すなわち，9兆5000億 km となるので，時間と空間を同じ縮尺で表すと，図のらせんを時間軸方向に1万倍以上も引き伸ばさなければならず，ほとんど直線にしか見えない．このように，時空内部で見ると，地球はほぼ直線の軌跡を描いているのだが，太陽の重力で時空が少しゆがんでいるために，世界線が僅かに曲がってらせんになるのである．

§9-4 シュヴァルツシルト解

§9-4-1 球対称な重力場

§9-2 と §9-3 では，重力場が弱く粒子の運動速度が小さいという条件が満たされれば，一般相対論がニュートン理論に帰着することを示したが，厳密に計算したときに，両者の間にどの程度の差異があるかは明らかにしなかった．そこで，本節では，アインシュタイン方程式を厳密に解いて重力場を求め，これがニュートンの重力理論とどのように異なるかを示したい．

ここで取り上げるのは，恒星のような巨大な質量を持つ天体の周りの重力場のモデルである．通常の恒星は，周囲に惑星などの物体を伴っているが，数学的な困難を避けるため，天体が孤立して周囲に他の物体がなく，バックグラウンドとなる重力場の変動もないものとする．この場合，天体が静止している座標系で考えてかまわない．また，天体は完全な球体で，自転していないと仮定する（ニュートン理論と異なって，一般相対論では，物体が自転すると周囲の重力場はそれに引きずられるような変化を示すが，その効果を無視することに相当する）．こうした仮定を置くと，天体周囲の重力場は時間による変動を示さず（静的），天体から見てどの方位でも，中心からの距離の関数として同じような振る舞いを示す（球対称）．本節では，アインシュタイン方程式に厳密に従う静的・球対称な重力場を求めてみたい．

球対称な重力場がどのようなものかイメージをつかみやすくするために，まず，時間成分のない2次元のリーマン空間から考えることにする．ある点から見てどの方位でも同じようなゆがみを持つ2次元曲面は，3次元ユークリッド空間に埋め込んでみると，軸の周りに任意角度だけ回転しても形の変わらない回転対称面となる．（§8-1-2 で紹介した）測地極座標で表した場合，原点から引いた測地線の長さを R とすると，曲面上で R が一定になるのは，(2次元リーマン空間の測地円であるのと同時に) 3次元ユークリッド空間で見たときの円になる（【図 9.2】）．ユークリッド空間における円の半径を r とすると，r は R の関数になるので，線素は次式で表される．

§9-4 シュヴァルツシルト解

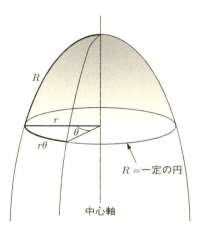

図 9.2 回転対称性を持つ曲面

$$ds^2 = dR^2 + r(R)^2 d\theta^2$$

ここで，逆に R を r の関数として表し，座標を R から r に変換すれば，線素の式における dr^2 の係数は，$(dR/dr)^2$ という r の関数となる．この関数を $f(r)$ と書くことにすると，

$$ds^2 = f(r) dr^2 + r^2 d\theta^2$$

と置ける．これが，中心の周りに回転しても変わらない 2 次元リーマン空間における線素の一般式である．2 次元リーマン空間が平坦な（すなわち，ユークリッド空間である）場合は $r = R$ なので，$f(r) = 1$ となる．時間 $\tau (= ct)$ を加えた時間 1 次元・空間 2 次元のリーマン時空（計量テンソルは時間に依存しないとする）になると，原点からの距離に応じて固有時が変化し，線素の式における $d\tau^2$ の係数も r の関数となるので，これを $h(r)$ と書くことにすれば，線素は次式で与えられる．

$$ds^2 = -h(r) d\tau^2 + f(r) dr^2 + r^2 d\theta^2$$

2 次元の議論を 3 次元リーマン空間に拡張すると，中心からの距離が一定の面は，(2 次元での円に対応して) 球面になる．球面上の 2 つの方向に対応して，角度の微分量は，2 次元極座標における $d\theta$ から，立体角の 2 成分 $(d\theta, \sin\theta d\phi)$ に置き換えられる．したがって，時間を加えた時間 1 次元・空間 3 次元のリーマン時空で，中心の周りに球対称

性のある静的な重力場は，次式で与えられる．

$$ds^2 = -h(r) d\tau^2 + f(r) dr^2 + r^2 \left(d\theta^2 + \sin^2\theta d\phi^2\right)$$

ここで，4つの座標を

$$x^0 \equiv \tau (= ct), \quad x^1 \equiv r, \quad x^2 \equiv \theta, \quad x^3 \equiv \phi$$

と置くと，計量テンソルは次のようになる．

$$g_{00} = -h(r), \quad g_{11} = f(r), \quad g_{22} = r^2, \quad g_{33} = r^2 \sin^2\theta,$$
$$\text{これ以外の } g_{\mu\nu} = 0 \tag{9.28}$$

　天体の周囲の重力場を考える場合，(9.1) 式で与えられるエネルギー運動量テンソルは，天体外部で全成分が 0 となる．したがって，(9.12) 式より，天体外部でのアインシュタイン方程式は，リッチ・テンソルを使って

$$R_{\mu\nu} = 0$$

と表される．

　(9.28) 式の計量テンソルを (9.10) 式に当てはめればクリストッフェル記号が，さらにこれを (9.11) 式に代入すればリッチ・テンソルが求められる．この計算は，慎重に行えば決して難しいものではないが，項数が多くひたすら面倒なので，途中を省略して，リッチ・テンソルがどうなるかだけを記すことにする（計算の得意な人は自分でチャレンジしても良いが，一般相対論の計算がいかに煩雑か身を以て知るだけで，あまり得るものはない）．

　リッチ・テンソルの各成分のうち，非対角成分は全て恒等的に 0 になる．また，対角成分のうち，R_{33} は R_{22} と次の関係式で結ばれる．

$$R_{33} = R_{22} \sin^2\theta$$

したがって，アインシュタイン方程式は，R_{00}，R_{11}，R_{22} のそれぞれが 0 に等しいという式になるが，この 3 つは独立ではなく，2 つの式から他の 1 つを導くことができるので，考えるべき方程式は 2 つだけとなる．この 2 つの方程式として次のものを選ぶと，計算が比較的簡単になる（ダッシュは，引数 r による微分を表す）．

§9-4 シュヴァルツシルト解

$$\frac{R_{00}}{h} + \frac{R_{11}}{f} = \frac{1}{rf}\left(\frac{f'}{f} + \frac{h'}{h}\right) = 0$$
$$R_{22} = +1 - \frac{r}{2f}\left(-\frac{f'}{f} + \frac{h'}{h}\right) - \frac{1}{f} = 0 \tag{9.29}$$

ここから先の計算は，読者にも挑んでもらおう．次の【練習問題 23】を解いていただきたい．

練習問題 ㉓
Exercise 23

(9.29) の微分方程式を解いて，質量 M の天体の周囲における静的・球対称な重力場を求めよ．その際，① 天体よりある程度離れると，重力ポテンシャルの形はニュートン理論で近似できる，② 充分に離れて天体からの重力の影響がなくなると，ミンコフスキー時空に漸近する－という条件から，積分定数を決定せよ．

解答
Solution

(9.29) の第 1 式より，f と h の関係が求められる．

$$\frac{f'}{f} + \frac{h'}{h} = \frac{d}{dr}\ln(fh) = 0$$

したがって，f と h の積は定数となるが，この定数の値は，問題文 ② の条件から求められる．r が充分に大きくなったときに，ミンコフスキー計量に漸近するので，

$$\lim_{r\to\infty} f(r) = \lim_{r\to\infty} h(r) = +1$$

でなければならない．これより，f と h の積は $+1$，すなわち，$f = 1/h$ となる．

この結果を，(9.29) の第 2 式に代入すると，

$$0 = +1 - rh' - h = +1 - \frac{d}{dr}(rh)$$

を得る．ここで，両辺を積分して積分定数を R_S と置くと，

$$h = 1 - \frac{R_S}{r}$$

と求められる．(8.19) 式で示したように，ニュートン近似では，重力ポテンシャル Φ と計量テンソルの 00 成分の符号を変えた h が，

$$h\,(=-g_{00}) \approx 1 + 2\Phi/c^2$$

という関係にある．質量 M の天体から距離 r の地点での重力ポテンシャル Φ は，$\Phi = -GM/r$ となる（第 7 章 (7.4) 式）ので，

$$R_S = \frac{2GM}{c^2} \tag{9.30}$$

が得られる．この R_S は，**シュヴァルツシルト半径**（または，重力半径）と呼ばれる．シュヴァルツシルト半径を用いて改めて線素の式を書くと，次のようになる．

$$ds^2 = -\left(1 - \frac{R_S}{r}\right)d\tau^2 + \frac{1}{1 - \frac{R_S}{r}}dr^2 + r^2\left(d\theta^2 + \sin^2\theta d\phi^2\right) \tag{9.31}$$

これが，質量 M の天体の周囲における静的・球対称な重力場を表す**シュヴァルツシルト解**である（この式を導いたシュヴァルツシルトは，天体内部の重力場も求めているので，両者を区別する場合は，それぞれ外部解・内部解と呼ぶ）．■

シュヴァルツシルト解を見ると，等価原理に基づくアインシュタインの議論は，$d\tau^2$ の係数に関して，ほぼ正確だったことがわかる．ニュートン理論で重力の強さが距離の逆 2 乗に比例することは，シュヴァルツシルト解 (9.31) における $d\tau^2$ の係数に示されている．

その一方で，等価原理のみに依拠する考察では，dr^2 の係数（あるいは，より一般的に，計量テンソルの空間にかかわる部分）が正しく評価されていない．ニュートン近似では，ミンコフスキー時空からのずれの 1 次まで取り入れるので，dr^2 の係数に現れる R_S/r は無視できないはずだが，これまでの議論では触れられなかった．その理由は，運動方程式のニュートン近似を考える際に，ミンコフスキー時空からのずれが小さいこ

とに加えて，物体の運動速度 v が光速 c より充分に小さいという条件があるため，v/c が掛かることで，dr^2 の係数が 1 からずれる効果を無視できるからである．物体の運動方程式ではなく，(§7-1-5 で簡単に説明した) 重力による光の屈折を考える場合には，dr^2 の係数が 1 からずれることの影響をきちんと取り入れなければならない．

シュヴァルツシルト解に見られる最も大きな特徴は，$r = R_S$ となる球面——**シュヴァルツシルト面**と呼ばれる——を境に，時空の状態が大きく変わることだろう．この面上では，$d\tau^2$ の係数が 0 となり，dr^2 の係数は発散する．したがって，天体の周囲にシュヴァルツシルト面が存在する場合には，そこで，ニュートン理論とは全く異なる奇妙な現象が観測されるはずである．

太陽の場合，

　　太陽質量　　$M = 2.0 \times 10^{30}$ [kg]
　　万有引力定数　$G = 6.7 \times 10^{-11}$ $\left[\text{m}^3\text{kg}^{-1}\text{s}^{-2}\right]$
　　光速　　$c = 3.0 \times 10^8$ $\left[\text{ms}^{-1}\right]$

を使ってシュヴァルツシルト半径を計算すると，

$$R_S = 3.0 \,[\text{km}]$$

と求められる．太陽の半径は 70 万 km でシュヴァルツシルト半径よりはるかに大きいので，天体の外部だけに適用される (9.31) 式は $r = R_S$ の近傍では成立せず，シュヴァルツシルト面は現実には存在しない（天体の内部では，シュヴァルツシルト内部解など (9.31) 式とは別の解が適用されるが，こうした内部解には，シュヴァルツシルト面のような特異な面は，通常は現れない）．

しかし，太陽質量を半径 3km 以下に押し込めた場合のように，きわめて高密度に圧縮された天体が存在すると，天体の周囲にシュヴァルツシルト面が現れる可能性も出てくる．こうした天体はどのような振る舞いをするのか，簡単に説明しよう．

§9-4-2　シュヴァルツシルト面とブラックホール

シュヴァルツシルト面の物理的な性質を考えるためのモデルとして，まず，空間のあらゆる場所に一様な（同じ向き・同じ大きさの）重力加速度が存在する場合を考えよう．等価原理によれば，重力は慣性力と区別できないので，この時空は，重力のないミンコフスキー時空で加速度運動をする観測者が見る時空と，等価なはずである（話をややこしくしないために，しばし空間は 1 次元としていただきたい）．それでは，こうした観測者はどんな時空を見るのだろうか？

第 4 章【図 4.2】に，重力のないミンコフスキー時空内部で等加速度運動する物体の軌跡を描いておいた（§4-2-2 を読んだ読者は，式と併せて考えてほしい）．ニュートン力学における等加速度運動では，速度がどこまでも増大していくが，相対論になると光速を超えることができないため，等加速度運動の軌跡は，ある光線（【図 4.2】では $x=\tau$ で表される直線）に漸近する曲線となる．この光線は，等加速度運動する観測者と決して交わらない．加速しながら逃げていくので，光すら追いつけないのである．したがって，この光線以遠の領域（【図 4.2】で $x=\tau$ より左の領域）からは光も到達せず，そこで何が起きているか観測者には決して知ることができない．$x=\tau$ で表される境界は，言わば，（観測者がそこより彼方の情報を得ることのできない）情報の地平線なのである．もともとミンコフスキー時空で等加速度運動しているだけなので，地平線で時空に異常なゆがみが生じているというわけではない．【図 4.2】に描き入れたように，図の右から左に進む光（および物体）は，ミンコフスキー時空の他の領域と同じように，地平線を素通りすることができる．

等価原理によれば，一様な重力加速度が存在する時空にも，等加速度運動する観測者が見るのと同じような地平線が存在するはずであり，さらに，重力加速度が充分に大きいときには，一様でなくても地平線が現れると推測できる．シュヴァルツシルト面は，正に，等加速度運動する観測者にとっての地平線と本質的に同じものなのである．もちろん，等加速度運動する観測者が感じる慣性力がこの観測者固有のものであるのに対して，天体の周りの重力場は時空のゆがみに起因しており，完全に消去することができないという違いはある．だが，「そこを通り抜けて境界の彼方に移動することは容易だが，その先からは光すらやってこない」という地平線の性質は，シュヴァルツシルト面にも見られる．この意味で，シュヴァルツシルト面は，物理現象に関する地平線——**事象の地平線**（あるいは，面状なので**地平面**）——と呼ばれるべきものである．

シュヴァルツシルト面は，天体を取り囲んでいるため，空間を内側と外側に 2 分する．シュヴァルツシルト面の内側からは，光も情報もやってこないが，外から内に向かう際には何の障害もない．自由落下する観測者は，等価原理によれば無重力空間にいるのと同じなので，シュヴァルツシルト面を横切る際に何も感じない（ただし，大きさを持つ観測者の場合は，天体に近づくにつれて，身体各部位に加わる重力に差があることに起因する潮汐力を感じる）．

シュヴァルツシルト面付近では，光の動きが大きく制限される．ミンコフスキー時空で等加速度運動する観測者から見ると，地平線ギリギリにある光は（なかなか自分に近づいてこないので）ほとんど止まっている．同じように，シュヴァルツシルト面のすぐ外側で放出された光は，面からなかなか離れられない．シュヴァルツシルト面の内側になると，中心から外向きに放出された光でも，時空が大きくゆがんでいるせいで，内向き

§9-4 シュヴァルツシルト解

にしか進むことができない．特殊相対論では，1点からさまざまな向きに放出された光線は光円錐を描くが，シュヴァルツシルト面付近での光円錐は，中心方向にひしゃげた形になる．シュヴァルツシルト面のすぐ外側ならば，天体からゆっくりと遠ざかることができるものの，内側の光円錐は側面が全て内向きになるほどひしゃげているため，どの方向に放出されても光は中心に向かう（【図 9.3】には，$\tau = 0$ で各点から放出された内向きと外向きの光線がどうなるかを描いてある[30]）．

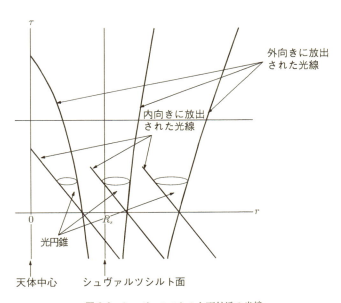

図 9.3 シュヴァルツシルト面付近の光線

シュヴァルツシルト面に囲まれた天体は，物体を内側に飲み込んでいくだけで，面の外には光すら放出しないため，**ブラックホール**と命名された．1960 年代になるまでは，ブラックホールが現実に存在するかどうか疑う物理学者も多かったが，現在では理論・観測ともに進展し，ブラックホール候補の天体が数多く発見されている（ブラックホールそのものは光を発しないので観測できないものの，シュヴァルツシルト面の外に存在する物体が電磁波を放出しながら飲み込まれていくので，宇宙から飛来する電磁波を観

---

[30] (9.31) 式で採用した座標系は，シュヴァルツシルト解付近の物理的な振る舞いを図示するのに適当ではないため，【図 9.3】では，エディントン＝フィンケルシュタイン座標系と呼ばれるものを採用している．

測することによって，ブラックホール候補を探索することができる）．

　宇宙に存在するブラックホールには，大きく分けて2つの種類がある．1つは，銀河の中心にあるブラックホールである．天の川銀河の場合は，地球から見て，いて座方向3万光年ほどの場所に強い電波源が存在しており，太陽の4百万倍以上の質量を持つ超大質量ブラックホールだと推定される．もう1つは，太陽の数十倍以上の質量を持つ恒星が核燃料を消費し尽くした後に形成されるブラックホールである．主系列星や赤色巨星の段階にある恒星は，全体を収縮させようとする重力と，核融合によって生み出される放射圧とが釣り合って，球体を維持しているが，核燃料を使い尽くして放射圧がなくなると収縮を始める．このとき，原子核内部の陽子が中性子に変化したことで生じる圧力（縮退圧）が重力を支えきれる場合は，中性子星となって一生を終えるが，重力が縮退圧を凌駕するときには収縮が止まらず，ついには恒星の半径がシュヴァルツシルト半径以下になって，ブラックホールが形成される．

　ブラックホール内部に存在する物体は，【図9.3】の光円錐の内側にしか進めないため，必然的に内向きにだけ運動する．球体を維持している天体では，中心向きに動く物体と逆向きに動く物体のバランスが取れている（対流を考えていただきたい）．だが，シュヴァルツシルト面内では，このバランスが崩れ，全ての物体が中心に集まっていく．このとき何が起きるかは，良くわかっていない．アインシュタイン方程式を解くと，全物体が有限時間のうちに中心に到達し，密度が無限大となって時空に穴（そこで計量テンソルが発散する特異点）を作ってしまう．この過程は重力崩壊と呼ばれ，物体が中心向きにしか運動できないという時空構造によってもたらされるため，いかなる相互作用によっても食い止めることができない．ただし，一部の物理学者は，量子効果によって重力崩壊が食い止められ，アインシュタイン方程式に従わない物理現象が現れると考えている．

> コラム

ブラックホールを否定したアインシュタイン

　第1次世界大戦従軍中の1915年に静的・球対称な厳密解を見いだしたシュヴァルツシルトは，ただちに研究成果を記した論文をアインシュタインに送付したが，この時点では，シュヴァルツシルトもアインシュタインも，シュヴァルツシルト面が実在する可能性に気が付いていなかった．彼らは，$r > R_S$の領域だけが物理的に意味のある範囲と考え，$r = R_S$となる地点が中心だと錯覚したのである．シュヴァルツシルトが自分の発見した解の奇妙な振る舞いに

§9-4 シュヴァルツシルト解

気が付いたのは，天体内部の計量テンソルを調べていたときだが，その研究が完成しないうちに，従軍中に得た病がもとで 42 歳の若さで急逝する．

今でこそブラックホールは天文学の花形で，多くの SF 作品で取り上げられたこともあって，その名前は子供でも知っている．しかし，ブラックホールが一般相対論の研究主題として取り上げられるのは，1930 年代（当時はまだブラックホールという呼称はなく，「凍てついた星（フローズン・スター）」などと呼ばれていた）になってからで，その時点でも，ブラックホールは単なる数学的な虚構だと見なす物理学者が少なくなかった．アインシュタイン自身，シュヴァルツシルト面が実在するとは到底信じられなかったようで，1939 年に，天体がシュヴァルツシルト半径より小さくなるまで圧縮されることはあり得ないという論文を発表する．これは，ブラックホールが実在できないことを含意するもので，角運動量の保存則によって高密度になるまで物体が集まれないことを根拠としていた．

ところが，アインシュタインの予想を打ち砕くように，同じ 1939 年，オッペンハイマーが学生のスナイダーとともに著した論文において，アインシュタイン方程式を解くことにより，巨大な質量を持つ天体が重力崩壊を起こし，有限時間のうちにブラックホールになることを示した．オッペンハイマーの議論は，天体が自転しておらず，また，圧力も無視できるという大胆な近似を採用していたため，完全ではなかったものの，ブラックホールの形成が一般相対論の枠内で議論できることを示した画期的な成果だった．残念ながら，オッペンハイマーは，その後，マンハッタン計画に駆り出されて原爆開発を指導することになり，ブラックホールに関する研究は中絶してしまう．ブラックホールの存在が理論的に確実視されるようになるのは，1960 年代に入り，ホイーラー，ペンローズ，ホーキングら多くの物理学者が，ブラックホールの数学的な性質に関する研究に着手してからである．

第 10 章

宇宙論

§10-1 一般相対論の境界条件

§10-1-1 宇宙のグランドデザイン

　一般相対論は，多くの場合，ニュートンの重力理論に対するわずかな修正しか与えないが，従来の理論的枠組みから懸け離れた現象を予言し，後に観測で検証されたケースが2つある．1つは，§9-4-2で紹介したブラックホールの形成であり，もう1つが，これから述べる宇宙の膨張である．

　一般相対論を宇宙全体に適用する場合，アインシュタイン方程式だけでは不十分であり，全体的な構造を決定するための別の条件が必要となる．同じような事情は，電磁気学など微分方程式で記述される他の理論にも見られ，方程式の他に，遠方における場の状態などを指定する適切な境界条件を採用しなければならない．電磁気学における境界条件は，「充分に遠方では電場・磁場の強度は0になる」とか「特定の振動数を持つ平面波が存在する」といったわかりやすいものが多い．一般相対論でも，太陽系での天体運動を議論する際には，「遠方ではミンコフスキー時空に漸近する」のような簡単な境界条件を採用する（シュヴァルツシルト解に関する【練習問題23】を思い出していただきたい）．ところが，宇宙全体を考えるときには，こうした簡単な境界条件では済まなくなる．時空は物理現象が生起する土台なので，「遠方でミンコフスキー時空になる」とは，「どこまで行っても大地は平坦である」と主張するのと同じく，全体的な構造に対する制限を意味する．

　それでは，全体的な構造にかかわる別の条件として，何を選べば良いのだろうか？ これは，宇宙全体のデザインに関する古くからの哲学的難問に関連するので，読者自身にも考えを巡らしてもらいたい．第1章・第3章に続いて，基本問題として出題する．

[基本問題❸]
Fundamental Problem 3

宇宙の全体的な構造を決めるグランドデザインはあるか？

(解答)
Solution

　この問いに答えるには，「宇宙に中心や果てはあるか？」という観点から論じるとわかりやすいだろう．一般相対論に基づく解答は，本章の最後に述べることにして，ここでは，近代科学に至るまでの思想家・科学者がどのように考えたかをまとめておこう．

- **アリストテレス**：古代ギリシャ思想の主流に従って，宇宙の中心は地球で，その周囲を月・太陽・惑星が周回すると考えた．特に興味深いのは，宇宙の果てとして恒星天（その上に恒星が載っている球殻）を想定しことで，「恒星天の外側」という場所は存在せず，宇宙の大きさは有限だと考えた．
- **コペルニクス**：地動説を採用して宇宙の中心を従来の地球から太陽に置き換えたが，恒星天の考え方は維持し，アリストテレスと同様に果てを持つ有限宇宙を想定した．
- **ガリレオ**：星々は太陽と同等の天体だという認識を持っていたので，恒星天を否定し遠方に無数の恒星が点在するという見方を採用したが，恒星がどこまで存在するかについては明確な主張をせず，宇宙が有限か無限かも言葉を濁した（「恒星分布に偏りがあるものの，空間自体は無限だ」という考えに傾いていたようである）．
- **ニュートン**：太陽と同等な恒星が無限の宇宙空間にほぼ均一に分布しており，中心も果ても存在しないというアイデアを（ベントリ宛の書簡で）示した．
- **カント**：太陽系と同等の島宇宙が宇宙空間に数多く存在すると考えたが，宇宙空間が有限か無限かについて，人間の理性には原理的に答えられないと主張した（第8章末のコラム参照）．■

　この問題に対して，アインシュタインはどのようにアプローチしたのか？彼がいくつかのアイデアを検討した過程を，段階的に見ていくことにしよう．

§10-1-2　回転座標系の計量テンソル

　アインシュタインは，重力場の方程式を探索していた頃に，方程式だけでは計量テン

ソルを決定できないことに気が付いた．彼の研究ノートには，回転座標系における遠心力について検討したことが記されているが，このケースが方程式だけでは不十分であることを示すわかりやすい例になるので，練習問題として出題しよう．

ミンコフスキー時空の直交座標系 $\tau (= ct)$, X, Y, Z に対して，空間座標が Z 軸の周りに一定の角速度 ω で回転する直交座標系 τ, x, y, Z を考える（回転座標系の時間は，ミンコフスキー時空で静止している無数の時計で計るものと考えれば，τ と置いてかまわない）．このとき，x, y と X, Y は次の関係式で結ばれる（【図 10.1】）．

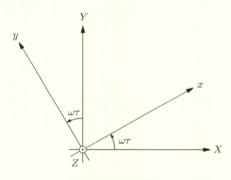

図 **10.1** 回転座標系

$$X = x\cos\omega\tau - y\sin\omega\tau, \quad Y = x\sin\omega\tau + y\cos\omega\tau$$
$$x = X\cos\omega\tau + Y\sin\omega\tau, \quad y = -X\sin\omega\tau + Y\cos\omega\tau$$

第 9 章 (9.23) 式を用いて，回転座標系における計量テンソル $g_{\mu\nu}$ を求めよ．さらに，g_{00} とニュートン理論における重力ポテンシャルの関係（第 8 章 (8.19) 式）をもとに，回転座標系でどのような重力が作用するかを示せ．

解答
Solution

回転座標系での座標を,

$$x^0 \equiv \tau, \quad x^1 \equiv x, \quad x^2 \equiv y, \quad x^3 \equiv Z$$

と置いて (9.23) 式の第 1 式を適用しよう.

$$g_{\mu\nu} = \eta_{\alpha\beta} \frac{\partial X^\alpha}{\partial x^\mu} \frac{\partial X^\beta}{\partial x^\nu} = -\frac{\partial \tau}{\partial x^\mu} \frac{\partial \tau}{\partial x^\nu} + \frac{\partial X}{\partial x^\mu} \frac{\partial X}{\partial x^\nu} + \frac{\partial Y}{\partial x^\mu} \frac{\partial Y}{\partial x^\nu} + \frac{\partial Z}{\partial x^\mu} \frac{\partial Z}{\partial x^\nu}$$

この式から, 計量テンソルの各成分を求めることができる. 例えば, 00 成分と 01 成分は,

$$g_{00} = -1 + (-x\omega \sin\omega\tau - y\omega \cos\omega\tau)^2 + (x\omega \cos\omega\tau - y\omega \sin\omega\tau)^2$$
$$= -1 + \left(x^2 + y^2\right) \omega^2$$

$$g_{01} = (-x\omega \sin\omega\tau - y\omega \cos\omega\tau) \cos\omega\tau + (x\omega \cos\omega\tau - y\omega \sin\omega\tau) \sin\omega\tau$$
$$= -y\omega$$

のように計算される. 全成分を行列の形で書いておこう.

$$g_{\mu\nu} = \begin{pmatrix} -1 + \left(x^2 + y^2\right)\omega^2 & -y\omega & +x\omega & 0 \\ -y\omega & 1 & 0 & 0 \\ +x\omega & 0 & 1 & 0 \\ 0 & 0 & 0 & 1 \end{pmatrix} \tag{10.1}$$

ここで,

$$r = \sqrt{x^2 + y^2}$$

と置けば, ニュートン近似における重力ポテンシャル Φ は, (8.19) 式と (10.1) 式より,

$$-2\Phi(r)/c^2 \approx r^2 \omega^2$$

なる関係式を満たす. 重力の大きさは, 重力ポテンシャル Φ を距離で微分して質量 m を乗じたものなので, この回転座標系には,

$$-m\frac{d\Phi(r)}{dr} \approx \frac{m}{2}\frac{d}{dr}r^2(c\omega)^2 = mr(c\omega)^2 \qquad (10.2)$$

という重力が作用することになる．(10.2) 式はニュートン力学における遠心力の式そのものなので，回転座標系には遠心力が現れると言っても良い（角速度 ω に光速 c が掛かっているが，これは，ω が角度を時間座標 τ（$= ct$）で微分した量だからである）． ■

ミンコフスキー時空は，真空（エネルギー運動量テンソルの全成分が 0 の時空）におけるアインシュタイン方程式の自明な解なので，これを座標変換しただけの (10.1) 式の計量テンソルも，当然，真空解のはずである．(10.1) 式の $g_{\mu\nu}$ が本当に解になるのか，あるいは，この時空で実際に遠心力が現れるのか気になる人は，次の発展問題を解いてほしい．

発展問題 ⑪
Advanced Exercise 11

(10.1) 式の計量テンソルからクリストッフェル記号とリッチ・テンソルを計算し，真空でのアインシュタイン方程式が満たされていることを示せ．また，この時空で重力だけが作用するときの相対論的な運動方程式を求め，ニュートンの運動方程式と比較せよ．

(解答のヒント)
Solution Hints

クリストッフェル記号を計算するには，反変計量テンソルを求めて (9.10) 式を使っても良いが，(9.26) 式右辺の ( ) 内がクリストッフェル記号に等しいことから求めることもできる．【練習問題 24】の記号をそのまま使うと，次式が成り立つ．

$$\Gamma^{\lambda}_{\mu\nu} = \frac{\partial x^{\lambda}}{\partial X^{\rho}}\frac{\partial^2 X^{\rho}}{\partial x^{\mu}\partial x^{\nu}} = \frac{\partial x^{\lambda}}{\partial X}\frac{\partial^2 X}{\partial x^{\mu}\partial x^{\nu}} + \frac{\partial x^{\lambda}}{\partial Y}\frac{\partial^2 Y}{\partial x^{\mu}\partial x^{\nu}}$$

これより，クリストッフェル記号の 0 でない成分として，次の 6 つが得られる．

$$\Gamma^1_{00} = -\omega^2 x,\ \Gamma^2_{00} = -\omega^2 y,\ \Gamma^1_{02} = \Gamma^1_{20} = -\omega,\ \Gamma^2_{01} = \Gamma^2_{10} = +\omega$$

§10-1 一般相対論の境界条件

これを使うと，リッチ・テンソルの全ての成分が恒等的に 0 になることがわかる．例として，00 成分の計算を示しておこう．

$$\begin{aligned}R_{00} &= \partial_0 \Gamma^\alpha_{0\alpha} - \partial_\alpha \Gamma^\alpha_{00} + \Gamma^\beta_{\alpha 0}\Gamma^\alpha_{0\beta} - \Gamma^\alpha_{\beta\alpha}\Gamma^\beta_{00}\\ &= -\left(\partial_1\Gamma^1_{00}+\partial_2\Gamma^2_{00}\right)+\left(\Gamma^0_{10}\Gamma^1_{00}+\Gamma^2_{10}\Gamma^1_{02}+\Gamma^0_{20}\Gamma^2_{00}+\Gamma^1_{20}\Gamma^2_{01}\right)\\ &\quad -\left(\Gamma^\alpha_{1\alpha}\Gamma^1_{00}+\Gamma^\alpha_{2\alpha}\Gamma^2_{00}\right)\\ &= +2\omega^2+\left(-\omega^2-\omega^2\right)\\ &= 0\end{aligned}$$

したがって，(10.1) 式の計量テンソルは，エネルギー運動量テンソルの成分が 0 のときのアインシュタイン方程式を満たす．

クリストッフェル記号が求められると，運動方程式も書き下せる．重力以外の力が存在しないときの運動方程式 (9.24) の左辺でニュートン近似を用いると，次のようになる．

$$\frac{d^2 x}{d\sigma^2}+\Gamma^1_{\mu\nu}\frac{dx^\mu}{d\sigma}\frac{dx^\nu}{d\sigma}\approx\frac{1}{c^2}\left\{\frac{d^2 x}{dt^2}-(c\omega)^2 x-2c\omega\frac{dy}{dt}\right\}$$

$$\frac{d^2 y}{d\sigma^2}+\Gamma^2_{\mu\nu}\frac{dx^\mu}{d\sigma}\frac{dx^\nu}{d\sigma}\approx\frac{1}{c^2}\left\{\frac{d^2 y}{dt^2}-(c\omega)^2 y+2c\omega\frac{dx}{dt}\right\}$$

各式右辺 { } 内の第 2 項が遠心力，第 3 項がコリオリ力を表すことは，すぐにわかるだろう．(9.24) 式で右辺は 0 になっているが，重力以外の力が存在するときには右辺に力の項が現れるため，ニュートン力学における回転座標系での運動方程式に帰着する． ∎

空間部分が回転する座標系で遠心力が現れることは，ニュートン力学でも一般相対論でも同様である．ただし，ニュートン力学の場合，遠心力はあくまで見かけの力であり，遠心力の存在しないユークリッド空間を絶対空間と見なしていたのに対して，一般相対論では，ミンコフスキー計量 $\eta_{\mu\nu}$ と (10.1) 式の計量テンソル $g_{\mu\nu}$ のどちらかが絶対的だという区別はない．例えば，太陽系の周囲には広大な無重力空間が拡がっているが，これがニュートン力学的な意味での絶対的な時空というわけではない．天の川銀河は，周期 2 億数千万年程度で自転しており，それとともに太陽も銀河中心の周りを公転している．太陽系周辺における無重力空間は，ちょうど，衛星軌道上のスペースシャトル内部が無重力になるのと同じように，天の川銀河の質量による重力と回転運動による遠心力が打ち消しあって実現されたもので，局所慣性系の原点近傍が近似的にミンコフスキー

時空になることの現れにすぎないのである．

(10.1) 式の計量テンソルに見られる特徴は，ミンコフスキー計量とは異なり，中心から離れるにつれてしだいに大きくなる成分が存在することである．$\eta_{\mu\nu}$ と (10.1) 式の $g_{\mu\nu}$ はいずれも真空における解ではあるが，遠方での振る舞いによって区別されるので，§10-1-1 で述べた「アインシュタイン方程式だけでは解が決定できず，別の条件が必要になる」ことを示す例となる．

§10-1-3　マッハ原理の正当性★

遠心力が真空の計量テンソルに含まれることは，マッハ原理の正当性に関して相対論的な立場から解答を与えるので，少し脇道に逸れてコメントしておこう．

マッハ原理の要諦は，ニュートンのいわゆる"バケツ実験"に対するマッハの反論に示される．ニュートンは，物体の加速度を記述する絶対的な枠組みとして 3 次元ユークリッド空間を想定し，この空間に対して加速度運動しているか否かは，慣性力の有無で区別できると考えた．周囲に何も見えない無重力空間に浮遊しているとき，自分が角運動量保存則に従って自転しているかどうかは，外部を観測してもわからない．しかし，自分に対して静止する物体に遠心力が作用しているかどうかを測定する――例えば，容器内に封入された液体に比重の異なる物体を浮かべたときの振る舞いを見る――ことにより，自転の有無は判定できる．ニュートンは，水を入れたバケツを紐で吊して回転させたとき，水面が湾曲すれば絶対空間に対して回転運動していることがわかると論じた．これが，有名なバケツ実験である．

この議論に真っ向から反論したのが，マッハである．彼は，ニュートンの理論で重力が物体同士の相対的な位置関係で決定されるのと同じように，慣性力も相対的な位置関係だけで定まると仮定すれば，水面の湾曲が絶対空間に対する加速度運動の証拠にはならないと主張した．周囲に多数の天体が存在する場合，自転している観測者から見ると，天体の方が自分の周りを周回していることになる．もし，この周回する天体が遠心力を生み出しているならば，バケツの水面が湾曲するかどうかで絶対空間に対する加速度の有無を判定することはできない．

それでは，一般相対論の立場から見た場合，こうしたマッハの主張は妥当なのだろうか？ (10.1) 式は物質の存在しない真空での計量テンソルだが，これを，物質が特定の領域内部（例えば，銀河系内部）に集まっているケースに拡張することは容易である．物質の存在する領域から充分に離れると，物質に起因する重力は弱くなり，真空の計量テンソルに漸近するはずである．仮にミンコフスキー時空に漸近すると仮定すれば，物質から充分に離れた地点では，第 9 章 (9.13) 式のように，$\eta_{\mu\nu}$ に対して微小量 $h_{\mu\nu}$ だけずれた計量テンソルとなる．ここで，Z 軸の周りに一定の角速度で回転する座標系に移ると，(9.13) 式に対して座標変換を施すことになり，ニュートン近似の範囲では，(10.1)

式の $g_{\mu\nu}$ に対して $h_{\mu\nu}$ の 1 次の大きさのずれが存在する計量テンソルになる．遠心力は，(10.1) 式の $g_{\mu\nu}$ に含まれており，$h_{\mu\nu}$ の 1 次の項によるものではないので，回転座標系で見て周りを回っている天体が生み出した力でないことがわかる．

このように，バケツ実験に関するマッハの主張を，「バケツの周囲で天体"だけ"を回転させると遠心力が生じる」という意味に取るならば，一般相対論の観点から見て誤っている．しかし，マッハの推測が正当になるように修正することは，困難ではない．(10.1) 式の成分で $\eta_{\mu\nu}$ からずれた部分は，空間を Z 軸の周りに回転させた効果と呼んでかまわないだろう．リーマン幾何学における時空は，ニュートン力学における空虚な絶対空間とは異なり，ガウスの曲面論における曲面のような幾何学的実体なので，回転させることが可能なのである．ところが，第 5 章で述べたように，電磁場などの場は時空と一体化しており，時空を回転させるときには，場も一緒に回転する．電磁場の場合，その効果は，座標変換によって場の成分が変化するという形で現れる．さらに，(§5-3-1 でごく簡単に説明したように) 場の量子論になると，場にエネルギーを注入したときに生じる励起状態があたかも粒子のように振る舞う．この粒子的な状態が素粒子であり，あらゆる物質は，場の励起状態である素粒子によって構成される．したがって，場が時空とともに回転する場合は，素粒子から構成される物質も回転する．マッハの主張を，「バケツの周囲で天体と一緒に時空や場も回転させると遠心力が生じる」という意味に拡大解釈すれば，その主張は正当だと言えよう．

アインシュタインは，一般相対論を構想し始めた当初，自分の理論でマッハ原理が成り立つと期待していたようである．マッハが主張した本来の意味では誤りだと気が付いた後は，§10-2-3 で述べるコンパクトな球面状宇宙空間全体を回転させるケースを取り上げ，この原理が成り立つように解釈し直せることを示した．

§10-1-4　宇宙の境界条件

ニュートン力学では，運動を記述する絶対的な枠組みとしてユークリッド空間が前提とされており，この枠組みを勝手にいじることはできない．しかし，一般相対論の場合，ニュートン力学にならって，「物質が存在しないとミンコフスキー時空になる」という一見当たり前の前提を採用することは，かえって相対論の基本的な考え方にそぐわない．真空解にもさまざまな可能性があり，どの解を採用すべきかは，物理的な考察に基づいて決めなければならないからである．

こうした考察を押し進めると，物質が存在しない領域でバックグラウンドとなる計量テンソルを決めるという方法論の妥当性も，改めて考え直す必要が生じる．§9-2 で取り上げたニュートン近似では，ミンコフスキー計量 $\eta_{\mu\nu}$ をバックグラウンドと見なし，そこからの微小なずれを物質に起因する重力場として扱った．しかし，ミンコフスキー時空が絶対的な枠組みでない可能性もあるのだから，この区分は，太陽系内部での惑星運

動のような限られたケースを扱うための便宜的な近似手法にすぎず，常に正当化できる方法とは言えない．

太陽系よりもはるかに広大な範囲に一般相対論を適用する場合，充分に遠方で計量テンソルとエネルギー運動量テンソル双方がどのように振る舞うかは，バックグラウンドとそこからのずれという太陽系での手法に頼らず，物理的な議論に基づいて決めなければならない．このように考えを進めた結果，アインシュタインは，宇宙全体での境界条件がどうなるかという問題に挑戦することになる．

§10-2 静的な宇宙モデル

§10-2-1 アインシュタインの宇宙論的考察

アインシュタインが宇宙の境界条件を取り上げた 1916 年頃の研究で，彼は，具体的な天文学的データをあまり用いていないが，それには，時代背景が絡んでいた．

当時は，まだ現代的な宇宙像が確定していなかった時代である．太陽系が銀河系と呼ばれる巨大な天体集団の一員であることは，ハーシェルによる天体距離の推定によって 18 世紀に明らかになっていたが，銀河系と同じような天体集団が他にも存在するかどうかに関しては，シャプレーらが提唱する大銀河説（銀河系は宇宙で唯一の天体集団で，アンドロメダなどの渦巻星雲は銀河系の縁に位置するガス雲だとする）と，カーチスらの島宇宙説（銀河系は，他の渦巻星雲と同等の島宇宙の 1 つにすぎないとする）が対立し，結論は出されていなかった．1910 年代前半からは，アメリカで続々と建設された巨大天体望遠鏡による観測を通じて，島宇宙説を支持するデータが少しずつ蓄積されていたものの，こうした情報は，ドイツにいたアインシュタインには伝わりにくく，特に，第 1 次世界大戦が始まってからは，アメリカ発のデータを利用する機会はあまりなかったようだ．このため，アインシュタインは，宇宙には唯一の天体集団（以下では，便宜的に「銀河系」と呼ぶが，現代人がイメージする境界のはっきりした渦巻銀河ではなく，中心部から離れるに従って質量密度が減少する緩やかな集団を念頭に置いていたと思われる）が存在するものとして，宇宙の境界条件を考察していた．

太陽系での惑星運動を考える際にアインシュタインが採用したのは，太陽から充分に離れるとミンコフスキー時空に漸近するというものだったが，銀河系に関して同じ境界条件を用いると，宇宙のほぼ全域が何も存在しない空っぽの世界で，ほんの一隅に銀河系が存在するという奇妙な世界になる．さらに，こうした宇宙は安定ではなく，しだいに銀河系を構成する天体がバラバラになって空虚な空間を漂うようになる．この宇宙像は，アインシュタインにとって，容認しがたいものに感じられた．そこで，彼は，別の可能性を模索し始める．

§10-2-2 球対称宇宙

 アインシュタインが次に考案したのは，遠方で計量テンソルの対角成分が 0 か無限大になるという宇宙である．

 銀河系が安定した球状の天体集団で，重力場も静的・球対称になると仮定しよう．ただし，中心部から遠ざかっても物質は存在しており，エネルギー運動量テンソルの成分は 0 にならないとする．このとき，重力場の振る舞いに関しては，§9-4-1 の議論がそのまま使えるので，計量テンソルの成分を表す (9.28) 式が成り立つ（エネルギー運動量テンソルが 0 ではないので，(9.29) 式は成立しない）．ここで，アインシュタインは，充分に遠方では，

$$\lim_{r \to \infty} h(r) = +\infty, \quad \lim_{r \to \infty} f(r) = 0 \tag{10.3}$$

になるという境界条件を仮定した．彼の議論によると，こうした境界条件があれば，物体が無限遠まで遠ざかることはない．銀河系から弾き飛ばされた天体があったとしても，途中で中心部に引き戻されてしまう．言うなれば，銀河系をその内部に閉じ込めてしまう有限な宇宙であり，§10-1-1 で示したアリストテレスやコペルニクスの宇宙モデルと少し似ている．中心に人間が存在する天体（系）が存在し，その周囲に球対称の空間が拡がるが，遠方に一種の重力バリアが存在するため，どこまでも遠ざかることはできないのである．

 この宇宙モデルは，思想史的に見て興味深いものの，アインシュタイン自身がすぐに気が付いたように，一般相対論の枠内では実現できない．天体集団による反変エネルギー運動量テンソルは，第 9 章 (9.1) 式の形をしているが，銀河系の天体は光速よりもはるかに遅い速さで運動しているため，他の成分に比べて 00 成分だけが突出して大きな値を持つ．ところが，こうした制限のあるエネルギー運動量テンソルによって，(10.3) 式の境界条件を満たすアインシュタイン方程式の解を得ることは不可能だと判明したのである．

§10-2-3 球面状宇宙

 静的・球対称の重力場によって銀河系を閉じ込めた宇宙空間が作り上げられるという当初のアイデアが現実的ではないと気づいた後，アインシュタインは，「充分に遠ざかったときにどうなるか」という条件について再考する．大銀河説が主流だった当時のヨーロッパでは，銀河系の中心部から遠ざかるにつれて，質量密度は一方的に減少すると考えられていた．しかし，この仮定が根本的に誤っており，銀河系から離れていったとき，局所的な変動はあっても平均密度は一定になると考えられないだろうか？ ただし，宇宙空間が無限に拡がっているとすると，平均密度が一定だと要請するのは，無限に隔たった

領域の間で密度の調整がなされていることになり，奇妙に思われる．そこでアインシュタインが採用したのは，宇宙空間の体積が有限であり，その内部で平均密度が一定だという仮定である．

体積が有限の宇宙空間というのは，地球の表面積が有限であることと似ている．大地が平らならば，無限に拡がるかどこかに果てがあるかのいずれかになるが，湾曲していれば，マゼラン率いるスペイン艦隊が体験したように，ある方向に真っ直ぐ進んでいくと出発点に戻ってくることも起こり得る．これと同じように，宇宙空間も，球面状に湾曲しているのではないだろうか？ ただし，地球表面の外部には 3 次元の宇宙空間が拡がっているのに対して，宇宙空間の外部は存在しない．アインシュタインは，リーマン幾何学に基づいて，宇宙空間の計量テンソルが球面と同等のものになる可能性に思い至ったのである．こうした宇宙は有限の体積を持ち，どの地点のスカラー曲率も等しく，平均的な質量密度も一定である[31]．

それでは，球面状空間の幾何学はどのようになるのか？ 直観的に把握できるように，まず，2 次元球面から考えることにしよう．座標 x, y および（z は後で使うので）w で表される 3 次元ユークリッド空間に埋め込まれた 2 次元球面は，3 次元球の半径を a とすると，次式で表される．

$$x^2 + y^2 + w^2 = a^2 \tag{10.4}$$

球面上の位置は，x と y の 2 つで指定できるので，x, y を球面の座標として選び，w は (10.4) 式から求められる従属変数と見なすことにする（【図 10.2】；w の正負に応じて，同じ x, y によって球面上の 2 点が指定されるが，ここでは，$w > 0$ の領域に限定する）．(10.4) 式の微分を取ると，

$$xdx + ydy + wdw = 0 \tag{10.5}$$

を得る．(10.4) 式と (10.5) 式を使うと，球面上の線素 ds は次のように表される．

$$\begin{aligned} ds^2 &= dx^2 + dy^2 + dw^2 \\ &= dx^2 + dy^2 + \frac{(xdx + ydy)^2}{a^2 - x^2 - y^2} \end{aligned} \tag{10.6}$$

---

[31] 宇宙論的なスケールで平均密度が一定となることは，最先端のデータで検証された観測事実である．しかし，宇宙空間の拡がりが有限でなくても密度が均一化されるメカニズムは（§10-3-3 で述べるインフレーション宇宙論など）いくつか提案されており，現在では，必ずしも有限である必然性はないとされる．本書では，あくまで球面状宇宙の方が直観的に理解しやすいという理由で，これを中心にして解説した．

§10-2 静的な宇宙モデル

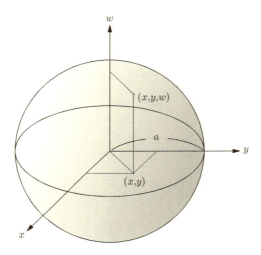

図 10.2 2 次元球面

これより，2 次元球面の計量テンソルが直ちに求められる．視認しやすいように，2 行 2 列の行列の形で書いておこう．

$$g_{ij} = \begin{pmatrix} 1 & 0 \\ 0 & 1 \end{pmatrix} + \frac{1}{a^2 - x^2 - y^2} \begin{pmatrix} x^2 & xy \\ xy & y^2 \end{pmatrix} \quad (i,j=1,2) \tag{10.7}$$

(10.7) 式の計量テンソルから，2 次元球面上のクリストッフェル記号とリッチ・テンソルが求められるが，このままでは計算が大変である．球面ならば，幾何学的な性質はどの地点でも等しいはずなので，計算を簡単にするために，座標原点となる $x=y=0$ で式を立てることにしよう．計量テンソルは，原点では単位行列になる（引数の 0 は，原点での値であることを表す）．

$$g_{ij}(0) = g^{ij}(0) = \begin{pmatrix} 1 & 0 \\ 0 & 1 \end{pmatrix}$$

また，(10.7) 式からわかるように，定数以外の項は座標 x,y の 2 次の項から始まるので，計量テンソルの 1 階微分は原点では 0，2 階微分のうち原点で値を持つのは，次のものだけである．

$$\partial_1 \partial_1 g_{11}(0) = \partial_2 \partial_2 g_{22}(0) = \frac{2}{a^2}$$

$$\partial_1\partial_2 g_{12}(0) = \partial_2\partial_1 g_{12}(0) = \partial_1\partial_2 g_{21}(0) = \partial_2\partial_1 g_{21}(0) = \frac{1}{a^2}$$

クリストッフェル記号は，計量テンソルの 1 階微分で表されるので，原点では全ての成分が 0 となる．また，リッチ・テンソルを求めるには，計量テンソルの 2 階微分の項だけを抜き出して計算すれば良い．原点における R_{11} の導き方だけ示しておこう．

$$\begin{aligned}
R_{11}(0) &= \partial_1 \Gamma^k_{1k}(0) - \partial_k \Gamma^k_{11}(0) \\
&= \frac{1}{2}\sum_{k=1}^{2} \partial_1\{\partial_1 g_{kk}(0) + \partial_k g_{1k}(0) - \partial_k g_{1k}(0)\} \\
&\quad - \frac{1}{2}\sum_{k=1}^{2} \partial_k\{\partial_1 g_{k1}(0) + \partial_1 g_{1k}(0) - \partial_k g_{11}(0)\} \\
&= -\frac{1}{a^2}
\end{aligned}$$

リッチ・テンソルの他の成分も，同様にして求められる．

$$R_{22}(0) = -\frac{1}{a^2}, \quad R_{12}(0) = R_{21}(0) = 0$$

原点でのスカラー曲率は，$R_{11}(0)$ と $R_{22}(0)$ の和として与えられるが，球面上では，どの地点でもスカラー曲率の値が等しいので，引数は必要ない．

$$R = -\frac{2}{a^2}$$

ここまでは 2 次元球面の幾何学の話だが，これを，空間部分が（その内部に縦・横・高さの 3 方向の拡がりを持つような）3 次元球面となる 4 次元リーマン時空に拡張しよう．3 次元球面の空間を持つ最も簡単な 4 次元時空は，時間とともに変動しない静的な時空である．3 次元球面を 4 次元ユークリッド空間に埋め込んだときの球の半径を a とすると，（時間 τ を含む）時空の線素は次式で表される．

$$ds^2 = -d\tau^2 + dx^2 + dy^2 + dz^2 + \frac{(xdx + ydy + zdz)^2}{a^2 - x^2 - y^2 - z^2} \tag{10.8}$$

(10.8) 式の空間部分が，2 次元球面の線素を表す (10.6) 式の直接的な拡張になっていることは，すぐにわかるだろう．また，球面上のどの地点でも重力は等しく，$d\tau^2$ の係数は位置座標によらない定数となるので，時間の尺度を適当に選ぶことで -1 と置いた．

(10.8) 式より，計量テンソルとして次式が得られる．

§10-2 静的な宇宙モデル

$$g_{\mu\nu} = \begin{pmatrix} -1 & 0 & 0 & 0 \\ 0 & +1 & 0 & 0 \\ 0 & 0 & +1 & 0 \\ 0 & 0 & 0 & +1 \end{pmatrix} + \frac{1}{a^2 - x^2 - y^2 - z^2} \begin{pmatrix} 0 & 0 & 0 & 0 \\ 0 & x^2 & xy & zx \\ 0 & xy & y^2 & y \\ 0 & zx & yz & z^2 \end{pmatrix}$$

直観的にも明らかなことだが,球の半径 a が充分に大きい場合,$g_{\mu\nu}$ はミンコフスキー計量 $\eta_{\mu\nu}$ に近似的に等しくなる.

この計量テンソルから,2次元球面の場合と同じようにして,クリストッフェル記号やリッチ・テンソルを求めることができる.ただし,添字が 0 から 3 までの値を取り式が煩雑になるので,ここでは,計算過程は省略して結果だけを書いておく.座標原点 $(x = y = z = 0)$ で 0 以外の値を持つリッチ・テンソルの成分は,次のものだけである.

$$R_{11}(0) = R_{22}(0) = R_{33}(0) = -\frac{2}{a^2} \tag{10.9}$$

スカラー曲率は,球面状空間のどの地点でも同じ値になる.

$$R = -\frac{6}{a^2} \tag{10.10}$$

(10.8) 式で表される球面状宇宙は,境界条件の問題を解決してくれる.§10-2-2 で取り上げた球対称宇宙では,中心から遠ざかっていったときの境界条件をどうすべきかが問題となったが,3次元球面では,中心と辺縁という区別は存在しない.どの地点でも同等であり,時空の幾何学的な性質やエネルギー運動量テンソルの値は,平均するとどこでも等しくなるはずである.したがって,遠方での境界条件という考え方自体が通用せず,その代わりに,「空間のどの地点も同等」という新たな原理が導入される.この原理は,**宇宙原理**と呼ばれる.

§10-2-4 アインシュタイン方程式の修正

空間のどの地点も同等になる球面状宇宙は,宇宙に関する全く新しい考え方である.宇宙空間には中心も果てもないが,球面状なので,その拡がりは有限である.この斬新なアイデアを思いついたアインシュタインは有頂天になり,当然,アインシュタイン方程式を満たすものと期待した.

重力源となる質量が宇宙空間内に均一に分布する天体によって与えられると仮定すれば,エネルギー運動量テンソルは,第 9 章 (9.15) 式で質量密度 ρ を場所によらない定数と置いたものとして与えられる.このエネルギー運動量テンソルと,(10.9) 式のリッチ・テンソル,(10.10) 式のスカラー曲率を使えば,空間座標の原点 $(x = y = z = 0)$ でアインシュタイン方程式 (9.9) が成り立つかどうかが確かめられる.この計算を行ったときにアインシュタインが覚えたであろう困惑を実感してもらうため,次の練習問題を解いていただきたい.

練習問題 ㉕
Exercise 25

線素が (10.8) 式で与えられる計量テンソルと (9.15) 式のエネルギー運動量テンソルによってアインシュタイン方程式 (9.9) を満たすことができるか？ 空間座標の原点 ($x = y = z = 0$) で式を立ててみよ．満たせない場合は，どのような修正が可能かを考えよ（ヒント：アインシュタイン・テンソルの具体的な形を特定した §9-1-2 の議論を参考にせよ）．

解答
Solution

空間座標の原点における計量テンソルとリッチ・テンソル（(10.9) 式）を行列の形で書くと，次のようになる．

$$g_{\mu\nu}(0) = \begin{pmatrix} -1 & 0 & 0 & 0 \\ 0 & 1 & 0 & 0 \\ 0 & 0 & 1 & 0 \\ 0 & 0 & 0 & 1 \end{pmatrix}, \quad R_{\mu\nu}(0) = -\frac{2}{a^2} \begin{pmatrix} 0 & 0 & 0 & 0 \\ 0 & 1 & 0 & 0 \\ 0 & 0 & 1 & 0 \\ 0 & 0 & 0 & 1 \end{pmatrix}$$

これらと (10.10) 式のスカラー曲率を使えば，アインシュタイン方程式左辺の原点での値は，次式で与えられる．

$$R_{\mu\nu}(0) - \frac{1}{2} g_{\mu\nu}(0) R = \frac{1}{a^2} \begin{pmatrix} -3 & 0 & 0 & 0 \\ 0 & 1 & 0 & 0 \\ 0 & 0 & 1 & 0 \\ 0 & 0 & 0 & 1 \end{pmatrix}$$

一方，アインシュタイン方程式右辺は，(9.15) 式のエネルギー運動量テンソルを使って，

$$-\kappa T_{\mu\nu}(0) = -\kappa \rho c^2 \begin{pmatrix} 1 & 0 & 0 & 0 \\ 0 & 0 & 0 & 0 \\ 0 & 0 & 0 & 0 \\ 0 & 0 & 0 & 0 \end{pmatrix}$$

となる．したがって，a や ρ がどのような値であろうとも，アインシュタイン

§10-2 静的な宇宙モデル

方程式は決して成り立たない．

それでは，何らかの修正を施すことで，球面状宇宙を方程式の解にすることが可能だろうか？

アインシュタインが行ったのは，基礎方程式そのものを変更することである．§9-1-2 で述べたように，アインシュタイン・テンソル $G_{\mu\nu}$ に対する制限として「計量テンソルの微分はたかだか 2 階まで」「2 階微分の項は線形」という条件を置いたとしても，なお，計量テンソルに比例する項（宇宙項）を付け加える自由度が残る．アインシュタインは，当初，さしたる根拠なしに宇宙項を無視していたが，球面状宇宙の計量テンソルが方程式を満たさないことから，この項を付け加えた式を思いついた．これが，次の**修正されたアインシュタイン方程式**である．

$$R_{\mu\nu} - \frac{1}{2}g_{\mu\nu}R - \Lambda g_{\mu\nu} = -\kappa T_{\mu\nu} \tag{10.11}$$

球面状宇宙に関して，空間座標の原点で (10.11) 式を立てると，次のようになる．

$$\frac{1}{a^2}\begin{pmatrix} -3 & 0 & 0 & 0 \\ 0 & 1 & 0 & 0 \\ 0 & 0 & 1 & 0 \\ 0 & 0 & 0 & 1 \end{pmatrix} - \Lambda \begin{pmatrix} -1 & 0 & 0 & 0 \\ 0 & 1 & 0 & 0 \\ 0 & 0 & 1 & 0 \\ 0 & 0 & 0 & 1 \end{pmatrix} = -\kappa \rho c^2 \begin{pmatrix} 1 & 0 & 0 & 0 \\ 0 & 0 & 0 & 0 \\ 0 & 0 & 0 & 0 \\ 0 & 0 & 0 & 0 \end{pmatrix}$$

したがって，球面状宇宙の大きさ（4 次元ユークリッド空間で球を表したときの半径）a，宇宙定数 Λ，平均質量密度 ρ の間に

$$-\frac{3}{a^2} + \Lambda = -\kappa \rho c^2, \quad \frac{1}{a^2} - \Lambda = 0 \tag{10.12}$$

という関係が満たされていれば，修正されたアインシュタイン方程式 (10.11) は成り立つ．

実は，アインシュタインの修正案以外にもう 1 つ，静的という条件を外し，a が時間とともに変化すると仮定すれば，（宇宙項の有無によらず）球面状宇宙の解がアインシュタイン方程式を満たすことが示される．この動的な解については，§10-3-1 で解説する． ∎

アインシュタインは，重力場の方程式を (10.11) 式に修正することで，静的な球面状宇宙の解が存在することを示した．これが，**アインシュタインの静止宇宙**と呼ばれるも

のである．

　しかし，この宇宙モデルには，多くの難点がある．宇宙定数 Λ は，重力場の方程式 (10.11) に含まれる物理定数だと考えられるが，この物理定数が，宇宙の大きさ a と平均質量密度 ρ という宇宙の状態を表す量を完全に規定してしまう．つまり，さまざまな状態の宇宙が存在する可能性が否定されるのである．

　さらに重要なことは，時間とともに変化する可能性まで考慮すると，この球面状宇宙が不安定になる点である．宇宙項は，後に解明されたように，空間全域に瀰漫する斥力（反重力）の効果を現しており，これが万有引力である重力と完全に釣り合っているというのが，アインシュタインの静止宇宙である．しかし，この釣り合いが厳密に成り立つのは，質量密度に揺らぎがなく，宇宙空間が完璧な球面になっている場合だけであり，わずかでもずれていると，収縮ないし膨張に転じる．現実の宇宙空間には，天体の存在する領域とほとんど存在しない領域があり，質量密度がかなり揺らいでいるため，釣り合いは必ず破れるはずである．

　アインシュタインは，静止宇宙を思いついた段階で宇宙論的な考察を止めてしまうが，動的な解を考えることで静止宇宙の持つ難点を克服する方法を編み出したのが，次に紹介するフリードマンである．

§10-3　動的な宇宙モデル

§10-3-1　球面状宇宙のフリードマン方程式

　アインシュタインの静止宇宙では，宇宙定数 Λ によって宇宙の大きさ a と平均密度 ρ が決まってしまう．フリードマンは，球面状構造と宇宙原理というアインシュタインの仮定は踏襲する一方で，a が時間の関数になるものと仮定することで，こうした"ゆとり"のなさを改めた．

　§8-3-2 で説明したように，一般相対論における線素は，物理的な相互作用によって定まる長さ（おそらくプランク長）を基準とする．したがって，球面状空間の大きさを表す a が時間とともに変動するとは，原子半径や結晶の格子間隔に比べて，宇宙空間の体積が膨張・収縮することを意味する．このとき，地球のように結晶から構成される岩石惑星はもちろん，平均的な計量テンソルからのずれによって生じる重力相互作用で 1 つのシステムにまとまっている太陽系や銀河系などの大きさも変化しない．一方，宇宙空間に散在する無数の銀河は，重力相互作用でまとまってはいないので，a の変動とともに互いの間隔が変わる．1 個の銀河が占める平均的な体積も変動するため，a だけでなく質量密度 ρ も時間の関数となる．

　a または ρ の時間変化がどのようになるかは，(10.11) 式から求められる．計算が煩雑なので導き方は記さないが，(10.8) 式の計量テンソルで a が時間 τ の関数だとしてリッ

チ・テンソルを計算し，修正された（宇宙項を含む）アインシュタイン方程式 (10.11) を立てると，a と ρ に関する連立方程式を得る．

$$-\frac{3}{a^2} - \frac{3\dot{a}^2}{a^2} + \Lambda = -\kappa\rho c^2 \tag{10.13}$$

$$\frac{1}{a^2}\left(1 + 2a\ddot{a} + \dot{a}^2\right) - \Lambda = 0 \tag{10.14}$$

ただし，a の時間微分に関する以下の略記法を採用した．

$$\dot{a} \equiv \frac{da}{d\tau}, \quad \ddot{a} \equiv \frac{d^2 a}{d\tau^2}$$

(10.13), (10.14) 式で a が定数の場合，(10.12) 式に帰着することはすぐにわかるだろう．さらに，(10.13) 式の左辺を a^3 倍して時間 τ で微分すると，

$$\frac{d}{d\tau}\left(-3a - 3\dot{a}^2 a + \Lambda a^3\right) = -3\dot{a}\left(1 + 2a\ddot{a} + \dot{a}^2 - \Lambda a^2\right)$$

となるので，(10.14) 式よりこの微分は 0 になる．したがって，

$$\frac{d}{d\tau}\left(a^3 \rho\right) = 0 \quad \text{または} \quad a^3 \rho = （一定） \tag{10.15}$$

となり，「質量密度 ρ が a の 3 乗（$\propto$ 宇宙空間の体積）に反比例する」という質量保存則が得られる．(10.15) 式の一定値を M と置いて (10.13) 式から ρ を消去すると，a に関する次の 1 階常微分方程式が得られる．

$$\dot{a}^2 = \frac{\kappa M c^2}{3a} + \frac{\Lambda a^2}{3} - 1 \tag{10.16}$$

(10.16) 式が，球面状宇宙に関する**フリードマン方程式**である．§10-3-3 で述べるように，球面状宇宙以外でのフリードマン方程式もあるが，それらは，(10.16) 式右辺第 3 項の -1 を 0 または $+1$ で置き換えた式になる．これらのフリードマン方程式に従って時間とともに変化する動的な宇宙のモデルは，**フリードマン・モデル**と呼ばれる．

§10-3-2　フリードマン・モデルの時間変化

フリードマン方程式 (10.16) は，解析的に解くことはできないものの，どのような振る舞いになるかを定性的に調べることは，それほど難しくない．まず，関数 $f(a)$ を次のように定義する．

$$f(a) \equiv a\left(\frac{\kappa M c^2}{3a} + \frac{\Lambda a^2}{3} - 1\right) \tag{10.17}$$

$f(a)$ を使うと，フリードマン方程式 (10.16) は

$$\dot{a}^2 = \frac{1}{a} f(a)$$

と表されるが，4 次元球の半径である a は正でなければならないため，この微分方程式が解を持つのは，$a > 0$ の範囲で $f(a)$ が正となる領域に限られる．a の時間微分は $f(a)$ の零点（$f(a) = 0$ となる点）で符号を変えるので，$f(a)$ が $a > 0$ で零点を持つかどうかによって，解を分類できる．また，宇宙定数 Λ は正負いずれも可能だが，M は質量なので正に限られる．フリードマンがどのような発見をしたか追体験することができるので，この後の計算は，読者に挑戦してもらいたい．

練習問題 26
Exercise 26

宇宙定数 Λ の正負と (10.17) 式で定義される $f(a)$ の零点がどうなるかをもとに，フリードマン方程式 (10.16) の解を分類し，それぞれの解がどのような宇宙を表すかを定性的に述べよ．

解答
Solution

$f(a)$ は a の 3 次関数だが，3 次項の係数が $\Lambda/3$ なので，Λ の正負によって，$|a| \to \infty$ で右上がりか右下がりかが決まる．また，Λ や M の値によらず，$f(0) > 0$，$f'(0) = -1$ になることに注意（【図 10.3】）．

1. $\Lambda < 0$ の場合

    a の全領域で $f'(a) < 0$ となるので，$f(a)$ は $f(-\infty) = +\infty$ から $f(+\infty) = -\infty$ まで単調に減少する関数になる．$f(0) > 0$ であるため，$f(a)$ の唯一の零点は $a > 0$ の範囲に存在する．零点での a の値を a_1 とすると，a の時間微分が a_1 で符号を変えることから，フリードマン方程式の解は，$a = 0$ から始まって $a = a_1$ まで増大し，そこで反転して $a = 0$ まで減少する．なお，$\Lambda = 0$ と置いても，$f(0) > 0$，a の全領域で $f'(a) < 0$ という性質は同じなので，定性的な振る舞いは同様になる．

    この宇宙は，過去のある瞬間に大きさ 0 で始まり，そこから増大していって最大体積になった後に収縮に転じ，未来のある瞬間に大きさ 0 に戻って

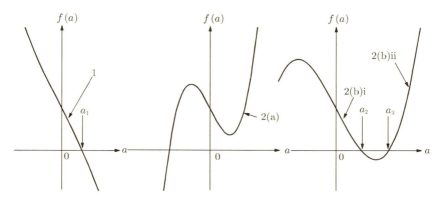

図 10.3 フリードマン方程式の解の分類

消滅する．フリードマンは，$a=0$ となる最初の瞬間を「宇宙の始まり」や「宇宙の創造」と表現したが，近代科学のまともな論文でこうした表現が用いられた最初のケースだろう．

2. $\Lambda > 0$ の場合

$f(a)$ は，3次項の係数が正で，かつ，$f(0) > 0$，$f'(0) < 0$ となる3次関数である．解の定性的な振る舞いを調べるために，2つのケースに分けて考える．

(a) $a > 0$ の範囲で $f(a)$ に零点がない場合

a の時間微分が符号を変えないので，$a = 0$ から無限の時間をかけて，$a = +\infty$ まで単調に膨張する（または，$a = +\infty$ から無限の時間をかけて，$a = 0$ まで単調に収縮する）．

(b) $a > 0$ の範囲で $f(a)$ に零点がある場合

零点は $a > 0$ の範囲に2つあるので，それぞれ a_2，a_3（$a_2 < a_3$）とする．このときの解は，さらに2つに分類される．

   i. $a = 0$ から単調に膨張し，$a = a_2$ で最大値に達した後，収縮に転じて $a = 0$ に戻る．

   ii. $a = +\infty$ から無限の時間をかけて $a = a_3$ まで単調に収縮し，そこで a の時間微分が符号を変え，無限の時間をかけて $a = +\infty$ まで単調に膨張する． ∎

球面状宇宙の振る舞いのうち，2(b)ii の「無限大から最小値まで収縮した後，再び無限大まで膨張する」という解は，現実にはありそうもない（a が最小値を取る瞬間を，有限の大きさを持つ宇宙の誕生と見なす解釈もある）．この解を除くと，フリードマン・モデルに基づく球面状宇宙の振る舞いは，ある瞬間に大きさ 0 の宇宙が誕生することを意味する．現在では，(10.15) 式より $a=0$ で質量密度 ρ が無限大となることから，この瞬間が高温・高圧の極限となるビッグバンの時点だと考えられている（量子宇宙論では，この瞬間に，さらにいろいろなことが起きるとされる）．

遠い未来における球面状宇宙の運命には，2 つの可能性がある．1 つは，1 または 2(b)i の場合で，宇宙はある瞬間に最大の大きさに達した後，収縮に転じて，有限時間の後に $a=0$ となり消滅するというもの．この消滅の瞬間は，ビッグバンとは逆の過程で，ビッグクランチと呼ばれる．もう 1 つの可能性（2(a) の場合）は，宇宙が永遠に膨張し続けるというもの．後者のケースでは，質量密度がどこまでも低下し続けて，大質量ブラックホールがごくまばらに点在し，その周囲に光子や電子などの素粒子がきわめて希薄な密度で漂うだけの世界となる（ブラックホールが蒸発するというホーキングの予想が正しければ，最終的にはブラックホールも消えて，実質的に何もないほぼ完全な虚無の世界となる）．

§10-3-3　宇宙の加速膨張

【練習問題 26】の 2(a) のケースを，もう少し見ていこう．【図 10.3】に示されるように，宇宙誕生後，しばらくの間は膨張速度が時間とともに小さくなるが，時間が充分に経過すると，フリードマン方程式 (10.16) 右辺の第 1 項と第 3 項は，第 2 項に比べて無視できるようになる．このとき，(10.16) 式は，近似的に

$$\dot{a}^2 \approx +\frac{\Lambda a^2}{3}$$

となるので，τ が大きい極限では，

$$a \approx C \exp\left(\sqrt{\Lambda/3}\,\tau\right)$$

のように振る舞う（C は積分定数）．このとき，宇宙空間は指数関数的に膨張する．これが，いわゆる**加速膨張**である．現在の宇宙空間は加速膨張の段階に入っているという報告があるが，それが正しいとすると，宇宙項が寄与している可能性が大きい．

こうした加速膨張は，(10.16) 式右辺第 2 項が何らかの理由で他の項より大きな寄与を与えるときに，一般的に見られる．**インフレーション仮説**と呼ばれる理論では，Λ は物理定数ではなくスカラー場と呼ばれる場の状態に関係する量であり，宇宙の初期には大きな寄与を与えていたとされる．この仮説によると，宇宙初期に急激な加速膨張（イ

ンフレーション）が起きた後，スカラー場の状態が変化して，インフレーションが収まり減速膨張に転じたとされる．現在の観測データによると，スカラー曲率の 0 からのずれは全く見いだされず，宇宙空間は，ユークリッド空間にきわめて近い状態のまま膨張している．なぜ宇宙空間がこれほどユークリッド空間に近いのか，さまざまなアイデアが提出されているが，インフレーション仮説によれば，宇宙の初期に加速膨張があって空間が引き延ばされ，a がきわめて巨大になったため，（ちょうど地球の半径がきわめて大きいと，大地がほとんど平らに見えるのと同じように）宇宙空間もほぼ平坦になったと考えられる．

§10-3-4　その他のフリードマン・モデル★

球面状宇宙の動的な解を 1922 年に発表した後，フリードマンは，さらに 1924 年に，宇宙空間の体積が無限大になるモデルを発表した．2 次元の球面を 3 次元ユークリッド空間に埋め込んだものが (10.4) 式で表されるのと同じように，2 次元の双曲面を埋め込むと，

$$x^2 + y^2 - w^2 = -a^2$$

という式で表される．これに z 座標を加えて 3 次元双曲面にしたものが，フリードマンが考案した無限大の宇宙空間である．この空間は体積が無限大なので，a は宇宙の大きさを表すわけではないが，宇宙空間がどの程度膨張したかというスケールを与えることから，**スケール因子**と呼ばれる．

さらに，スカラー曲率が 0 となる体積無限大の宇宙空間が膨張する解も，ド・ジッターとアインシュタインによって発見された．これらの解は，目盛りの間隔が a に比例して変動する共動座標の極座標表示を使うと，次式にまとめられる（$k = +1$ が球面状の，$k = -1$ が双曲面状の，$k = 0$ が平坦な宇宙空間となる）．

$$ds^2 = -d\tau^2 + a^2 \left\{ \frac{1}{1-kr^2} dr^2 + r^2 \left(d\theta^2 + \sin^2\theta d\phi^2 \right) \right\} \quad (k = \pm 1, 0)$$
(10.18)

この式で表される計量テンソルは，**ロバートソン＝ウォーカー計量**と呼ばれる．

フリードマン・モデルには，いくつかの拡張ないし変種がある．フリードマンの原論文では，エネルギー運動量テンソルとして第 9 章 (9.1) 式の形が採用されているが，ビッグバン直後には天体が存在せず，光子・電子・陽子などの素粒子がほぼ一様に拡がっているため，気体分子運動論の場合と同じように，素粒子間の相互作用による圧力が無視できない．このため，エネルギー運動量テンソルとしては，圧力を含む (9.5) 式を使わ

なければならない．圧力 P と質量密度 ρ の間には，気体分子運動論のケースと似た状態方程式が成立するので，これとアインシュタイン方程式を連立させることにより，a, ρ, および P の振る舞いを全て求めることができる．

フリードマンと独立に膨張宇宙の解を発見したのが，ルメートルである．彼は，特に，アインシュタインの静止宇宙の釣り合いが破れて膨張に転じるケースに注目した．これは，【練習問題26】における 2(b)ii のケースにおいて，a が最小値を取る瞬間に静止宇宙の関係式 (10.12) が満たされる場合に相当する．このケースでは，a が最小値付近にいる期間が無限に引き延ばされ，無限の過去に静止宇宙として存在していたものが，初めのうちはゆっくりと，しだいに加速されながら膨張していく過程となる．

ルメートルは，宇宙の最初の状態を量子論的な基底状態だと見なし，アルファ崩壊と似た量子論的な過程によって膨張を始める可能性を構想した．これと良く似たアイデアが，1980年代に提唱された量子宇宙論における「無からの創造」で，大きさ0だった宇宙が，2(b)ii で a が最小値となる状態にトンネル効果で遷移するというものである．

§10-4　相対論的な宇宙像

最先端の観測データによれば，現在の宇宙が，138億年前に高温・高圧の状態から始まり，アインシュタイン方程式に従って膨張していることは，ほぼ確実である．また，宇宙背景放射のデータをもとに，ビッグバンから数十万年を経た時期にエネルギー密度がほぼ一様だったことも判明しており，アインシュタインが天文学的なデータの裏付けなしに提唱した宇宙原理は，今では理論的な仮説ではなく，高い精度で検証された観測事実だと言える．

アリストテレスやコペルニクスの宇宙像は，中心と果ての区別が明確にあり，宇宙全体が幾何学的にデザインされているという発想に基づく．こうした幾何学的な発想を否定し，天体のダイナミックな運動を想定したのがガリレオやニュートンだが，空間をその内部で現象が生起する空虚なスペースとして想定していたため，宇宙全体の姿を正しく思い描くには至らなかった．

これらの古典的な宇宙像に対して，相対論的な宇宙は，きっちりした枠組みを定めないことに特徴がある．まず，特殊相対論で，時間と空間がそれぞれ別個の枠組みではなく，ミンコフスキー時空として一体化しており，時間軸の取り方に任意性があることが明らかにされた．さらに，一般相対論になると，ニュートンが考えたような絶対的な枠組みとしての時間・空間が否定される．一般相対論における時空は，ガウスの曲面論における曲面のような幾何学的実体であり，しかも，直線や円のような単純な図形をもとにデザインされるものではなく，柔軟に変動しながら宇宙を作り上げていく．

それでは，こうした相対論的な宇宙の全体を決定するようなグランドデザインはある

のだろうか？ アインシュタインの宇宙像では，そうしたデザインとして宇宙原理が採用されているが，最先端の宇宙論によると，この原理は必ずしも絶対的な原理と見なされていない．インフレーション仮説によれば，宇宙が誕生して間もない頃に，微小な領域が指数関数的に膨張して現在の宇宙空間を形作ったとされる．微小な領域は相互作用によって均質化することが可能なので，この仮説が正しいとすれば，たまたま均質化された宇宙の一隅が急激に膨張して，人類が観測する一様性の高い宇宙空間になったと考えられる．となると，グランドデザインらしいものは，ほとんどない．われわれの住むこの宇宙空間は，偶然によって誕生した宇宙の片隅であり，知的生命のためにデザインされたものではない――これが，現代科学が教えてくれる宇宙の姿である．

コラム

パイオニアたちの真実

科学者が教科書や解説書を執筆する際に，導入部で科学史的な出来事に言及することが少なくないが，その記述は，科学的な内容をわかりやすくするために後知恵によって整理されたもので，必ずしも歴史的な事実を踏まえていない．宇宙論の場合でも，往々にして，パイオニアたちが行った研究とはかなり異なった話になっている．

例えば，アインシュタインが宇宙モデルを提案した際，「重力場の方程式を解いたところ動的な解しか見つからなかったので，静止させるために宇宙項を導入した」という記述がなされることがあるが，事実とは異なる．原論文である1917年の論文「一般相対性理論についての宇宙論的考察」[32] を読むと，どのような思索を経て静止宇宙のモデルに到達したかが詳しく述べられており，本書の記述は，それをわかりやすく言い換えたものである．当時のアインシュタインはまだ極座標を使って方程式を解く方法を開発しておらず，球面状空間の解を得るのに苦労していることがわかる．

また，フリードマンの研究に関しては，「宇宙項のない方程式を解いた」とする書物が少なくないが，彼が1922年に発表した論文[33] は宇宙項を含む方程式を扱っており，本書に記したような場合分けがきちんと行われている．一方，「宇宙項のある一般的な方程式を解いた」最初の研究者として紹介されることの多いルメートル[34] は，むしろ静止宇宙の不安定性を集中的に研究して

---

[32] S.P.Preuss.Akad.Wiss. (1917)p.142. 邦訳は，『アインシュタイン選集2』（湯川秀樹監修，共立出版）p.133.

おり，宇宙の始まりに量子論を適用することを提唱した物理学者として記憶すべきだろう．

第9章のコラムでは，アインシュタインらが「シュヴァルツシルト面が実在する可能性に気が付いていなかった」と記したが，これは，シュヴァルツシルトによる1916年の原論文で中心以外に特異点がないとされ，この論文を送られたアインシュタインも，書簡で解の簡明さを喜んでいることを念頭に置いたものである．

宇宙論に限らず，各分野のパイオニアたちが，実際には何を考えいかなる結論を得たか，原論文に当たって調べてみると，いろいろと興味深いことがわかってくる．

> コラム

重力波を求めて

真空中のアインシュタイン方程式には，ミンコフスキー計量からわずかにすれた成分が近似的な波動方程式に従って光速で伝播するという解がある．これが重力波であり，時空のゆがみがさざ波のように伝わっていく過程である．重力波の通り道に物体があると，空間の伸縮に伴って物体の長さが変動するため，原理的には観測可能なはずだが，その変動率はきわめてわずかであり，1916年の理論的な予言から100年近くもの間，重力波の検出は「アインシュタインからの宿題」として残されていた．

重力波を捉える装置には何種類かあり，1960年代に先駆的な研究を行ったウェーバーは，長さ1.5 mのアルミ製の円柱が重力波に共振する際に生じる圧電気を検出しようとした．20世紀末からは，レーザー干渉計を用いる方法が主流となる．これは，19世紀に"エーテルの風"を観測するためにマイケルソンが開発した干渉計の応用で，レーザービームをスプリッターで2つの方向に分

---

[33] *Zeitschrift für Physik* 10 (1922) p.377. 邦訳は見あたらないが，英訳は複数刊行されている．
[34] 膨張宇宙の解に関するフランス語で書かれた原論文 (1927) は入手困難だが，ルメートル自身による英訳がある（*Monthly Notices of the Royal Astronomical Society* 91 (1931) p.483；ただし，原文と一部に異同があるらしい）．宇宙の始まりに関する論文は，*Nature* 127 (1931) p.706.

§10-4 相対論的な宇宙像

け，それぞれ鏡で反射させたものを合流させるという仕組み．重力波が到達すると，2つの経路でスプリッターから鏡までの距離（アーム長）が別々に変動するため，干渉光に明暗の変化が現れる．検出の感度はアーム長が長いほど良くなるので，1995年に稼働した日本のTAMA300（アーム長300m）とドイツ・イギリスのGEO600（600m）をはじめ，アメリカのLIGO（4km），フランス・イタリアのVirgo（3km）など，日米欧で次々と巨大な干渉計が建造された．

こうした中で最初に重力波を捉えたのは，LIGOを改造したAdvanced LIGOだった．2002年から観測を続けたものの成功しなかったLIGOチームは，雑音を抑える工夫を加えたAdvanced LIGOを開発，2015年に観測を再スタートしところ，何とも運の良いことに，まだ慣らし運転中だった稼働2日後の9月14日9時50分45秒，ブラックホールの合体によって生じた重力波が到達した．

発表された論文によると，観測された振動波は，0.2秒ほどの間に周波数が35 Hzから250 Hzに上昇，それに伴って振幅が増大した後に急減するというパターンを示している．これは，2つのブラックホールが合体したときに発生する重力波の理論的予測とピタリと一致する．2つのブラックホールは，互いに相手の周りを回りながら接近していくが，距離が近づくにつれて（ちょうどフィギュア・スケートでスピンする際，横に拡げていた身体を垂直に伸ばしたときのように）回転が速くなる．これが周波数が上昇する過程であり，運動エネルギーが増すので重力波も強くなる．データを解析した結果，発生源までの距離は約13億光年，合体したブラックホールの質量は，それぞれ太陽質量の36倍と29倍で，太陽質量の3倍に相当するエネルギーが重力波として放出されたという．

長年の努力がようやく実ったわけだが，これが研究の到達点というわけではない．1987年，カミオカンデで大マゼラン雲の超新星から飛来したニュートリノが観測されたのを契機にニュートリノ天文学が花開いたように，今後は，重力波天文学が盛んになるだろう．日本では，より感度の高いKAGRAの建設が始まっており，2017年中の稼働を目指す．3機の人工衛星を使って宇宙空間に巨大な重力波検出器を構成し，感度の飛躍的向上を実現しようという壮大な計画もある．また，電磁波や宇宙線の観測との協力も不可欠である．例えば，超新星に関しては，爆発のメカニズムなどにいまだ不明な点も多いが，電磁波・ニュートリノ・重力波による同時観測が行われるならば，そこから多く

の知見を引き出せるだろう.

付録 A

ベクトルと行列

§A-1 ベクトル

ベクトルとは，複数個の成分を並べた量である．本書では，ベクトルを表す記号は太字で，ベクトルの成分は添字を付けて，$\boldsymbol{a} = (a_1, a_2, a_3, \cdots)$ のように表す．ベクトルの大きさは，各成分の2乗和の平方根で与えられる．また，成分の個数が n 個のベクトルは，n 元ベクトルと呼ぶ．

良く知られているように，3元ベクトルは，3次元ユークリッド空間における矢印として幾何学的に表すことができる．3元ベクトル $\boldsymbol{a}$ と $\boldsymbol{b}$ のそれぞれの大きさを $|\boldsymbol{a}|$ と $|\boldsymbol{b}|$，2つのベクトルのなす角を θ とすると，内積 $\boldsymbol{a} \cdot \boldsymbol{b}$ は次式で与えられる．

$$\boldsymbol{a} \cdot \boldsymbol{b} = a_1 b_1 + a_2 b_2 + a_3 b_3 = |\boldsymbol{a}| |\boldsymbol{b}| \cos \theta$$

また，外積 $\boldsymbol{a} \times \boldsymbol{b}$ は，成分で書けば，

$$\boldsymbol{a} \times \boldsymbol{b} = (a_2 b_3 - a_3 b_2, a_3 b_1 - a_1 b_3, a_1 b_2 - a_2 b_1)$$

幾何学的に定義すれば，

長さ：$\boldsymbol{a}$ と $\boldsymbol{b}$ のなす角を θ とすると $|\boldsymbol{a}| |\boldsymbol{b}| \sin \theta$
向き：$\boldsymbol{a}$ と $\boldsymbol{b}$ の双方に垂直で，$\boldsymbol{a}$ から $\boldsymbol{b}$ に右ネジを回したとき進む向き

となる矢印で表される（【図 A.1】）．

外積の大きさに関しては，簡単に確かめられるように，次の関係式が成立する．

$$|\boldsymbol{a} \times \boldsymbol{b}|^2 = |\boldsymbol{a}|^2 |\boldsymbol{b}|^2 - (\boldsymbol{a} \cdot \boldsymbol{b})^2 \tag{A.1}$$

場に作用するベクトル演算子も，類比的な記号を使うとわかりやすい．まず，3次元

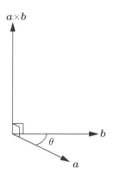

図 A.1 ベクトルの外積

ユークリッド空間で場の空間的な傾きを表すナブラ演算子 ∇ を，次のように定義する．

$$\nabla \equiv \left(\frac{\partial}{\partial x}, \frac{\partial}{\partial y}, \frac{\partial}{\partial z} \right) \tag{A.2}$$

場の発散と回転を表すベクトル演算子は，ナブラを通常のベクトルと同じように考えて，$\nabla \cdot$ と $\nabla \times$ という記号で表すことができる．ベクトル場 $\boldsymbol{B} = (B_x, B_y, B_z)$ に対する作用は，次式で与えられる．

$$\begin{aligned} \nabla \cdot \boldsymbol{B} &= \frac{\partial B_x}{\partial x} + \frac{\partial B_y}{\partial y} + \frac{\partial B_z}{\partial z} \\ \nabla \times \boldsymbol{B} &= \left(\frac{\partial B_z}{\partial y} - \frac{\partial B_y}{\partial z}, \frac{\partial B_x}{\partial z} - \frac{\partial B_z}{\partial x}, \frac{\partial B_y}{\partial x} - \frac{\partial B_x}{\partial y} \right) \end{aligned} \tag{A.3}$$

§A-2 行列

n 行 m 列行列とは，m 個の成分を横に並べた行ベクトルを n 個縦に並べたもの，あるいは，同じことだが，n 個の成分を縦に並べた列ベクトルを m 個横に並べたものである．ある行列 A の転置行列 A^{T} とは，元の行列の行と列を入れ替えたものを指す．例として，2 行 3 列の行列 A を書いておく．

$$A = \begin{pmatrix} a_{11} & a_{12} & a_{13} \\ a_{21} & a_{22} & a_{23} \end{pmatrix}, \quad A^{\mathrm{T}} = \begin{pmatrix} a_{11} & a_{21} \\ a_{12} & a_{22} \\ a_{13} & a_{23} \end{pmatrix}$$

行列 A と B の積 AB は，A の列数と B の行数が等しい場合にのみ定義され，AB の n 行 m 列の成分は，A の n 行目の行ベクトルと B の m 列目の列ベクトルの内積となる（【図 A.2】）．

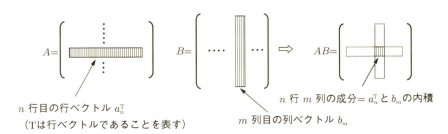

図 A.2 行列の積

付録 B

電磁気学における磁場の定義と単位系

　工学系の実用的な参考書では，磁場として H，単位系として国際単位系を用いるのが一般的である．しかし，相対論のような理論的な話題を扱うには，磁場として B，単位系としてヘヴィサイド単位系を使う方が式が簡単になる．この点について説明しておこう（この部分は，マクスウェル電磁気学の知識を前提として進めるので少し話が高度になるが，本文に示した磁場の定義や単位系について他の文献と比較したいときにだけ気にすれば良い）．

§B-1　磁場の定義

　場の磁気的な状態を表す量には，磁場 H と磁束密度 B の2つがある．一方，電気的な量には，電場 E と電束密度 D があり，言葉の上では H と E，B と D が対になるが，これは歴史的な事情でそう呼ばれているだけであり，物理的には，H と D，B と E が対応関係にある．B と E は，その地点に存在する荷電粒子に対して電磁場がどのような作用を及ぼすかを定める基本的な量である．これに対して，H と D は，原子スケールの現象である磁化や誘電分極の効果を考慮して，文字記号を割り当てたものにすぎない．相対論は，ある地点における場の状態を考える理論なので，その記述には B と E を用いるのが順当である．この場合，E が電場なのに合わせて B を磁場と呼ぶ方が自然なので，本書でもそうする．

　なお，本書では，磁化を伴う現象には触れないので，H と B の差は，単位が異なることに由来する換算係数の分だけであり，ヘヴィサイド単位系では，$H=B$ となる．

§B-2　単位系

　実用的な国際単位系には，真空の誘電率 ϵ_0，真空の透磁率 μ_0 という不思議な定数が現れる．これらは，真空の物理的な性質とは何の関係もない単なる換算係数で，一般的な物理定数とは異なり，誤差のないきっちりした数値として与えられる．国際単位系で

§B-2 単位系

は，1アンペアとして「真空中に置かれた平行な導線に流したとき，1m当たり 2×10^{-7} ニュートンの力を及ぼし合うような電流」という定義を採用したために，ϵ_0 や μ_0 の値にも 10^{-7} という余分な数係数がくっついて見通しが悪いが，ガウス単位系やヘヴィサイド単位系のように数係数を含まない単位を用いるならば，マクスウェル方程式に現れる係数は，真空中の光速 c（実はこれも換算係数である）と 4π だけで表すことができる．ϵ_0 や μ_0 のような混乱のもととなる記号を避け，c と 4π だけを使ってマクスウェル方程式を書くと，次のようになる．ただし，ここでは電荷密度が ρ となる点電荷の集団が真空中に存在する場合だけを考え，磁化や誘電分極は考慮していない（j は電荷の移動に伴う電流密度）．

$$\nabla \cdot \boldsymbol{E} = (4\pi)\rho$$
$$\nabla \cdot \boldsymbol{B} = 0$$
$$\nabla \times \boldsymbol{E} = -\frac{1}{(c)}\frac{\partial \boldsymbol{B}}{\partial t}$$
$$\nabla \times \boldsymbol{B} = \frac{1}{(c)}\frac{\partial \boldsymbol{E}}{\partial t} + \frac{(4\pi)}{(c)}\boldsymbol{j}$$

ここでは，付録Aの(A.2)，(A.3)式で定義した演算子 ∇ を用いた．括弧に入れた c や 4π が実際に付くかどうかは，単位系の選び方による（c や 4π の付け方には，これ以外の流儀もある）．ρ や j の前に 4π を付けないのが有理単位系，付けるのが非有理単位系と呼ばれるもので，本書では，国際単位系で 4π を付けていないことに配慮して，有理単位系を採用する．理論物理学者が執筆する教科書には，4π を付けるガウス単位系を採用したものが多いので，注意してほしい．また，相対論での式変形に便利なように，時間座標 t は常に係数 c を伴うものとする．このやり方でいくと，ある地点での電流密度 j は，電荷密度 ρ とその運動速度 $\boldsymbol{v}$ を使って，

$$\boldsymbol{j} = \rho \boldsymbol{v}/c$$

と定義される（速度 $\boldsymbol{v}$ に時間微分が含まれるため）．この定義を使えば，マクスウェル方程式の $\boldsymbol{j}$ の係数に c は現れない．

以上をまとめると，本書で用いる単位系でのマクスウェル方程式は，次のようになる．

$$\nabla \cdot \boldsymbol{E} = \rho \tag{B.1}$$
$$\nabla \cdot \boldsymbol{B} = 0 \tag{B.2}$$
$$\nabla \times \boldsymbol{E} = -\frac{1}{c}\frac{\partial \boldsymbol{B}}{\partial t} \tag{B.3}$$

$$\nabla \times \boldsymbol{B} = \frac{1}{c}\frac{\partial \boldsymbol{E}}{\partial t} + \boldsymbol{j} \tag{B.4}$$

これは,ヘヴィサイド単位系と基本的に同じものである.

ベクトルの発散に関しては,次のストークスの定理が成り立つ.

$$\int_\Omega d\boldsymbol{S} \cdot (\nabla \times \boldsymbol{A}) = \oint_{\partial\Omega} d\boldsymbol{l} \cdot \boldsymbol{A}$$

左辺は,縁が滑らかな閉曲線になる面 Ω 上での面積分,右辺は,Ω の縁に沿った線積分を表す.ストークスの定理をマクスウェル方程式の (B.3) 式に適用すると,次式が得られる.

$$\oint_{\partial\Omega} d\boldsymbol{l} \cdot \boldsymbol{E} = -\frac{1}{c}\frac{\partial}{\partial t}\left(\int_\Omega d\boldsymbol{S} \cdot \boldsymbol{B}\right)$$

左辺は,閉曲線に沿って電場の強さ(= 単位長さ当たりの電位差)を積分したものになるので,この閉曲線に生じる起電力に等しい.一方,右辺の括弧内は,磁場 $\boldsymbol{B}$(= 磁束密度)を面積分したものなので,磁束に等しい.したがって,この式は,「閉曲線に生じる起電力は,この曲線に囲まれた面内における磁束の時間変化に比例する」というファラデーの電磁誘導の法則を表す.

電場 $\boldsymbol{E}$ が一定で時間微分がゼロになる場合,ストークスの定理を (B.4) 式に適用すると,次のようになる.

$$\oint_{\partial\Omega} d\boldsymbol{l} \cdot \boldsymbol{B} = \int_\Omega d\boldsymbol{S} \cdot \boldsymbol{j} = \frac{I}{c}$$

I は,1 秒間に面 Ω を通過する電荷量として定義される電流を表しており,この式は,「閉曲線に沿った磁場の積分は,この曲線に囲まれた面を通過する電流に比例する」というアンペールの法則を表す.一定の直線電流の場合,磁力線は電流を囲む円になるので,この磁力線に沿った積分を考えれば,電流から距離 r の地点での磁場の強さ $B(r)$ が次式で与えられることがわかる.

$$B(r) = \frac{I}{2\pi rc} \tag{B.5}$$

ファラデーの電磁誘導の法則と,直線電流に関するアンペールの法則は,高校物理でも学ぶので,本文では説明抜きで利用する.

索引

あ行

アインシュタイン・テンソル　218, 223
アインシュタインの規約　115, 203, 204, 216
アインシュタイン方程式　170, 218, 223, 225
アルファ崩壊　101, 103, 109, 266
異常磁気モーメント　80
一般座標変換　187, 190
一般相対性原理　189, 217
EPR相関　153
因果律　89, 107, 151, 153
インフレーション仮説　264, 267
宇宙原理　257, 260, 266, 267
宇宙項　224, 259
宇宙定数　224, 259, 260
エーテル　79, 111, 112
エネルギー運動量テンソル　220, 227
エネルギー量子　25, 53, 128
遠心力　171, 180, 246, 250
エントロピー　60
オイラー方程式　21, 222

か行

回転対称性　15, 78
ガウス曲率　199, 211, 213
ガウス単位系　123, 275
核分裂　80, 109
隠れた変数　149
仮説演繹法　77, 81, 172, 179

加速膨張　112, 264
ガリレイ変換　19, 48, 61, 84, 169
慣性系　18
慣性質量　175, 179
慣性力　144, 171, 239, 250
基底ベクトル　71, 77, 80
球面状宇宙　253
驚異の定理　199, 202
共変　14
共変微分　207
共変ベクトル　114, 204
局所慣性系　171, 188, 215, 229
曲率テンソル　211, 223
距離関数　70, 73, 75-77, 88, 179
空間回転　68, 77
クライン＝ゴルドン方程式　119, 129
クリストッフェル記号　208, 210, 225
計量テンソル　73, 205
光円錐　66, 74, 134, 241
光子　104, 148, 174
光速不変性　25, 41, 52, 157
光量子　104, 106, 174, 175
国際単位系　29, 50, 63, 274
コーシー条件　59
固有時　90, 143, 178, 188, 190, 235

さ行

最小作用の原理　157
作用積分　157
事象の地平線　240
事象の地平面　185

質量とエネルギーの等価性　99, 106, 109, 175
GPS　163, 183, 185
シュヴァルツシルト解　234, 238
シュヴァルツシルト半径　238
シュヴァルツシルト面　96, 239
修正されたアインシュタイン方程式　259
自由落下する座標系　171, 215, 229
重力質量　175, 179
重力赤方偏移　174, 181
重力波　268
重力崩壊　242
重力ポテンシャル　169, 216, 227
主曲率　195, 199
縮約　116, 206
シュレディンガー方程式　52, 61, 79, 126
情報の地平線　95, 240
スカラー曲率　213, 224
スカラー場　112, 117, 119, 264
スケール因子　265
正規直交条件　72, 77
静止宇宙　259
静止エネルギー　98, 99
世界線　87, 107, 158, 232
線素　196, 203, 216
相対性原理　9, 77
相対論的運動量　97
相対論的エネルギー　98
相対論的加速度　92
相対論的速度　90
測地線　196, 200, 233

た行

第1基本形式　196, 199, 203
第1基本量　196, 199, 203
対称性　15

タキオン　107
ダランベール演算子　42, 114, 170
中性子星　101, 242
超多時間理論　134, 188
ディラック方程式　79, 80, 116, 129, 217
ディリクレ条件　60
電磁場　28
電磁ポテンシャル　122
テンソル式　116, 121, 127, 217, 218
等価原理　170, 171, 179, 217
同期　18
ドップラー効果　51, 57, 105, 106, 173, 174, 182

な行

ナヴィエ=ストークス方程式　21
ニュートリノ　53, 104, 163
ニュートン近似　226
ニュートン力　93-95, 108, 121
ネーターの定理　163, 222

は行

波動方程式　39, 53, 112, 117, 119
場の量子論　39, 53, 99, 120, 128, 129, 134, 157, 168, 251
反転　70, 74, 76
反変ベクトル　114, 204
反粒子　79, 99, 133, 180
非局所相関　147
ビッグクランチ　264
ビッグバン　4, 264-266
不確定性原理　60
ブースト　68, 77, 133, 146
双子のパラドクス　141, 145
ブラックホール　96, 101, 185, 239, 241, 242, 264
プランク長　216, 260

フリードマン方程式　261
フリードマン・モデル　261, 265
分散関係　41, 119
ヘヴィサイド単位系　29, 50, 123, 274, 275
ベクトル場　112, 123, 207
ベータ崩壊　54
ベルの限界　151
ベルの不等式　150
偏光　50, 148

ま行

マイケルソン＝モーレーの実験　24, 55
マッハ原理　250
ミンコフスキー計量　73, 206, 215
ミンコフスキー時空　61, 62
無からの創造　266

や行

4次元時空での回転　68, 77
4次元時空での並進　69
弱い等価原理　179

ら行

ラグランジアン　160
ラグランジュ方程式　161
ラプラス演算子　11, 170, 218
リッチ・テンソル　213, 224, 225
リーマン幾何学　191, 202
リーマン空間　203
リーマン計量　170, 203, 205, 206
リーマン時空　215
量子テレポーテーション　156
連続方程式　222
ロバートソン＝ウォーカー計量　265
ローレンツ因子　34, 84
ローレンツ共変　78, 84, 92
ローレンツ対称性　78, 80, 84, 103

ローレンツ短縮　8, 35, 36, 137, 138, 221
ローレンツ変換　48, 70, 76
ローレンツ変換の標準形　56, 63, 76
ローレンツ力　6, 27, 93, 120, 168

著者紹介

吉田伸夫(よしだのぶお)

1956年，三重県生まれ．東京大学理学部物理学科卒業，同大学院博士課程修了．理学博士．専攻は素粒子論（量子色力学）．東海大学，明海大学で講師を務めながら，科学哲学や科学史をはじめ幅広い分野で研究を行っている．ホームページ『科学と技術の諸相』(http://scitech.raindrop.jp/)を運営．著書に『明解 量子宇宙論入門』『明解 量子重力理論入門』（講談社），『思考の飛躍 アインシュタインの頭脳』『宇宙に果てはあるか』『光の場，電子の海 量子場理論への道』（新潮社），『素粒子論はなぜわかりにくいのか』（技術評論社）などがある．

NDC421　287p　21cm

完全独習 相対性理論（かんぜんどくしゅうそうたいせいりろん）

2016年 4月 6日　第1刷発行
2022年 9月 1日　第4刷発行

著　者　吉田伸夫(よしだのぶお)
発行者　髙橋明男
発行所　株式会社　講談社
　　　　〒112-8001　東京都文京区音羽2-12-21
　　　　販売　(03)5395-4415
　　　　業務　(03)5395-3615

編　集　株式会社　講談社サイエンティフィク
　　　　代表　堀越俊一
　　　　〒162-0825　東京都新宿区神楽坂2-14　ノービィビル
　　　　編集　(03)3235-3701

本文データ制作　藤原印刷株式会社
印刷・製本　株式会社ＫＰＳプロダクツ

落丁本・乱丁本は，購入書店名を明記のうえ，講談社業務宛にお送りください．送料小社負担にてお取替えします．なお，この本の内容についてのお問い合わせは，講談社サイエンティフィク宛にお願いいたします．定価はカバーに表示してあります．

©Nobuo Yoshida, 2016

本書のコピー，スキャン，デジタル化等の無断複製は著作権法上での例外を除き禁じられています．本書を代行業者等の第三者に依頼してスキャンやデジタル化することはたとえ個人や家庭内の利用でも著作権法違反です．

JCOPY　〈(社)出版者著作権管理機構 委託出版物〉

複写される場合は，その都度事前に(社)出版者著作権管理機構（電話03-5244-5088，FAX 03-5244-5089，e-mail: info@jcopy.or.jp）の許諾を得てください．

Printed in Japan

ISBN 978-4-06-153293-9